固体废物循环利用技术丛书

贵金属循环利用技术

张深根　丁云集　编著

北　京
冶金工业出版社
2025

内 容 提 要

本书介绍了贵金属二次资源的种类及特点、检测分析、循环利用等前沿技术，重点介绍了阳极泥、电子废弃物和废催化剂三类典型贵金属二次资源的循环利用技术，同时也对废旧首饰、废感光材料、废液、废渣等进行了简要介绍。全书共 7 章，主要内容包括贵金属二次资源的来源、特点、检测、提取、分离、提纯相关理论和技术，比较全面地反映了编著者团队和国内外同行近年来在贵金属再生领域的主要科研成果。

本书可供冶金、材料和环保等行业的工程技术人员和研究人员阅读，也可供高等院校有关专业师生参考。

图书在版编目 (CIP) 数据

贵金属循环利用技术/张深根，丁云集编著 . —北京：冶金工业出版社，2021.11（2025.1 重印）

（固体废物循环利用技术丛书）

ISBN 978-7-5024-8962-5

Ⅰ. ①贵… Ⅱ. ①张… ②丁… Ⅲ. ①贵金属—金属废料—废物综合利用 Ⅳ. ①X756.05

中国版本图书馆 CIP 数据核字（2021）第 230854 号

贵金属循环利用技术

出版发行	冶金工业出版社	电 话	(010)64027926
地 址	北京市东城区嵩祝院北巷 39 号	邮 编	100009
网 址	www. mip1953. com	电子信箱	service@ mip1953. com

责任编辑 杜婷婷 俞跃春 美术编辑 彭子赫 版式设计 郑小利
责任校对 郑 娟 责任印制 禹 蕊

北京建宏印刷有限公司印刷
2021 年 11 月第 1 版，2025 年 1 月第 2 次印刷
710mm×1000mm 1/16；19 印张；371 千字；294 页
定价 136.00 元

投稿电话 (010)64027932 投稿信箱 tougao@ cnmip. com. cn
营销中心电话 (010)64044283
冶金工业出版社天猫旗舰店 yjgycbs. tmall. com
（本书如有印装质量问题，本社营销中心负责退换）

前　言

贵金属包括金、银和铂族金属（钌、铑、钯、锇、铱、铂）等八种金属，具有独特的理化性能，广泛应用于航空航天、电子电器、汽车、石油化工等重要领域，对国防和国民经济建设具有至关重要的作用，其供给直接关系到国家安全和经济发展。

随着经济发展和科技进步，我国已成为贵金属最大消费国，金、银和铂族金属消费量分别占全球30%、20%和35%；但我国贵金属矿产资源极度短缺，金、银和铂族金属对外依存度分别达60%、50%和95%以上，供需矛盾十分突出。贵金属循环利用对弥补我国贵金属短缺、促进贵金属行业可持续发展具有重要意义。

贵金属二次资源量大面广、形态各异、成分复杂，如阳极泥、电子废弃物、废催化剂、废旧首饰、废感光材料及生产、利用过程中产生的各种废液、废渣等，回收难度大。目前，贵金属二次资源绿色高效提取技术研究已成为全球的研究热点，也是极具挑战性的研究领域之一。我国贵金属再生利用技术水平与发达国家相比仍有较大差距，强酸浸出、火法焚烧、重金属捕集等粗暴式回收方法仍大行其道。这样的贵金属提取方式不仅回收率低，且环境污染严重。因此，大力推广最新的贵金属再生利用技术对提高我国贵金属再利用水平、减少环境污染和降低对外依存度具有重要意义。

本书内容凝练了编著者团队和国内外同行近年来在贵金属再生领域的主要科研成果，力图系统反映贵金属二次资源的种类及特点、检测分析、提取、分离、提纯等前沿技术。本书分为7章，第1章从贵金属的性质、用途出发，引出贵金属二次资源的来源、特点及再生利用现状；第2章详细介绍了贵金属二次资源的取样、预处理和检测技术，并总结了典型贵金属废料的取样和分析检测方法；第3章~第6章分别针对不同贵金属二次资源的回收技术进行了系统全面的论述，重点介绍了阳极泥（第 3 章）、电子废弃物（第 4 章）和废催化剂（第 5 章）三类典型废料中贵金属的提取技术，同时也对废旧首饰、废感光材料、废液、废渣等进行了简要介绍（第 6 章）；第 7 章介绍了贵金属的分离与精炼技术及研究进展。

编著者的研究成果是在国家重点研发计划专项（2021YFC1910504、2019YFC1907101、2019YFC1907103、2017YFB0702304）、国家自然科学基金重点项目（U2002212）、宁夏回族自治区重点研发计划重大项目（2020BCE01001、2021BEG01003）、西江创新团队项目（2017A0109004）、广东省基础与应用基础研究基金（2020A1515110408）和佛山市人民政府科技创新专项（BK21BE002）资助下完成的；本书编写过程中，北京科技大学金属材料循环利用研究中心、磁功能及环境材料研究室给予了大力支持。在此一并表示感谢！

本书还介绍了编著者团队研发的技术应用案例，如"无氰全湿"提取贵金属、低温铁捕集废催化剂中的贵金属等技术的产业化应用。本书与现有的贵金属领域书籍形成了互补之势，构建了贵金属完整的循环链，对我国贵金属产业绿色可持续发展具有一定的促进作用。

由于编著者水平所限，书中不妥之处，敬请同行专家及广大读者批评指正。

编著者

2021 年 5 月

目　　录

1 贵金属概论

贵金属包含金、银和铂族金属（钌、铑、钯、锇、铱、铂），在地壳中含量极低，丰度为 $(0.0001 \sim 0.0100) \times 10^{-4}\%$。由于其独特的理化性能，贵金属除用作饰物和货币外，还广泛应用于航空航天、军工、电子电器、汽车、石油化工等现代科技和工业领域，如电子接件连接线、生产硝酸用铂铑催化网、石油工业用铂重整催化剂、汽车尾气净化催化剂、新能源燃料电池用铂催化剂等。贵金属对新技术的发展起着越来越大的作用，被称为"现代工业维他命"，被许多国家列为战略金属[1-3]。

贵金属主要产于南非、俄罗斯、美国、加拿大等国，特别是铂族金属（Platinum group metals，PGMs），上述国家的储量约占世界储量的99%[4]。我国贵金属储量奇缺，其中 PGMs 储量不足 400t，原矿年产量仅约 3t，年需求量在 150t 以上，对外依存度高达 90% 以上，供需矛盾十分突出[5]。随着社会经济的快速发展，贵金属的使用量逐年大幅度增加，含贵金属物料也随之快速增加。贵金属二次资源包括电子废弃物、阳极泥、报废工业催化剂、报废汽车尾气催化剂等。二次资源中贵金属含量普遍高于原矿，回收这些二次资源不仅具有良好的经济效益，还可以减轻我国贵金属的对外依存度，缓解我国贵金属的供应风险，支撑我国贵金属行业的可持续发展。

1.1 贵金属的性质、用途及矿产资源

1.1.1 贵金属的物化性质

1.1.1.1 金和银的物理性质

金的化学符号是 Au，原子序数 79；银的化学符号是 Ag，原子序数 47。Au 和 Ag 晶体结构均为面心立方晶格，具有极好的可锻性和可塑性。Au 可压成 $0.1\mu m$ 厚的箔，Au 和 Ag 均可拉成直径为 $1\mu m$ 的细丝。

Au 和 Ag 的导热、导电性能极好。其中，Ag 的导电性最好，Au 仅次于 Ag 和 Cu。Au 和 Ag 的晶格大小接近，二者可形成一系列的连续固溶体。

Au 和 Ag 对光反射能力强，Ag 对白光的反射能力最强，对 550nm 的光线，发射率达到 94%，高纯度 Au 单晶可反射红外线。

Au 和 Ag 的主要物理性质见表 1-1。

表 1-1 Au 和 Ag 的主要物理性质

性 质	Au	Ag
原子序数	79	47
相对原子质量	196.97	107.87
相对密度（20℃）	19.32	10.47
晶格类型	面心立方	面心立方
熔点/℃	1064.4	960.5
沸点/℃	2880	2200
比热容（25℃）/J·mol^{-1}·K^{-1}	25.2	25.4
熔化热/kJ·mol^{-1}	12.5	11.3
热导率（25℃）/W·m^{-1}·K^{-1}	315	433
电阻率/μΩ·cm	2.42	1.61
莫氏硬度（金刚石 = 10）	2.5	2.7

1.1.1.2 铂族金属物理性质

铂族金属包括钌（Ru）、铑（Rh）、钯（Pd）、锇（Os）、铱（Ir）、铂（Pt）六种元素。与 Au、Ag 相比，PGMs 的发现与利用要晚得多。1735 年，西班牙人 Ulloa 在金矿中首次发现了 PGMs 中第一个元素 Pt，直到 1840 年，俄国人 K. Claus 用王水处理铂矿才发现了 PGMs 最后一个元素 Ru。

PGMs 既具有相似的物理性质，又有各自的特性。它们的共同特性是：除了 Os 和 Ru 为钢灰色外，其余均为银白色；大多数 PGMs 都能吸收气体，特别是 H_2；具有高熔点、高沸点和高温抗氧化腐蚀。Pd 吸氢能力最强，常温下一体积 Pd 能吸收 900~2800 体积的 H_2。Pt 吸收氧的能力强，一体积 Pt 可吸收 70 体积的 O_2。纯铂和钯有良好的延展性，不经中间退火的冷塑性变形量可达到 90% 以上，能加工成微米级的细丝和箔。Rh 和 Ir 的高温强度很好，但冷塑性加工性能稍差。Os 和 Ru 硬度高，但机械加工性能差，用粉末冶金方法制得的金属 Ru 在 1150~1500℃时才能进行少量塑性加工，而 Os 即使在高温下也几乎不能塑性加工。铂族金属的主要物理性质见表 1-2。

表 1-2 铂族金属的物理性质

性质	Ru	Rh	Pd	Os	Ir	Pt
颜色	银白	银白	银白	蓝灰	银白	淡银白
原子序数	44	45	46	76	77	78
相对原子质量	101.07	102.905	106.4	190.2	192.2	195.09
相对密度（20℃）	12.3	12.42	12.03	22.7	22.65	21.45

续表 1-2

性质	Ru	Rh	Pd	Os	Ir	Pt
熔点/℃	2427	1966	1555	2727	2454	1769
沸点/℃	3900	3727	3127	约5000	4527	3827
比热容（25℃）/J·mol^{-1}·K^{-1}	0.2303	0.2462	0.2460	0.1291	0.1283	0.1313
线膨胀系数（0~100℃）/℃$^{-1}$	9.1×10^{-6}	8.3×10^{-6}	11.1×10^{-6}	6.1×10^{-6}	6.8×10^{-6}	9.1×10^{-6}
莫氏硬度（金刚石=10）	6.5	5.7	4.8	7	6.5	4.3

1.1.1.3 贵金属化学性质

贵金属在等价轨道上的电子排布全充满和半空状态，具有较低的能量和较高的稳定性。PGMs 电子结构特点为：ns 轨道电子除 Os、Ir 为两个电子外，其余都只有一个电子或没有电子。这说明其价电子有从 ns 轨道转移到（n-1）d 轨道的趋势，最外层电子不易失去。Au 和 Ag 的次外层 d 电子与外层的 s 电子一样也参与金属键的生成，因此它们的熔点和升华熔都较高，并导致金属变为水合阳离子较难，以至贵金属均不易被腐蚀。

金属元素失去电子难易程度可以通过原子电离势的大小来反映。对 4d 贵金属有第一、第二、第三电离势，5d 贵金属只有第一及部分第二电离势，见表 1-3[6]。

表 1-3 贵金属元素的电离势

元素	电子结构	电离电位/eV			电离电位总计/eV
		E_1	E_2	E_3	$E_1 \sim E_3$
Ru	4d^{7}5s^1	7.36	16.76	28.46	52.58
Rh	4d^{8}5s^1	7.46	18.07	31.05	56.58
Pd	4d^{10}	8.33	19.42	32.92	60.67
Ag	4d^{10}5s^1	7.57	21.48	34.82	63.87
Os	4f^{14}5d^{6}6s^2	8.70	17.00		
Ir	4f^{14}5d^{7}6s^2	9.10	18.56		
Pt	4f^{14}5d^{9}6s^1	9.00	20.50		
Au	4f^{14}5d^{10}6s^1	9.22			

从外电子结构看，4d 贵金属中 Pd 无 5s 电子，5d 贵金属中 Pt 只有一个 6s 电子，相对于 Os、Ir 的电子结构又出现不规则排布。过渡系金属原子外电子的不规则排布来源于能级交错，并受最低能量原理、泡利原理和洪特规则约束。以电子排布时的能量最低原理为原则，Pd 除 4d 全充满有利于体系能量降低外，4d 轨道能级已明显低于 5s，所以 10 个 d 电子都排列到 d 轨道，并因此造成第一电离势陡然增高。Rh 与 Ag 相比，Rh 的 5s 能量接近 4d，8 个 d 电子对 s 电子的屏蔽稍差一些，Ag 的 4d 轨道能级更低，10 个 d 电子对 5s 电子的屏蔽更好一些，因

此 Ag 的第一电离势只稍高于 Rh。但从第二电离势和第三电离势看出，由于外层电子都是 d 电子，电离势从左到右呈有规律地增大。同理，Pt 的外电子也是不规则变化的。对 Ir 来说，两个 6s 电子相互屏蔽差，因此第一电离势还略高于核正电荷增加了一个单位的 Pt，但 Au 则明显高于 Pt。此外，5d 贵金属与 4d 贵金属相比时，由于"镧系收缩"后 4f 电子对 5d 电子的屏蔽不良，5d 轨道明显收缩。加之第六周期元素的核正电荷相当大，1s 电子的运动速度接近光速，出现了相对论性效应。相对论性效应使外层的 6s 轨道收缩，能级降低，因此 5d 贵金属的第一电离势高于 4d 贵金属的第一电离势。从原子结构和电离势分析，贵金属原子的化学稳定性从失电子的难易考虑，也是从左到右和从上到下增强。

贵金属化学稳定性好，抗酸碱腐蚀。表 1-4 给出了贵金属在中不同条件下抗腐蚀性能[7]。Ag 和 Pd 的化学稳定性相对较差，可溶于硝酸和热浓硫酸，Pt 和 Au 只溶于王水，Rh、Ir 和 Ru 在王水中都难溶解。贵金属的抗腐蚀性能与其存在及使用状态有密切的关系，微细分散的活性状态的所有贵金属都易被王水或酸性氧化剂溶解，王水不溶的物料用碱熔融—水浸后即可转变为可溶解的化合物，贵金属溶解后，除 Ag 及 Pd 呈硝酸盐或硫酸盐可以以阳离子状态存在外，其他贵金属都与多种配位元素或基团生成价态、性质差异很大的各种配合物。

表 1-4 贵金属对常见化学试剂抗腐蚀性能

腐蚀介质		Au	Ag	Pt	Pd	Rh	Ir	Os	Ru
浓 H_2SO_4		A	B	A	A	A	A	A	A
HNO₃	0.1mol/L	A	B	A	A	A	A	—	A
	70%	A	—	A	D	A	A	C	A
	70%、100℃	A	D	A	D	A	A	D	A
王水	室温	D	A	D	D	A	A	A	A
	煮沸	D	A	D	D	A	A	D	A
HCl	36%、室温	A	B	A	B	A	A	A	A
	36%、煮沸	A	C	B	B	A	A	C	A
Cl_2	干	B	—	B	C	A	A	A	A
	湿	B	—	B	D	A	A	C	A
NaClO 溶液	室温	—	—	A	C	A	A	A	A
	100℃	—	—	A	D	A	A	A	A
FeCl₃ 溶液	室温	B	—	A	C	A	A	A	A
	100℃	—	—	A	D	A	A	D	A
熔融 Na_2SO_4		A	D	B	C	C	—	B	B
熔融 NaOH		A	A	B	B	B	B	C	C

续表 1-4

腐蚀介质	Au	Ag	Pt	Pd	Rh	Ir	Os	Ru
熔融 Na_2O_2	D	A	D	D	B	C	D	C
熔融 $NaNO_3$	A	D	A	C	A	A	D	A
熔融 Na_2CO_3	A	A	B	B	B	B	B	B

注：A——不腐蚀；B——轻微腐蚀；C——腐蚀；D——强烈腐蚀。

贵金属抗氧化性都很强，在常温下对空气和氧都十分稳定，只有粉状 Os 在室温下会慢慢氧化为有毒的挥发性 OsO_4，若在空气中加热会迅速氧化为 OsO_4。Ir 是唯一在氧化气氛下加热到 2300℃ 而不发生严重损坏的金属。Rh 有良好的抗氧化性，在一般温度和所有气氛下铑镀层均很光亮。Pt 是唯一能抗氧化到熔点的金属。Au 和 Ag 在空气中不与 O_2 直接化合，加热至 200℃ 时即有 Ag_2O 薄膜生成，至 400℃ 时又分解。Ru 在空气中加热达到 450℃ 以上会缓慢氧化，生成稍带挥发性的 RuO_2。在空气中，350~790℃ Pd 会生成氧化膜，高于此温度又分解为 Pd 和 O_2。Ir 和 Rh 在 600~1000℃ 的空气中会氧化，在更高温下氧化物消失，又恢复其金属光泽。

1.1.2 贵金属的用途

贵金属具有许多其他金属不能取代的优良性能，如催化性能、抗氧化腐蚀性、熔点高、蒸气压低等，广泛用于石油化工、电子电器、汽车、医疗、航空航天等领域[8]。

1.1.2.1 Au

Au 具有极高的抗腐蚀稳定性、良好的导电性和导热性，Au 的原子核具有较大捕获中子的有效截面，对红外线的反射能力接近 100%，在 Au 的合金中具有各种触媒性质。Au 还有优异的加工性能，极易加工成超薄金箔、微米金丝和金粉；Au 很容易镀到其他金属和陶器及玻璃的表面上，在一定压力下 Au 容易被熔焊和锻焊；可制成超导体与有机金等。广泛用于现代高新技术产业，如电子技术、通信技术、宇航技术、化工技术、医疗技术等领域。

由于 Au 的高传导性、高抗氧化和抗腐蚀性，被广泛应用于电子工业领域。如在电子元器件连接线，例如声音、图像及通用序列总线的连接线，某些电子测量仪器的接头也会镀金，以避免氧化。在其他应用层面，例如高湿度、高腐蚀性的大气电子接触（如部分电脑、通信设备、航天器、喷射机引擎等）等应用十分普遍，而且在未来也不太可能被其他金属取代。

金合金在牙科修复上广泛使用，金合金的细微延展性，可令其表面与其他牙齿吻合，修复效果比陶瓷制的大臼齿好。胶态金多用在医学、生物学及材料科学上。免疫胶态金标记技术充分发挥了金粒子吸收蛋白质分子到其表面的能力，有些有抗体涂层的胶态金粒子更可侦察细胞表面的抗原。

1.1.2.2 Ag

Ag 不仅具有很好的延展性，且导电性和导热性在所有金属中最高。Ag 常用于灵敏度极高的物理仪器元件，如各种自动化装置、火箭、潜水艇、计算机、核装置以及通信系统中的接触点。在 Ag 中加入稀土元素能显著提升性能，接触点的寿命可延长数倍。

电子电器是 Ag 最主要的消费领域，约占总消费量的 30%~40%，分为电接触材料、复合材料和焊接材料。Ag 和银基电接触材料可以分为纯银类、银合金类、银-氧化物类、烧结合金类。复合材料是利用复合技术制备的材料，分为银合金复合材料和银基复合材料。

卤化银感光材料也是 Ag 消费量最大的领域之一。目前生产和销售量最大的几种感光材料是摄影胶卷、相纸、X-光胶片、荧光信息记录胶片、电子显微镜照相软片和印刷胶片等。2018 年，全球照相业白银消费量约 8700t。由于电子成像、数字化成像技术的发展，使卤化银感光材料用量有所减少，但卤化银感光材料的应用在某些方面尚不可替代，仍有很大的市场空间。

在化工领域 Ag 有两个主要的应用，一是催化剂，如广泛用于氧化还原反应和聚合反应，用于处理含硫化物的工业废气等；二是电子电镀工业制剂，如银浆、氰化银钾等。

1.1.2.3 铂族金属

长期以来，PGMs 广泛应用于高可靠催化材料、电接触材料、精密电阻材料、电阻应变材料、钎料、镀层材料和复合材料等。近年来在功能材料，如磁性材料、储氢材料、形状记忆材料和光敏、气敏等材料在军事、通信等领域显示出越来越重要的作用。

微电子工业材料和信息材料方面，如用于制造各类电阻与电容的钯浆料、钌浆料及各类传感器材料等。

石油、化工和汽车工业的催化剂是 PGMs 最重要的应用领域。石油化工大量采用 PGMs 催化剂，用于重整、加氢、异构化等[9]；汽车尾气催化剂用 Pt、Pd、Rh 对尾气中的烃类、NO_x 和 CO 转化成 H_2O、CO_2 和 N_2 具有很好的催化能力和较长的使用寿命，占 PGMs 用量的 60% 以上[10]。

Pt 是最好的阳极材料，广泛用于电解法生产化工原料，如 H_2O_2、$KClO_4$ 等；新型能源应用，如用于高效燃料电池、太阳能光电子转换和光解水等电极材料[11]。

与 Au 一样，Pt、Pd 和 Pt-Rh、Pt-Ir 等合金具有很好的生物相容性，除用作牙科材料外，它们还能作为生物体植入材料用于像心脏起搏器等器件中。而某些 PGMs 的络合物，如顺铂（二氯二氨络亚铂）、碳铂［(1,1-环丁烷-二羧酸) 氨合亚铂] 等具有良好的抗癌活性并已用作临床治疗的首选药物[12]。

1.1.3 贵金属矿产资源概述

贵金属在地壳中的丰度极小,其质量分数为:Ag 为 $0.1×10^{-4}\%$,Pd 为 $0.01×10^{-4}\%$,Au 和 Pt 为 $0.005×10^{-4}\%$,Rh、Ir、Os 和 Ru 为 $0.001×10^{-4}\%$,且贵金属分布极不均匀,全球贵金属储量见表 1-5[4]。

表 1-5 全球贵金属工业储量 (t)

国家	Au	Ag	PGMs
美国	3000	25000	900
澳大利亚	9500	89000	
巴西	2400		
玻利维亚		22000	
加拿大	2400		310
智利		77000	
中国	2000	39000	
加纳	990		
印度尼西亚	3000		
墨西哥	1400	37000	
几内亚	1500		
秘鲁	2400	120000	
俄罗斯	8000	20000	1100
南非	6000		63000
波兰		85000	
乌兹别克斯坦	1700		
赞比亚			1200
其他国家	13000	57000	
总储量	57000	570000	67000

由表 1-5 可知,全球 Au 资源储量约 5.7 万吨,静态保证年限为 19 年。全球黄金资源总量估计为 10 万吨,其中 15%~20% 为其他金属矿床中的共伴生资源。相对而言,黄金资源分布较均匀,澳大利亚、俄罗斯、南非储量分别占 16.7%、14%、10.5%,美国、印度尼西亚、巴西、加拿大、秘鲁分别占 5.3%、5.3%、4.2%、4.2%、4.2%。

　　全球 Ag 资源储量约 57 万吨，静态保证年限约 21 年。世界白银矿资源主要集中在秘鲁、澳大利亚、波兰、智利、中国、墨西哥等国家，资源储量约占全球的 80%，我国白银资源占比 6.8%，排名第五。全球银矿床类型一般分两大类：一类是以采 Ag 为主的银矿床；另一类是以 Ag 为副产品的有色金属矿床。全球每年矿产银中，约 25% 来自银矿，15% 来自金矿伴生银，24% 来自铜矿伴生银，35% 来自铅、锌及铅锌伴生银，其他矿石中伴生银产量约 1%。

　　全球 PGMs 储量 6.7 万吨，静态保证年限在百年以上，保障程度最高，全球 PGMs 资源总量估计在 10 万吨以上。全球 PGMs 主要分布于南非，其次是俄罗斯、美国和加拿大，四国储量占全球 PGMs 资源总量的 99% 以上。我国 PGMs 相当匮乏，探明储量不足 400t，矿床类型复杂，以铜镍硫化物矿床伴生的 PGMs 矿床为主，约 95% 以上 PGMs 作为 Cu、Ni 副产品回收利用。

　　图 1-1 给出了 1997—2020 年原矿黄金开采量，可以看出，近 5 年黄金产量总体供应较平稳，维持在 2500~3000t。2020 年主要黄金生产国有中国、澳大利亚、美国、俄罗斯、秘鲁、南非、加拿大、墨西哥、乌兹别克斯坦、加纳、哥伦比亚和巴西，占全球产量 72%，我国从 2007 年超过南非成为黄金产量最多的国家，约占总量的 15%。

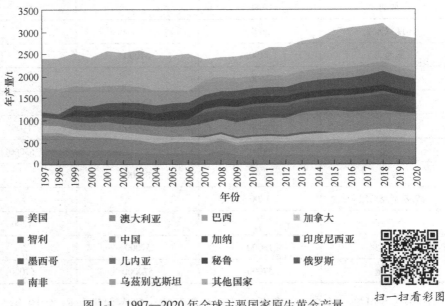

图 1-1　1997—2020 年全球主要国家原生黄金产量

扫一扫看彩图

　　图 1-2 给出了 2007—2020 年原矿白银开采量，可以看出，全球白银整体产量在不断攀升，世界上主要的白银生产国，如秘鲁、墨西哥、中国、智利产量都在稳步增长，近 10 年产量从 2 万吨增长到 2.7 万吨，增幅达 35%。2020 年，主要

白银生产国有墨西哥、中国、秘鲁、智利、波兰、澳大利亚、俄罗斯、美国，占全球产量 80%，我国产量 3200t，约占总量 13.62%，仅次于墨西哥和秘鲁。

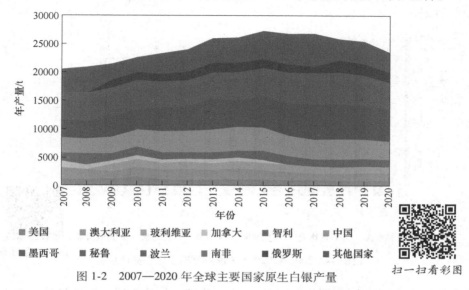

图 1-2 2007—2020 年全球主要国家原生白银产量

图 1-3 和图 1-4 分别给出了全球 Pt 和 Pd 在 2007—2020 年各国家产量。从图中看出，南非供应了全球 70%~80% 的原生 Pt，其次是俄罗斯，每年供应约 20t。铂族金属供应主要来自 5 个矿区，即南非布什维尔德、俄罗斯诺里尔斯克、美国

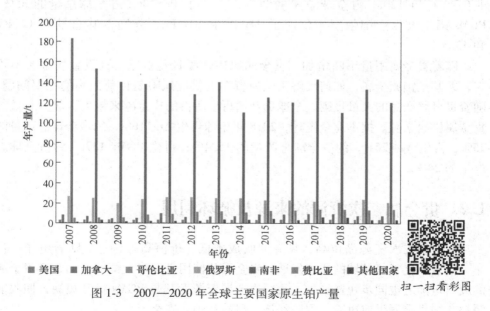

图 1-3 2007—2020 年全球主要国家原生铂产量

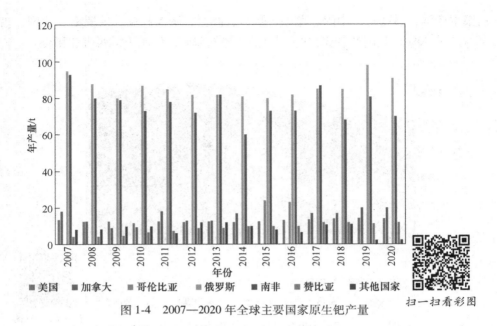

图 1-4   2007—2020 年全球主要国家原生钯产量

扫一扫看彩图

斯提耳沃特、加拿大萨德伯里和津巴布韦大岩墙。铂族金属资源形势受主要生产国（南非、俄罗斯、美国和加拿大）的经济状况和生产状况、国际市场的需求状况和世界经济状况等因素的影响。其中，2020 年全球 PGMs 供应最大的国家南非生产了 Pt 120t，占全球总量的 70%，生产了 Pd 70t，占全球总量的 35%；PGMs 第二大生产国俄罗斯供应了 21t Pt 和 91t Pd，分别占其总量的 12.4% 和 43.3%。

　　随着贵金属用量不断增加，贵金属原矿资源日益贫乏，且贵金属分布不均匀，尤其是铂族金属，如何缓解贵金属资源的供应风险是目前面临的主要问题。随着贵金属产品的大量报废，全球贵金属再生所占的比重越来越大，成为有效的贵金属供给来源。据不完全统计，2018 年全球再生 Au 1168t，约占全球总产量的 25%；再生 Ag 4251t，约占全球总产量的 15.4%；再生 PGMs 137t，约占全球总产量的 24%。

1.2   贵金属二次资源的来源及循环利用

　　贵金属二次资源品位高，具有回收成本低、价值高等特点。随着电子、汽车、信息和化工等领域的快速发展，贵金属的使用量逐年大幅度增加，含贵金属的废料量随之也同步快速增加。我国贵金属资源尤其是 PGMs 极其短缺，回收能缓解我国贵金属供应风险，保障经济、科技和国防安全。

1.2.1 来源及特点

贵金属废料产生于贵金属产品的生产、使用和报废过程各个环节。含 Au 废料主要来源于电子工业的各种废器件、废合金、各种废镀金液和阳极泥等。含 Ag 废料的来源与含金废料相似，由于 Ag 是最廉价的贵金属，在工业上的用途比 Au 更加广泛，相应的含 Ag 废料的来源也比含 Au 废料要多。含 Ag 废料主要来源于电子工业的触点材料、钎料、涂镀层、银电极、导体和有关复合材料等，石油化工行业的含 Ag 催化剂和各类 Ag 化合物使用后的废弃物，如各种废胶片、相纸和洗相用液，首饰及装饰品的各类含银首饰、表壳和有关艺术品等。PGMs 废料种类比含金银的废料多，主要存在形式为废 PGMs 合金、废催化剂、废电子浆料、废热电偶、PGMs 电镀液及废首饰等。各类废料所含 PGMs 种类和含量差异很大。

阳极泥是金属电解过程中沉淀在电解槽底的不溶性泥状物，根据阳极来源可分为铜阳极泥、铅阳极泥、锑阳极泥、锡阳极泥等。贵金属一般富集在铜阳极泥和铅阳极泥中，不同阳极泥的组分不尽相同，取决于阳极板成分、铸锭质量、电解条件等，而阳极板的成分又取决于冶炼原料。阳极泥的物相组成极其复杂，各元素赋存形式各异，成分波动大[13]。表 1-6 为部分国外冶炼厂铜阳极泥主要成分。

表 1-6 部分冶炼厂铜阳极泥主要成分（质量分数） （%）

冶炼厂	Cu	Ag	Au	Pt	Pd	Se	Te	As	Bi	Sb	Sn	Pb	Fe	Ni
加拿大诺兰达	18.7	19.5	0.18	—	—	10	1.2	1.14	0.77	1.68	—	8	—	0.67
智利丘基卡马塔	27	12	0.07	—	—	4	—	5	—	4	—	—	—	—
澳大利亚罗德与施瓦茨	13	9	0.1	—	0.09	5.8	0.2	1.2	0.3	3	5	31	—	2
智利萨尔瓦多	5	24	1.4	—	—	21	—	0.7	—	3	—	—	—	—
日本玉野冶炼厂	21.5	9.6	0.5	—	—	—	—	—	—	—	—	22.7	—	—
国际镍业公司	21	6.37	0.12	—	—	8.4	1.8	0.5	0.14	0.09	—	1.7	—	17
印度铜厂	12.29	1.54	0.1	—	—	10.5	3.38	0.036	—	0.01	—	0.16	0.29	36.76
加拿大基德里克冶炼厂	26	12.7	0.15	0.004	—	19.5	0.05	0.45	0.28	0.09	—	22	—	0.03
比利时优美科霍博肯冶炼厂	17.4	17.2	—	—	—	5.1	0.95	6.8	0.74	6.8	0.35	23.2	—	—
津巴布韦曼古拉铜厂	2	62	1	—	0.01	10	—	0.16	0.13	0.07	0.15	1.8	0.1	0.3
秘鲁矿业	41	20	0.04	—	—	11	1.1	—	—	—	—	—	—	—
瑞典奥托昆普集团	8.5	16.8	0.3	—	—	46	—	—	—	—	—	8	—	5.7
南非帕拉博拉	53.4	7.8	0.33	0.05	0.07	3.6	2.2	0.15	0.01	—	—	—	—	4.5
美国菲尔普斯·道奇公司	27.1	12.2	0.12	0.0007	0.006	8.8	3.1	1.7	—	0.66	—	4.66	0.08	0.64
美国南线	10	4.1	0.02	0.08	0.35	0.6	—	1.4	0.5	9.4	5.3	13.1	—	8.4

电子废弃物俗称"电子垃圾"，因含 Pb、Ni、Cd 等有毒重金属和溴化物属于危险固体废物（HW49）。随着信息科学技术的高速发展，电子类产品的更新换代的速度不断加快，被淘汰的电子电器产品数量也在大幅增长，电子垃圾每年增长约 5%，已成为城市垃圾中增长速度最快的垃圾。根据国际电信联盟发布的数据，2019 年全球人均产生 7.3kg 电子废弃物，总量达到 5360 万吨，其中 1740 万吨是小型设备，1300 万吨是大型设备，屏幕和显示器、小型 IT 和电信设备及灯具分别占据 670 万吨、470 万吨和 90 万吨[14]。一方面，电子废弃物中含有大量的重金属（Pb、Hg、Cr、Cd 等）和苯类等有毒有害成分，对环境和人体健康构成严重的威胁[15]；另一方面，电子废弃物含有大量 Cu、Pb、Sn 等有色金属和少量 Au、Ag、Pt、Pd 等贵金属，是重要的二次资源，被誉为"城市矿产"[16]。表 1-7 给出了典型电子废弃物中金属的含量，可以看出，电子废弃物所含的金属，尤其是贵金属，其品位是原矿的几十倍甚至是数百倍[17]。因此，电子废弃物无害化处置和资源化利用成为重大的技术问题和社会关切。

表 1-7 典型电子废弃物金属成分表

种类	含量（质量分数）/%					含量/g·t⁻¹		
	Fe	Cu	Al	Pb	Ni	Ag	Au	Pd
电视机主板	28	10	10	1.0	0.3	280	20	10
电脑主板	7	20	5	1.5	1	1000	250	110
手机	5	13	0.3	0.3	0.1	1300	350	210
DVD	62	5	2	0.3	0.05	115	15	4
PCBs	12	10	7	1.0	0.85	280	110	—
电视（除 CRT）	—	3.4	1.2	0.2	0.038	20	<10	<10
电脑	20	7	14	6	0.85	189	16	3

PGMs 由于具有特殊的原子结构，在化学反应中有优良的活性和特殊的选择性，并有多种多样的催化功能，广泛用于汽车尾气催化、石化、制药及精细化工领域。汽车尾气催化剂是 PGMs 最主要的用途，全球年消耗 Pt 40%~45%，消耗 Pd 56%~76%，消耗 Rh 95%~98%。目前，中国每年产生报废汽车尾气催化剂约 1 万吨，PGMs 总量约 15~20t。2011 年，中国取代美国成为世界汽车生产第一大国，截至 2018 年，我国年产汽车超过 2800 万辆，随着汽车的报废，废汽车尾气催化剂是 PGMs 二次资源最大的市场。

贵金属催化剂是石油化工的核心技术之一，主要用于加氢、脱氢、氧化、还原、异构化、芳构化、裂化、合成等，主要为 Pt/Al_2O_3、$Pt-Re/Al_2O_3$、$Pt-Sn/Al_2O_3$、Pd/Al_2O_3 等催化剂，我国是仅次于美国的第二大炼油国，截至 2020 年，我国石油和化学工业规模以上企业 2.60 万家，原油加工量 6.7 亿吨。石油重整催化剂、加氢裂化催化剂、异构化催化剂的用量约 8000t，PGMs 用量约 25t。催化剂应用领域、载体组成、活性组分、贵金属的含量、使用寿命等详细情况见表 1-8[18]。

表 1-8 铂族金属催化剂应用领域及性质

	应用领域	载体	活性组分	含量	寿命/年
汽车	催化剂	堇青石	Pt/Rh、Pt-Pd-Rh、Pt	0.1%~0.3%	>10
	柴油过滤器	SiC 或堇青石	Pt/Pd	0.1%~0.5%	—
炼油催化剂	重整	Al_2O_3	Pt、Pt/Re、Pt/Ir	0.02%~1.00%	1~12
	异构化	Al_2O_3、沸石	Pt、Pt/Pd		
	加氢	SiO_2、沸石	Pd、Pt		
	液体天然气	Al_2O_3、SiO_2、TiO_2	Co+（Pt、Pd、Ru、Re）		
化工	硝酸工业	网	Pd	100%	0.5
	H_2O_2	Al_2O_3	Pd	0.3%~0.5%	1
	HCN	Al_2O_3、网	Pt、Pt/Rh	0.1%；0.5%	0.2~1
	PTA	椰壳炭	Pd	0.5%	0.5~1
	VAM	Al_2O_3、SiO_2	Pd/Au	1%~2%	4
	EO	Al_2O_3	Ag	10%~15%	
	KAAP	活性炭	Ru	—	
均相催化剂	羰基合成醇	均相	Rh	500~1000g/t	1~5
	醋酸工业		Rh、Ir/Ru		
精细化工	加氢	活性炭	Pd、Pd/Pt Ru、Rh、Ir	2%~10%	0.1~0.5
	氧化				
	脱苯				

精细化工行业使用的催化剂种类繁多[19]，常用的 PGMs 催化剂包括：

（1）乙烯氧化制乙醛所用 $PdCl_2$-$CuCl_2$ 催化剂；

（2）醋酸、醋酐、醋酸纤维工业甲醇低压羰基合成用的 RhI_3 催化剂，每年 Rh 的使用量数百公斤；

（3）低压铑法丙烯羰基合工艺使用的铑派克（ROPAC）或三苯基膦羰基氢化铑 [$HRhCO(PPh_3)_3$]；

（4）歧化松香用的 Pd/C 催化剂；

（5）精对苯二甲酸（PTA）精制用的椰壳 Pd/C 催化剂，约 1000t，含钯约 5t；

（6）蒽醌法合成 H_2O_2 所用的 Pd/Al_2O_3，每年需要更换的催化剂约 1000t，Pd 含量约 3t。

制药行业以炭载体催化剂为主，如 Pd/C、Pt/C、Ru/C、Pt-Pd/C、Rh/C等，以及辛酸铑、醋酸铑等均相催化剂。

1.2.2　循环利用现状

2008 年，全球约回收 PGMs 109t，占总产量 30%左右。共回收 Pd 50.3t，其中 36.4t 来自废催化剂，10.7t 来自电子电器产品，3.2t 来自珠宝首饰；共回收 Pt 52.4t，其中 31.3t 来自催化剂，0.16t 位电子电器产品，20.94t 来自珠宝首饰；Rh 从废催化剂中的回收量达 6.38t。

2016 年，全球约回收 PGMs 137t，占总产量 24%左右。共回收 Pd 80.7t，其中 66.4t 来自催化剂，13.6t 来自电子电器产品，0.7t 来自珠宝首饰；共回收 Pt 39.7t，其中 34.6t 来自催化剂，1.52t 为电子电器产品，3.57t 来自珠宝首饰；Rh 从废催化剂中的回收量达 7.45t。可以看出，随着 PGMs 在珠宝行业消耗的减少，从报废催化剂中的回收量从 2008 年的 62.1%提高到 2016 年的 77.7%，并有持续提高的趋势。

2016 年，全球再生金产量约 1300t，再生银产量约 5000t，分别约占当年黄金、白银总产量的 30%和 20%。其中，再生银主要来源于报废电子电器、含银废催化剂，回收量约 2700t；白银首饰回收量约 730t，银器回收量 650t 及摄像废料约 840t。再生金主要来源于首饰和报废电子电器产品。

参 考 文 献

[1] Gulley A L, Nassar N T, Xun S, et al. China, the United States, and competition for resources that enable emerging technologies [J]. Proceedings of the National Academy of Sciences of the United States of America, 2018, 115 (16): 4111-4115.

[2] Lovik A N, Hageluken C, Wager P, et al. Improving supply security of critical metals: Current developments and research in the EU [J]. Sustainable Materials and Technologies, 2018, 15: 9-18.

[3] Zuo L A, Wang C, Corder G D, et al. Strategic evaluation of recycling high-tech metals from urban mines in China: An emerging industrial perspective [J]. Journal of Cleaner Production, 2019, 208: 697-708.

[4] 毛佳, 李鹏远, 周平. 中国主要贵金属资源利用及关键性评估 [J]. 工业技术经济, 2017, 36 (11): 37-43.

[5] 丁云集, 张深根. 废催化剂中铂族金属回收现状与研究进展 [J]. 工程科学学报, 2020, 42 (3): 257-269.

[6] 陈景. 原子态与金属态贵金属化学稳定性的差异 [J]. 中国有色金属学报, 2001 (2): 288-293.

[7] 余建民. 贵金属分离与精炼工艺学 [M]. 北京: 化学工业出版社, 2006.

[8] 张文毓. 贵金属的应用进展 [J]. 中国金属通报, 2016 (4): 23-25.

［9］王晨．石化催化剂的品种与未来发展［J］．精细与专用化学品，2015，23（10）：1-4.

［10］赵同新，崔会杰，胡晓春．汽车尾气催化剂的结构及其活性贵金属和稀土元素的表征［J］．汽车零部件，2019，（8）：62-66.

［11］罗燚，冯军宗，冯坚，等．新型碳材料质子交换膜燃料电池 Pt 催化剂载体的研究进展［J］．无机材料学报，2020，35（4）：407-415.

［12］高文桂，杨一昆，普绍平，等．铂（Ⅱ）类抗癌药物的溶液化学反应特性［J］．贵金属，2001（4）：54-59.

［13］肖力．铜阳极泥中硒银金分离的应用基础研究［D］．北京：中国科学院大学（中国科学院过程工程研究所），2019.

［14］Forti V，Baldé C P，Kuehr R，et al. The Global E-waste Monitor 2020：Quantities，flows and the circular economy potential［M］. New York：United Nations University（UNU）／ United Nations Institute for Training and Research（UNITAR），2020.

［15］Ding Y J，Zhang S G，Liu B，et al. Challenges in legislation，recycling system and technical system of waste electrical and electronic equipment in China［J］. Waste Management，2015，45：361-373.

［16］Ding Y J，Zhang S G，Liu B，et al. Supply and demand of some critical metals and present status of their recycling in WEEE［J］. Waste Management，2017，65：113-127.

［17］Cui J，Zhang L F. Metallurgical recovery of metals from electronic waste：A review［J］. Journal of Hazardous Materials，2008，158（2）：228-256.

［18］Ding Y J，Zhang S G，Liu B，et al. Recovery of precious metals from electronic waste and spent catalysts：A review［J］. Resources，Conservation and Recycling，2019，141：284-298.

［19］卢雯婷，陈敬超，冯晶，等．贵金属催化剂的应用研究进展［J］．稀有金属材料与工程，2012，41（1）：184-188.

2 贵金属二次资源检测技术

检测分析是贵金属回收过程至关重要的环节，直接关系工艺的制定、产品的回收率和质量。但贵金属二次资源种类多，形状、性质、品位各不相同。以废催化剂为例，形态包括蜂窝状涂层、网状涂层、均相等，品位从 0.01% ~ 100%[1]。因此，相比于原矿，贵金属二次资源的取样分析更加困难。取样和制样是分析检测的前提，二者是相互促进且十分复杂的过程，涉及各种问题。因此，需要根据贵金属二次资源的特点对样品进行预处理后再取样，然后再通过检测技术确定贵金属的含量。本章主要介绍了样品预处理和检测技术，总结了各项检测技术的应用情况及其优缺点。

2.1 取样方法

准确的分析结果不完全取决于测定方法本身，取样具有代表性、制样均匀是准确分析的重要前提条件[2]。分析结果是对样品性质的表述，如果样品的代表性差或没有代表性，准确度、精密度再好的分析结果也将失去意义；相反，若样品具有充分的代表性，即使分析结果的精度欠佳，仍能对整体物质做出比较真实和客观的描述。对于贵金属分析，按目前的国际惯例，当含量（质量分数）大于 5% 时，要求 2% 的相对分析误差并以此计算物料的价值。为解决好这一问题，除提高测定方法本身的准确度之外，设法获得代表性的样品和提高取样精度是重要的环节。

取样的基本原理包含物质整体的逐渐减少及物质质点尺寸的逐渐缩小两个方面。在物质整体没有进行系统分类或粉碎、研磨之前，这一整体不应轻易进行缩减。不同的物料，取样有简有繁，有易有难。由于二次资源中贵金属含量具有很大的分布差异，所以取样是一个十分复杂的过程。而且目前有关取样、制样的研究大多局限于矿石中 Au、Ag 的测定方面，对贵金属二次资源分析取样及其研究较少。对于不同的贵金属，采用不同取样方法，但值得注意的是，即使材料有着均匀的形态，贵金属含量也可能差别很大。

目前取样所依据的基本原理是均匀化法，假定前提是废料完全掺和，而且能使用自动化的装置进行分样和取样。为满足这一要求，废料在分类基础上进行预处理，如切碎或粉碎，对于粉料、粒状废料（小于 5mm）采用自动化取样设备是最适宜的。

2.1.1 废屑、丝、片的取样

对于高含量的贵金属合金废料，收集分类后重新置于坩埚中熔融；而对于贵金属含量低的废料，熔融时应加入助熔剂。熔融后取样方法有如下几种：

（1）钻孔或据取法。熔融后浇铸成锭，沿对角线方向钻取金属粉末或屑；或沿锭块的双边平行锯取，收集粉末，将粉末混匀后四分法取样。

（2）毛细管法。将玻璃毛细管插入熔化的金属中，然后拉出，冷却后形成细金属棒，然后切割成需要的样品数目。

（3）水碎法。将部分熔化的金属倒入搅拌的大量冷水中，金属碎化后收集、干燥后以四分法或机械分样器缩分成所需样品。

（4）钮模法。充分搅拌熔融的金属，用勺取出并注入小钮模中，然后将金属钮再切割成小量的样品。

2.1.2 废催化剂的取样

废催化剂的形态多种多样，常见的有粒状、粉末状、棒状与蜂窝状等。对于蜂窝状废料取样之前需将其破碎，对于成批的这类废料，采用现代化的连续取样方法是方便和经济的。除此之外，还有定位排空取样和管枪取样法[3,4]。

（1）定位排空取样法。对于桶装或袋装废催化剂，利用手铲从废料的顶部、中部和底部铲取样品。

（2）管枪取样法。采用直径不同的薄壁钢管，加工成内管开槽的套管式取样枪（内管直径 3~5mm），将管枪自桶顶部插入桶底。使物料进入内管，压下外套管，拔出取样枪，再放出物料。每桶废催化剂取 5 个部位，其中 4 个部位位于和桶成同心圆的等距离周边上，1 个部位位于圆心点。

2.1.3 电子工业废料的取样

该类物料的取样较复杂，首先应按前述方法进行分类，对大规模成批废料，破碎后同样可采用现代化连续取样的方法[5]。在取样后通常根据材料中是否含 Fe、Ni 而将这类废料分为磁性和非磁性材料两大类，然后按不同方式加工制作成需要的样品。

对于磁性材料，采用加铝进行冶炼，以自动化连续采样器或以堆锥四分法取得的料样，按批量质量进行按比例混合。根据料样中 Fe 和 Ni 的含量，加入约 50%的金属 Al 进行熔化，开始时料样中的有机物被烧掉，然后 Fe、Ni、Cu 和 Al 反应，生成晶体结构极为复杂的脆而易碎的合金。分别将铸锭所得的铝合金和熔渣粉碎，研磨到 500μm（120 目），缩分后成为后续分析的样品。

铝碎化理论基于 Fe、Cu、Al 三元相图，由于 Ni 具有与 Fe 相似的原子性质，因此将 Fe 与 Ni 作为一种元素来考虑，原料中的其他金属如 Pb、Zn、Sn 则不与 Al 反应，熔化时大部分转化为氧化物熔渣。Fe、Cu、Al 三元相在低于 1300℃熔点的区域所形成的合金是脆性相，贵金属元素富集在该合金相中[6]。

对于非磁性材料，该类废料多为铜基，由于不含高熔点的如 Fe、Ni 等金属，无须与 Al 进行熔融，可直接将按比例混合的料样于坩埚中进行熔化，所得合金浇铸成锭后，可按前述合金的取样方法取样，再缩减成后续分析的样品。熔渣粉碎后为渣样。

2.2　预处理技术

经科学取样后，样品的预处理同样是获得准确分析结果的重要前提。目前，二次资源中贵金属样品预处理传统技术主要有火试金、酸溶法、碱熔法、共沉淀法等技术，溶液萃取法、离子吸附交换法和流动注射法等方法，近年来也受到人们的广泛关注[7-9]。

2.2.1　火试金法

火试金法因其适应性广，富集效果好，测定准确快速，是目前应用最广的贵金属分离富集方法之一，是贵金属分析的重要手段。以 Au 为例，分析对象涵盖了金原矿、尾矿、精矿、地球化学样品、阳极泥、合金、金锭等，测定范围从地化试样金含量 0.1ng/g 到金锭中 Au 含量（质量分数）99.95%，其中关于火试金法分析 Au 的标准共有（国家标准、行业标准）等 18 项，见表 2-1[10]。

表 2-1　国家标准、行业标准金的分析检测方法

分析对象	测量范围	前处理方法	测试方法	标准号
铜精矿	0.50~40.00g/t	火试金	重量法	GB/T 3884.2—2000
金合金首饰	333.0‰~999.5‰	灰吹法（火试金）	重量法	GB/T 9288—2006
铝精矿	0.1~25.0g/t	铅析或灰吹火试金	FAAS	GB/T 8152.10—2006
金精矿	20.0~550.0g/t	火试金	重量法	GB/T 7739.1—2007
金矿石	0.2~150.0g/t	火试金	重量法	GB/T 20899.1—2007
贵金属合金首饰	999‰	酸分解	ICP-差减法	GB/T 21194.4—2007
贵金属合金首饰	725‰~999‰	酸分解	IPC-差减法	GB/T 1194.6—2007
金	99.50%~99.95%	火试金	重量法	GB/T 11066.1—2008
金、铂、钯合金	3.0%~99.5%	酸分解	硫酸亚铁电位滴定法	GB/T 15072.1—2008
合质金	30.0%~99.9%	火试金	重量法	GB/T 15249.1—2009

分析对象	测量范围	前处理方法	测试方法	标准号
黄金制品	—	抛光、清洁	电子探针微分析法	GB/T 17363.1—2009
黄金制品	不低于75%	清洗、烘干	综合测定法	GB/T 17363.2—2009
地球化学样品	0.1~100.0ng/g	火试金	AES	GB/T 17418.6—2010
金合金首饰	70.00%~99.95%	酸分解	重量法	GB/T 28016~2011
银精矿	0.50~40.00g/t	火试金	重量法	YS/T 445.1—2001
混合铅锌精矿	0.50~15.00g/t	火试金	重量法	YS/T 461.10—2003
粗铅	1~100g/t	火试金	重量法	YS/T 248.6—2007
金化合物	30%~95%	微波密闭分解	硫酸亚铁电位滴定法	YS/T 645—2007
粗铜	≥0.5g/t	火试金	重量法	YS/T 521.2—2009
锑精矿	1.00~100.00g/t	火试金	重量法	YS/T 556.9—2009
黑铜	≥0.5g/t	火试金	重量法	YS/T 716.2—2009
铜阳极泥	0.100~20.000kg/t	火试金	重量法	YS/T 745.2—2010
铜铅锌原矿和尾矿	0.05~3.00g/t	火试金	FAAS	YS/T 53.1—2010
铜铅锌原矿和尾矿	0.01~1.00g/t	流动注射-8531 纤维微型柱	FAAS	YS/T 53.2—2010
铅阳极泥	0.05~1.00kg/t	火试金	重量法	YS/T 775.5—2011
粗铜	≥0.5g/t	火试金	重量法	SN T 1789—2006
进口铜精矿	0.2~50.0g/t	阴离子交换	FAAS	SN/T 2501—2010

火试金法是将冶金学原理和技术运用到分析化学中的一种经典分析方法，以坩埚或者灰皿为容器，种类繁多，操作程序不一，有铅试金、铋试金、锡试金、锑试金、硫化镍试金、硫化铜试金、铜铁镍试金、铜试金、铁试金等[11-13]。火试金法一般步骤为：助熔剂与岩石、矿石或冶金产品混合，在坩埚中加热熔融，生成的熔融状态金属、合金或锍在高温下富集样品中的贵金属，形成含有贵金属的合金（即试金扣）下沉到坩埚底部。样品中贱金属的氧化物和脉石与二氧化硅、硼砂、碳酸钠等熔剂发生反应，生成密度小的熔渣，从而实现贵金属的分离。因此，在火试金法过程中同时起到分解样品和富集贵金属的两个作用，再用火法或湿法把试金扣中的贵金属进一步富集和分离，从而测定样品中的贵金属含量[13]。但各种新试金方法的熔炼原理和试金过程中的反应与铅试金法有许多相同之处，应用得最为普遍、最为重要的是铅试金法，其优点是所得的铅扣可以进行灰吹。试金法与灰吹技术相结合，可以使几十克样品中的贵金属富集在数毫克的合金中。铅试金法贵金属捕集率大于99%，对低至0.2~0.3g/t的Au有很高的捕集率，铅试金法对常量及微量贵金属的分析准确度都很高。

铅试金法主要分为3个阶段：

（1）熔炼。将样品与氧化铅、二氧化硅、碳酸钠、硼砂等造渣剂混合，在坩埚中加热熔融，Pb 在熔融状态下捕集 Au、Ag 及其他贵金属，得到铅合金（一般称作铅扣或贵铅），铅合金的相对密度大，在坩埚底部富集。与此同时，样品中贱金属氧化物和其他杂质则与熔剂造渣，生成硅酸盐或硼酸盐等，因其密度小而浮在上面，使贵金属从样品中分离出来。

（2）灰吹。把得到的铅合金放在灰皿中在适当的温度下灰吹除铅，灰吹时 Pb 氧化成氧化铅而渗透于多孔的灰皿中，除去铅扣中的 Pb 及少量的贱金属，Au、Ag 及其他贵金属不被氧化留在灰皿中，形成金银合金颗粒。

（3）溶解。以硝酸溶解金银合金颗粒中的 Ag，Au 不溶于硝酸，将获得的金粒经淬火后称量，可计算出 Au 的含量，根据金银合金颗粒质量与 Au 质量之差即可求出 Ag 的含量。

铋试金法能够定量捕集所有的贵金属，贵金属在高温时能够溶解在金属 Bi 中，与 Bi 可形成 AuBi、Bi_3Pd_5、Bi_2Pt 等一系列合金或者金属化合物，Bi_2O_3 的还原温度比较低，铋试金富集贵金属的能力强，能把贵金属定量富集形成贵金属颗粒。金属 Bi 在高温时的抗氧化能力比金属 Pb 强，因此，铋试金能经受在高温条件下长时间的熔炼，具有良好的成扣性能。Bi 的毒性小，铋扣也能在灰皿上进行灰吹，因此可简便而快速地使贵金属和 Bi 分离。虽然金属 Bi 在 300℃ 左右就开始被空气氧化，但氧化铋的熔点是 820℃，因此灰吹的温度必须控制在 820℃ 以上，液态的氧化铋才能被灰皿吸收。灰吹的温度越高，贵金属的损失将越大。Bi 在凝固时发生体积膨胀，会在铋扣的上部长出柱状或者片状的金属 Bi 并且插入矿渣中，造成分离困难。

镍锍试金法是以 NiS、FeS 和 CuS 组成的锍富集贵金属，其中 NiS 和 CuS 为贵金属捕集剂。镍锍合金不能进行灰吹，粉碎、磨细后可被盐酸溶解，其中 S 以 H_2S 逸出，Cu、Ni、Fe 等金属以氯络合物形式进入溶液，Ag 以 H［$AgCl_2$］进入溶液中，Au 和 PGMs 留在残渣中，从而达到富集、分离的目的。

镍锍试金法中熔渣的硅酸度一般为 1.5~2.0，若熔渣为碱性，Na_2CO_3 与 S 反应逸出，阻碍锍的生成。但渣的酸度不能太大，否则熔渣很黏，不利于锍扣和熔渣的分离。镍锍扣富集贵金属的能力很强，且熔炼温度低，镍锍扣中含大量的 Ni 和 Cu，不必控制硫含量，目前广泛应用于分析中，但是对 Au 的富集不稳定，结果重现性不好。

锑捕集贵金属的能力强，并且能灰吹，包括 Os 在内的所有贵金属元素的灰吹损失甚微，这是其他捕集剂所不能及的。Sb 不捕集 Cu、Ni、Co、Bi 和 Pb，灰吹时也不能将它们除去。对于含这些贱金属较多的样品，直接使用锑试金法比较困难，适用于某些组成比较简单的样品，例如铂族金属单矿物，以及经预处理除去贱金属的富集渣中贵金属的测定。在进行锑试金时，因为 Sb 的密度比 Pb 小，沉降相对较缓慢。为了防止浮在上面的 Sb 被空气氧化而导致贵金属在熔渣中的损失增加，要求高温度进炉，快速熔炼。为了有利于锑珠的下沉，要求提高熔渣的流动性，熔剂中加入一定量的钾盐代替部分 Na_2CO_3，可降低熔渣的熔点。锑扣的灰吹与铅扣、铋扣的灰吹不同，氧化锑的去除以挥发为主。Sb 经氧化生成具有挥发性的 Sb_2O_3，逸入空气中而被除去，贵金属不被氧化。Sb_2O_3 的碱性不强，可以在瓷坩埚上进行，灰吹温度在 750~950℃对测定结果没有影响。

对复杂矿样、载金炭、废杂铜、吸金树脂、锡及锡合金废料、粗硒等样品采用火试金法与光谱、质谱法联合测定。在火试金法分析测试中，针对样品的粒度、各种试剂用量、配料方案、熔渣硅酸度、分金时长等因素对最终测定结果的影响进行了系统研究，并得出具有较高指导意义的结论。

火试金法在分离富集铂族元素方面也有着独特的优势[14,15]，在铅试金中一般采用加 Ag 保护灰吹生成银合金颗粒，但 Ir 由于不与 Ag 形成合金而造成很大的灰吹损失，需加 Pt 保护 Ir 的灰吹。用 Sb 作捕集剂，火试金分离富集 Ir，该试金法不污染环境，快速且富集完全，合金颗粒中的 Ir 能被王水溶解。样品中的 Ir 经过锑试金分离富集之后测定，降低了检测下限。

2.2.2 酸溶法

酸溶法是利用无机酸及强氧化剂将贵金属溶解浸出，广泛应用于贵金属检测分析，用酸溶的方法从样品中分离贵金属，与火试金法相比更加快速、经济，一般酸溶后需要进一步净化和预富集。酸溶处理的样品量往往比火试金法小，一般为 0.5~5.0g，当样品酸溶后，溶液可达 40mL。通常采用 HCl、HF、H_3PO_4、$HClO_4$、HNO_3、$HBr-Br_2$、H_2O_2 溶液及其混合溶液为浸出剂，在高压或者微波强化的条件下把样品中贵金属溶出。酸溶法分离效率较低，且对不同的样品处理方法也不完全相同（取决于不同样品需要使用不同的酸溶剂）。表 2-2 为不同溶解方法处理贵金属物料时贵金属的溶解率。

表 2-2　高品位贵金属物料用不同预处理方法的溶解率　　　　　　（%）

处理方法	Pt	Pd	Au	Ru	Rh	Ir	Os
用王水 90℃直接溶解 5h	89.3	76.2	92.9	2.0	8.5	2.5	2.0
用 HCl-Cl₂ 80 直接溶解 5h	86.3	74.5	90.2	2.5	7.6	2.0	2.1
900℃氢还原 1h，王水 90℃溶解 5h	96.3	97.4	98.5	4.5	14.6	8.3	5.0
铝熔-酸浸贱金属，王水 90℃溶解 2h	99.5	99.2	99.6	98	98.5	98.3	97.6
铝熔-酸浸贱金属，HCl-Cl₂ 80℃溶解 1h	99.1	99.8	99.8	97.1	98.9	97.4	98.6

酸溶法包括常压提取、高压密闭提取和微波消解法，该方法能分解大部分贵金属二次资源样品，Au、Pt 和 Pd 易溶解，但对 Rh、Ir 溶解效果稍差。

常压酸提取广泛应用于较易溶解的贵金属样品，对于 Al_2O_3 载体废催化剂，

因 H_2SO_4 和基体对 Pt、Pd 的测定均有负面影响，需要对工作曲线进行基体匹配或采用标准加入法进行样品分析，过程复杂且精准度不高；而采用王水溶解样品，由于 Al_2O_3 载体仅部分溶解，用工作曲线法即可进行测定，样品加标回收率为 Pt 95.2% ~ 105.5%，Pd 95.3% ~ 100.6%，RSD（$n=6$）均小于 9%[16]。对于报废汽车尾气催化剂，由于汽车使用过程中的高温形成了惰性贵金属化合物，同时 Al_2O_3 涂层发生晶型转变，将 PGMs 包裹，影响浸出效果[17]。在王水浸出废汽车尾气催化剂中贵金属前，先用 H_2SO_4 和 H_3PO_4 溶解样品中包覆的 Al_2O_3，提高 PGMs 与浸出剂的接触面积，但该过程会造成贵金属的损失。HF 对于废催化剂中的硅酸盐有很好的溶解效果，同时造成稀土元素的溶解损失，并生成溶解度低的氟化物，虽然通过加入硼酸可以增加氟化物的溶解度并消除多余 HF 的影响，但此操作又会产生大量的盐，从而给后续分析带来不便。

　　样品消解是样品分析，尤其是固体样品分析最耗时费力的工作。耗时费力的样品预处理已不能适应更快更新的现代分析方法和手段的要求。为了解决传统的样品预处理的费时费力问题，人们在样品消解中引入了微波技术，形成了微波消解技术。微波消解技术是利用微波的穿透性和激活反应能力加热密闭容器内的试剂和样品，可使制样容器内压力增加，反应温度提高，从而大大提高了反应速率，缩短样品制备的时间，现已广泛应用于难处理的贵金属样品，包括贵金属化合物、Rh 粉、Ir 粉、贵金属富料、铂类化合物和贵金属催化剂[18,19]。朱利亚等[20]提出了微波消解难处理贵金属 Rh 粉、Ir 粉及其冶金物料，对比了各类物质的微波消解法与传统消解法的条件，分析了贵金属的含量，结果表明：贵金属 Rh 粉、Ir 粉及其冶金物料对应消解时间分别为传统法的 1/96 ~ 1/67、1/16 ~ 1/8 和 1/2，分析流程大大缩短，两种消解法测得贵金属含量吻合较好。

　　高压酸分解是一种极其有效的方法，能溶解贵金属物料中各种化合物，具有溶剂选择范围大、溶剂损耗少、溶解效率高、环境友好等优点，但对设备要求高，需要密闭高温高压耐腐蚀反应器、溶解周期长、试样的物理状态及性质对溶解影响很大，仅适宜于处理分散度大、粒度细的物料，对大颗粒物料需预先进行碎化处理[21]。高压酸分解中的聚四氟乙烯罐消化法是常用的方法之一。赵家春等[22]将贵金属物料按一定比例与酸液和氧化剂混合调浆置于特制压力容器中，控制温度在 160 ~ 300℃，氧气分压为 0 ~ 3MPa，反应时间为 1 ~ 8h，在高温高压下将铑物料快速溶解并获得酸性铑溶液，溶解率大于 98%。

2.2.3　碱熔法

　　碱熔是将样品和强氧化性碱，如 Na_2O_2 或 Li_2O_2（有时需要加入 NaOH）混匀加热，使贵金属转化成水溶性盐，再通过浸出实现分离样品中贵金属。碱熔法几乎可以分解所有的贵金属样品，但该过程中引入了大量的无机盐，坩埚腐蚀严重，又带入大量的 Fe、Ni。目前多用于无机酸难以分解的样品，主要用于含 Ru、Rh、Ir 等样品[23]。

董青石载体的汽车催化剂，无机酸处理溶解有很大难度，碱熔分解样品能力强，能够有效溶解基体。江楠等[24]研究了预处理方法对 ICP-MS 测试陶瓷载体催化器中贵金属含量的影响，对催化剂载体粉末分别采用"微波消解-加热赶酸-王水再溶"和"碱熔融-Te 共沉淀"预处理。结果表明，催化剂载体粉末经"微波消解-加热赶酸-王水再溶"处理后不能完全溶解，导致负载于载体表面的 Rh 未能充分溶出。延长微波消解时间、对不溶残渣进行第二次消解均不能有效提高 Rh 溶出量，对不溶物进行"碱熔-Te 共沉淀"处理能提高 Rh 的溶出量。将对载体粉末进行两种预处理相结合，显著提高了 Rh 的溶出率，保证了检测的准确性。表 2-3 分别为以上两种预处理方法处理后贵金属的检测结果。

表 2-3　残渣中贵金属检测结果　　　　　　　　　　（mg/g）

预处理方式	Rh	Pd	Pt
微波消解-加热赶酸-王水再溶	0.0006	0.0106	0.0002
碱熔融-Te 共沉淀	0.0266	0.0136	0.0004

贵研铂业股份有限公司建立了碱熔解-硫脲比色法快速测定 Ru 碳催化剂中 Ru 的方法[25]，采用焙烧除 C，Na_2O_2 碱熔 Ru，不经蒸馏分离用硫脲比色法快速测定样品中的 Ru，对 Ru/C 催化剂样品的预处理和显色条件进行了改进。该方法和传统法测得 Ru 的质量分数和相对标准偏差分别为 4.30%、4.30% 和 1.02%、1.21%，测得样品加标准回收率为 98.01%~102.12%。

刘伟等[26]建立了一种以碱熔-碲共沉淀分离、ICP-AES 测定等离子熔炼 Fe-PGMs 合金样品中 Pt、Pd 和 Rh 含量的方法。Fe-PGMs 合金的价值高，Pt、Pd 和 Rh 含量的测定结果是 Fe-PGMs 合金物料公平、公正交易的重要参考，同时也是生产过程中考察金属平衡的重要依据。因此，准确分析 Fe-PGMs 合金中的 Pt、Pd 和 Rh 含量具有十分重要的意义。由于高温熔炼所得 Fe-PGMs 合金抗腐蚀强，即使采用多种组合强酸、在高温高压下长时间溶解，均不能完全溶解样品。将合金样品与 Na_2O_2 混匀，在 730℃ 马弗炉中保温 25min 后，熔融物用稀盐酸完全浸出；在盐酸介质中，加入 Te 溶液和 $SnCl_2$ 溶液微沸 30min，所得 Pt、Pd 和 Rh 共沉淀充分；在恒定条件下，对 Pt、Pd 和 Rh 含量为 0.5~7.0g/kg、2.0~40.2g/kg 和 0.2~7.0g/kg 的样品，测定相对标准偏差（RSD）分别为 0.44%~1.52%、0.58%~1.06% 和 0.61%~1.98%，加标回收率分别为 99.4%~101.0%、99.1%~100.5% 和 98.3%~101.0%。

2.2.4　溶液萃取法

萃取法是利用贵金属化合物在两种不同溶剂中有不同的溶解度，通过液-液、液-固萃取，将贵金属分离富集的方法。随着仪器分析的不断发展，将先进的仪器分析手段与改进后的液-液萃取方法结合起来，用于贵金属的检测，尤其是贵金属废催化剂的检测，将是今后贵金属应用的重要方面。

溶液萃取法可供选择的萃取剂比较多，可分为：

（1）中性萃取剂（如醇、酮、醚、烷基取代酰胺等中性含氧萃取剂）；

（2）磷酸三丁酯（TBP）、三烷基氧化膦和三烷基硫化膦等含磷（膦）萃取剂；

（3）二烷基硫醚、二烷基亚砜、石油亚砜等含硫萃取剂、阴离子萃取剂（如伯胺、仲胺、叔胺季铵盐等烷基胺和一些烷基芳基胺等）和螯合萃取剂。螯合萃取剂主要包括羟肟类萃取剂（如 Lix54、Lix63）和 8-羟基喹啉（如 Kelex100、TN1911）等。

表 2-4 为一些常用萃取剂的分类及名称。

表 2-4　常用萃取剂分类及命名

类型	名　　称	国内商品名	国外商品名	水中溶解度 /g·L^{-1}
中性膦类萃取剂	磷酸三丁酯	TBP	TBP	0.38
	甲基膦酸异二戊酯	P218	DAMP	0.39
	三丁基氧化膦		TBPO	
	三辛基氧化膦	P201	TOPO	0.008
	丁基膦酸二丁酯	P205	DBBP	
	二丁基膦酸丁酯	P203	BDBP	
酸性膦类萃取剂	二（2-乙基己基）磷酸	P204	HDEHP	0.02
	磷酸单烷基酯	P538		0.05
	异辛基膦酸单异辛酯	P507	PC88A	0.08
胺类萃取剂	仲碳伯胺	N192	AΠ19	0.04
	三正辛胺	N204	TOA	
	三异辛胺		TIOA（Adogen381）	
	三烷基胺	N235	Alamine336（Adogen368）	0.01
	氯化甲基三烷基胺	N263	Aliquat336（MTC）	0.04
螯合萃取剂	5，8-二乙基-7-羟基-6-十二烷酮肟（α-羟基肟）	N509	LIX63	0.02
	2-羟基-5-壬基二苯甲酮肟（β-羟基肟）	N530	N530	0.001

类型	名 称	国内商品名	国外商品名	水中溶解度 /g·L^{-1}
中性含氧萃取剂	乙醚		Et$_2$O	
	α-羟基庚醇	仲辛醇	Octanol-2	1.0
	甲基异丁基酮	MIBK	Hexone	19.1
	二仲辛基乙酰胺	N503		0.01
	二丁基卡必醇（二乙二醇二丁醚）	DBC	DBC	2.0
含硫萃取剂	二烷基硫醚	S201		
	二烷基亚砜	DOSO		

全球几家大型的代表性工厂都已经使用溶液萃取技术，其中三大精炼厂的全萃取流程各有特点[27]：

（1）所采用的萃取剂不同。Inco 采用 Betex 萃取 Au、DOS 萃取 Pd、TBP 萃取 Pt；而 MRR 采用 MIBK 萃取 Au、Lix64 萃取 Pd、三正辛胺萃取 Pt；Lonrho 则采用 SO$_2$ 还原沉淀金，氨基酸共萃 Pt、Pd，然后分别反萃 Pt、Pd。

（2）贵金属分离顺序不完全相同。Inco 先蒸馏 Os、Ru；而 MRR 和 Lonrho 先萃取分离 Pd 或 Pt、Pd。但都是先选择性除去 AuCl$_4^-$；在萃取分离过程中都充分利用了铂族金属的价态变化，为了防止 Ir 共萃，都在萃 Pt 前先将 Ir^{4+} 还原为 Ir^{3+}；最后分离 Rh、Ir。

传统的液-液萃取分离贵金属一般采用含 N、含 S、含 P 等有机萃取剂，存在溶剂污染环境、对人体有害、工艺复杂等缺点。因此，萃取的发展在于不断发现对环境友好的萃取剂及引用先进的萃取新技术。近几年发展起来的利用高聚物水溶液在无机盐存在下可以分成两相的非有机溶剂萃取分离方法已引起人们的重视。高云涛等[28]研究了 Pd（Ⅱ）碘络合物在丙醇-硫酸铵双水相萃取体系中的分配行为，在 HCl 介质中，碘化铵存在下，Pd（Ⅱ）能形成离子缔合物［PdI$_4^{2-}$ · (PrOH$_2^+$)$_2$］从而被萃入丙醇相。该方法能定量萃取 Pd（Ⅱ），在最佳萃取条件下 Pd（Ⅱ）的萃取率可达 99.2%。

2.2.5 离子吸附交换法

离子交换与吸附分离技术分离效率高、设备与操作简单、树脂与吸附剂可再生和反复使用，且环境污染少，是一种应用广泛和重要的分离富集方法，在贵金属分离和检测中的应用越来越受到人们的重视。

离子吸附交换法是在溶液中通过控制氯离子的浓度和酸度，将 PGMs 离子转化为络合阴离子，而其他金属以阳离子形式存在，利用电荷差异使它们在离子交换柱上的吸附剂或树脂发生分离。吸附剂有活性炭、氧化铝、巯基棉、聚亚安酯泡沫、具有三乙基胺功能团的纤维素等。如水中的 Pt 和 Pd，以及硫脲法浸金溶液中的金常用活性炭富集。目前全球约 50% 的 Au 采用活性炭吸附工艺生产，活性炭多孔、比表面积大、吸附效率高，但是选择性差，且不能重复使用。郭淑仙等[29]通过对活性炭表面官能团改性来吸附 Pt 和 Pd，用 Dim116 炭（氨水活化）和 TU60 炭（氢氧化钠活化）吸附 Pt 和 Pd，对 Pt 和 Pd 的吸附率约达 94%。

离子交换树脂是一种在交联聚合物结构中含有离子交换基团的功能高分子材料，目前用于贵金属提取的树脂主要有阳离子交换树脂、阴离子交换树脂和螯合树脂。阴离子交换树脂又分为强碱型和弱碱型。徐涛[30]用 9335 型阴离子交换树脂吸附经王水溶解的含 Pd 物料，可以选择性吸附 Pd，吸附量达 8.22g/kg，Cu、Ni 等杂质不被吸附，采用 8% 氨水、40g/L 氯化铵解吸，98% 以上的 Pd 被解吸。Sun 等[31]用 AG1-x8 阴离子型交换树脂吸附分离 Pt/Al_2O_3 废催化剂中的 Pt，在 HCl 浓度为 5mol/L 时吸附率达到约 98%。Wołowicz 等[32]研究对比了几种强碱性阴离子交换树脂从酸性溶液中除去 Pd(II) 的能力，结果表明对 Pd(II) 的选择性吸附能力：Lewatit M-600（0.0255g/cm^3）> Amberlyst A-26（0.0230g/cm^3）> Amberlite IRA-458（0.0060g/cm^3）>Amberlite IRA-958（0.0040g/cm^3）。

近年来，具有高选择性的螯合树脂已广泛应用于提取矿石、工业产品中的贵金属元素，成为贵金属分离富集的研究热点。螯合树脂由功能基和树脂母体构成，功能基中存在着能与金属离子形成配位键的 O、N、S、P 等原子，母体通常是苯乙烯与二乙烯基苯（DVB）聚合物。功能基的空间位置和种类影响树脂对贵金属离子的吸附。李现红等[33]以 1-（2-吡啶偶氮）-2-萘酚-6-磺酸（PAN-S）螯合剂制备螯合树脂，用示波极谱法同时连续测定了 Ru、Au、Pd、Pt、Ir、Rh。用 pH 1.5 的 HCl 溶液做淋洗剂，柱高为 20cm，过柱流速为 0.30mL/min，pH 值为 1.0 的 3% 的硫脲-盐酸洗脱时，贵金属元素能与常见的金属离子分离。树脂对贵金属 Ru、Au、Pd、Pt、Ir、Rh 的动态饱和吸附量分别为 1.27μmol/g、1.38μmol/g、2.17μmol/g、2.71μmol/g、2.13μmol/g、1.76μmol/g，总的动态饱和吸附量为 11.42μmol/g，贵金属回收率均为 96%~102%。

壳聚糖分子内含丰富的氨基基团，为贵金属离子 [Pt(IV)、Pd(II)、Au(III) 等] 的吸附提供了可能，可以通过调节 pH 值等其他因素，实现与不同贵金属离子的化学相互作用（螯合反应）和静电相互作用（离子交换过程）。另外，壳聚糖原材料易得，成本比其他母体便宜，且分离效果好，以壳聚糖为母体的新型螯合树脂研究越来越多。

Fujiwara 等[34]使用赖氨酸修饰后的壳聚糖材料，同时使用盐酸对吸附溶液进行 pH 值调节时，在较低的 pH 值环境下，溶液中大量存在的氯离子与壳聚糖上的氨基结合，容易使其成为吸电子基团，极大地促进了体系内的离子交换过程，相比中性环境下氨基与贵金属离子的螯合作用，这相当于增加了二者结合的活性位点，吸附效果更好，因此 pH 值为 1 时 Pt(Ⅳ)达到最大吸附容量，pH 值为 2 时 Pd(Ⅱ)、Au(Ⅲ)可以达到最大吸附容量。金属离子与交联后壳聚糖内的活性组分之间的反应机理见式(2-1)~式(2-4)。

$$R - NH_2 + HCl \Longrightarrow RNH_3Cl \tag{2-1}$$

$$2RNH_3Cl + PtCl_6^{2-} \Longrightarrow (RNH_3)_2PtCl_6 + 2Cl^- \tag{2-2}$$

$$2RNH_3Cl + PdCl_4^{2-} \Longrightarrow (RNH_3)_2PdCl_4 + 2Cl^- \tag{2-3}$$

$$2RNH_3Cl + AuCl_4^- \Longrightarrow (RNH_3)_2AuCl_4^- + Cl^- \tag{2-4}$$

Rampino 等[35]利用硫脲素固定化后的壳聚糖功能材料，使用 HCl 调节溶液酸碱性，氯离子的加入也会产生较大影响，修饰后的壳聚糖在 0.25mol/L HCl 溶液中对 Pd(Ⅱ)、Pt(Ⅳ)吸附量最大，分别达到 274mg/g 和 330mg/g，吸附动力学满足拟二级模型，该吸附过程的控速环节为贵金属离子与壳聚糖功能材料发生反应的阶段。在硫脲素的盐酸溶液内，贵金属离子脱附率达到 85%以上，这表明制备、修饰后的壳聚糖功能材料可以多次重复利用。

综上所述，离子吸附交换法具有杂质去除效率高、选择性高、可浓缩回收有用物质、设备较简单和操作控制容易等优点，但存在树脂再生频繁和再生剂处理麻烦等缺点。

2.2.6 流动注射分析

流动注射分析（Flow Injection Analysis，FIA）由丹麦技术大学 J. Ruzicka 和 E. H. Hansen 于 1975 年提出，在热力学非平衡条件下，在液流中重现处理试样或试剂区带的定量流动分析技术。流动注射分析具有快速准确、操作简便、节省试剂和试样、通用性强等优点。流动注射在线富集和仪器测试相结合是一种富集与测定同时进行的方法，克服了常规离线操作时间长、污染环境和试样、试剂消耗量大等缺点，大大提高了分析效率、灵敏度和选择性，并可以进行多成分检测。但流动注射技术只有与特定的检测技术结合，才能形成一个完整的分析体系，使传统的检测方法在分析性能方面有显著提高。流动注射分析的主要特点如下：

（1）实现试样带在载流或试剂中运动、分散状况及化学反应程度的高度重复，使测定方法具有很高的分析准确度；

（2）极大简化手工操作复杂的分离富集等预处理过程，易实现自动化或半自动化；

（3）试样与试剂进行化学反应在密闭系统中进行，降低了污染；

（4）反应物留存时间恒定，简化了测定手续，提高了检测速度和精度。

流动注射分析基本操作为：用恒流泵将溶液（载液）泵入系统，通过旋转阀将定量环中的试液注入载流中，以试样塞的形式插入试剂流中，在内径 0.5mm 细径管中使试剂与试样混合反应，试样塞形成浓度梯度，进入流通池进行检测，通过记录仪或微机采集与试样有关的信息，即可进行测定。通常载液流速 1~2mL/min，进样体积 20~200μL，保留时间 5~20s，分析速度 100~200 次/h。样品注入 15s 后即可得到分析结果。

周方钦等[36]以三异辛胺萃淋树脂为微型柱固定相，采用流动注射在线预浓集与火焰原子吸收法联用技术，首先在 0.5mol/L 的 HCl 介质中以 7.8mL/min 的速率采样 90s，分别比较了不同浓度 NH_4Cl、硫脲、HCl-硫脲、NH_4Cl-硫脲的洗脱效果，发现后两者效果较好。但 NH_4Cl-硫脲作为洗脱液时，燃烧器易结垢而影响测定；酸性硫脲中 HCl 含量对测定结果无明显影响，选用 0.1mol/L 硫脲-0.5mol/L HCl 洗脱；在 $27h^{-1}$ 的采样频率下，浓集系数为 50 倍，浓集效率为 22.5min。线性范围为 0~1000μg/L，检出限为 0.34μg/L，当 Pd 含量为 50μg/L 时，连续 11 次测定的相对标准偏差为 2.6%，加标回收率为 99.3%~101.2%。杨柳等[37]使用填充三正辛胺（TOA）萃淋树脂的微型柱，采用流动注射在线分离富集与火焰原子吸收法联用技术，对微量 Ag 的测定进行了研究。对铅锌冶炼矿渣样液进行加标回收率实验，回收率为 91.1%~100.6%，并应用于测定光谱纯氧化镁中的微量 Ag。

流动注射分析具有分析速度快、样品用量少、检出限低、抗干扰能力强等优点，适合于痕量 Pt 的现场、即时检测。

2.2.7　卡洛斯管法

卡洛斯管法（Carius tube）是一种极有效的方法，能溶解催化剂中各种化合物，包括贵金属和 Zr、Ti、Ce 的氧化物，在卡洛斯管中用 $HCl-HNO_3$ 溶解后，再用 HF 和高氯酸来处理除 Si，能完全溶解催化剂样品。1995 年，美国国家标准研究会（NIST）对于研制的国家废催化剂标准样 SRM 2557（整体）和 SRM2556（小球），采用了卡洛斯管法溶样。但封管法样品量太多难以溶解，称样量一般只有 100~250mg，对于汽车催化剂中 Pt、Pd、Rh 的测定来说代表性是不够的。Frank 等[38]对卡洛斯管法进行改进，称取 4 倍量的样品，加入 $FeCl_3$ 助溶，用高分辨率的 ICP-AES 法测定催化剂中的贵金属获得了非常好的效果。但卡洛斯管法称样量小，代表性差，且需要采用耐高压的玻璃管在冰冻冷却条件下进行封管和开管操作，对操作人员要求较高、周期长、危险系数高，目前较少用于常规分析。

传统的卡洛斯管法称样量通常为 0.5~2.0g，用逆王水在密封的玻璃管中加热至 220~240℃分解样品。在高温高压下，铂族元素矿物（除铬铁矿外）能被王水有效分解。所用酸经亚沸蒸馏提纯，空白值很低。但由于高温高压实验有一定危险性，酸的加入量一般不超过卡洛斯管容积的 1/3，进而限制了取样量。Qi 等[39]通过大量的条件试验成功地对此法进行了改进，将卡洛斯管置于高压釜中，密封在高压釜中的水在高温下产生的外压将会抵消卡洛斯管中由酸溶液产生的内压，避免了传统的卡洛斯管在高温高压下可能发生爆炸的危险，这样可以增大取样量至12g，提高溶样温度至320℃。Re、Os、Ir、Ru和Rh的全流程空白值小于0.002ng/g，Pt和Pd的全流程空白值小于0.02ng/g。应用卡洛斯管和高温高压消解地质样品，前人做过较多工作，但对其中PGMs的赋存形式尚无定论。Qi等[40]应用卡洛斯管法对OPY-1标样（超基性岩）进行了系统研究，将卡洛斯管溶解后的硅酸岩残留相用HF溶解，发现硅酸盐残渣中仍保留有4%~15%的PGMs。将残渣中PGMs与卡洛斯管分解的PGMs合并，得到了良好的效果，使得基性、超基性等硅酸岩中低含量的PGMs得以精确测定。具体操作方法是：将经过卡洛斯管消解后溶液离心，残渣用HF低温加热敞口溶解、蒸干，用HCl赶HF两次，HCl溶解后与先前离心出的溶液混合。

2.3 检测技术

对贵金属样品进行分离和富集后，就需要选择合适的贵金属检测方法。目前对贵金属的测试方法主要有原子吸收光谱法、原子发射光谱法、电感耦合等离子体质谱、中子活化法、伏安法等。标准方法是经过多方验证的分析方法，是样品分析的首选方法。通过对贵金属分析的标准方法进行归纳总结，能更好地掌握和采用标准方法，提高贵金属分析的技术水平。

2.3.1 原子吸收光谱法

原子吸收光谱法（Atomic Absorption Spectroscopy，AAS）是20世纪50年代中期出现并逐渐发展起来的一种仪器分析方法。该方法的原理是利用气态原子可以吸收一定波长的光辐射，使原子中外层的电子从基态跃迁到激发态的现象而建立的。由于各种原子中电子的能级不同，将有选择性地共振吸收一定波长的辐射光，这个共振吸收波长恰好等于该原子受激发后发射光谱的波长。当光源发射的某一特征波长的光通过原子蒸气时，即入射辐射的频率等于原子中的电子由基态跃迁到较高能态（一般情况下都是第一激发态）所需要的能量频率时，原子中的外层电子将选择性地吸收其同种元素所发射的特征谱线，使入射光减弱。特征谱线因吸收而减弱的程度称为吸光度 A，在线性范围内与被测元素的含量成正比：

$$A = KC \tag{2-5}$$

式中　　K——常数，K 包含了所有的常数。

　　C——试样浓度。

由于原子能级是量子化的，在所有的情况下，原子对辐射的吸收都是有选择性的。由于各元素的原子结构和外层电子的排布不同，元素从基态跃迁至第一激发态时吸收的能量不同，因而各元素的共振吸收线具有不同的特征。由此可作为元素定性的依据，而吸收辐射的强度可作为定量的依据。原子吸收光谱法现已成为无机元素定量分析应用广泛的一种分析方法。该法主要适用样品中微量及痕量组分分析。原子吸收光谱法分为火焰原子吸收光谱法（FAAS）和非火焰原子吸收光谱法，后者以石墨炉法（GFAAS）为主。

原子吸收光谱法具有以下优点：

（1）选择性强。原子吸收光谱法在使用中吸收的谱线仅发生在主线系，主线系的谱线本身具有较窄的特性，因此在使用中受到光谱的感染并不严重，而且选择性也较强，测定方法比较简便。

（2）灵敏度高。原子吸收光谱分析法是目前最灵敏的方法之一。火焰原子吸收法的灵敏度是 $10^{-6} \sim 10^{-9}$ 数量级，石墨炉原子吸收法绝对灵敏度可达到 $1 \times 10^{-10} \sim 1 \times 10^{-14}$ g。常规分析中大多数元素均能达到 10^{-6} 数量级。如果采用特殊手段，例如预富集，还可进行 10^{-9} 数量级浓度范围测定。由于该方法的灵敏度高，使分析手续简化可直接测定，缩短分析周期加快测量进程，需要进样量少。无火焰原子吸收分析的试样用量仅需试液 $5 \sim 100$ mL。固体直接进样石墨炉原子吸收法仅需 $0.05 \sim 30.00$ mg。

（3）分析范围广。原子吸收光谱法目前在对元素的测定中具有较大的发展空间，不管是低含量或主量元素，还是微量、痕量、甚至超痕量元素都可以进行测定；同时，对某些非金属元素和有机物也能间接进行测定，在针对样品的选择上也没有限制要求，液态、气态及某些固态都可以进行测定。

（4）抗干扰能力强。第三组分的存在、等离子体温度的变动，对原子发射谱线强度影响比较严重。而原子吸收谱线的强度受温度影响相对来说要小得多。和发射光谱法不同，不是测定相对于背景的信号强度，所以背景影响小。在原子吸收光谱分析中，待测元素只需从它的化合物中离解出来，而不必激发，故化学干扰也比发射光谱法少得多。

（5）火焰原子吸收法的精密度较好。在一般低含量测定中，精密度为 $1\% \sim 3\%$。如果仪器性能好，采用高精度测量方法，精密度为小于 1%；无火焰原子吸收法较火焰法的精密度低，一般可控制在 15% 之内。若采用自动进样技术，则可改善测定的精密度，其中火焰法的 RSD<1%，石墨炉法的 RSD 为 $3\% \sim 5\%$。

近年来，采用火焰原子吸收光谱法（FAAS）方法进行贵金属分析的研究不多。Kovalev 等[41]采用 Amberlite XAD-2 和 XAD-8 负载三辛胺（TOA）萃淋树脂分离富集 FAAS 测定矿物中 Pt、Pd、Rh，相对标准偏差为 $3\% \sim 8\%$。付文慧等[42]将 $20.0 \sim 100.0$ g 取样量先分成若干小份样量进行焙烧，经 50%（质量分数）王水完全分解后分离滤渣，所得若干份滤液定容于同一容量瓶内，分取适量体积进行泡沫塑料富集，将富集金的泡沫塑料灰化后用浓王水复溶，以 FAAS 测定高品位金矿石中的 Au 品位，且对 50~550μg/g 高品位 Au 的测定可靠度也较高。

石墨炉法（GFAAS）测定的绝对灵敏度比 FAAS 高，用样量少，适于痕量分析，但分析速度较慢，单次测量比 FASS 慢 5~10 倍，分析精度较火焰法差，背景及其他干扰因素多，且取样量要求严格。由于 GFAAS 能直接固体进样，因此该方法更加广泛地应用于测试地质标样、岩石、自然水、环境样品的痕量贵金属。Resano 等[43]提出的固体进样-石墨炉原子吸收光谱法测定痕量和超痕量的 Pd，采用标准液进行校正，快速，无有害试剂，检测限低，精密度好，避免了被测物的损失和污染，为快速富集提供了一种较好的选择。

原子吸收光谱法主要的局限性就是分析过程较单一，无法做到同时分析多种元素，对一些难溶的元素的测定灵敏度也较低，同时在针对一些复杂样品的分析上容易受到干扰。原子吸收光谱法用于汽车催化剂中贵金属的分析时，无论是火焰法还是石墨炉法，均存在着基体干扰和贵金属之间的干扰，需经过复杂的萃取分离消除干扰后，再分别测定。

2.3.2　原子发射光谱法

原子发射光谱法（Atomic Emission Spectrometry，AES）工作原理是利用射频发生器营造交变电磁场的环境，当通入的氩气经过等离子体火炬时，发生电离、加速并与其他氩原子碰撞等一系列反应，经过反应后形成由原子、离子、电子的粒子组成的等离子体。由于不同原子在激发或电离状态时可发射出不同光谱，因此分析仪器可以根据其光谱特征判定样品中存在的元素。而且待测元素的浓度大小与特征光谱的强弱有关，与标准系列溶液进行比对，即可准确分析测定样品中各元素的含量。

原子发射光谱法包含光谱的获得和光谱的分析两大过程，具体可分为：

（1）使试样在外界能量的作用下变成气态原子，并使气态原子的外层电子激发至高能态。处于激发态的原子不稳定，一般在 10s 后便跃迁到较低的能态，这时原子将释放出多余的能量而发射出特征的谱线。由于样品中含有不同的原子，就会产生不同波长的电磁辐射。

（2）把所产生的辐射用棱镜或光栅等分光元件进行色散分光，按波长顺序记录在感光板上，可得有规则的谱线条，即光谱图。

（3）检定光谱中元素的特征谱线的存在与否，可对试样进行定性分析；进一步测量各特征谱线的强度可进行定量分析。

原子发射光谱法具有如下优点：

（1）多元素同时检出能力强。可同时检测一个样品中的多种元素。一个样品一经激发，样品中各元素都各自发射出其特征谱线，可以进行分别检测，且同时测定多种元素。

（2）分析速度快。试样多数不需经过化学处理就可分析，且固体、液体试样均可直接分析，同时还可多元素同时测定，若用光电直读光谱仪，则可在几分钟内同时作几十个元素的定量测定。

（3）选择性好。由于光谱的特征性强，所以对于一些化学性质极相似的元素的分析具有特别重要的意义。如 Nb 和 Ta、Zr 和 Hf，以及十几种稀土元素的分析用其他方法都很困难，而采用原子发射光谱法则非常容易。

（4）检出限低。一般可达 $0.1 \sim 1.0 \mu g/g$，绝对值可达 $1 \times 10^{-8} \sim 1 \times 10^{-9} g$；用电感耦合等离子体（ICP）光源，检出限可低至 ng/mL 数量级。

电感耦合等离子体原子发射光谱法（ICP-AES）是 20 世纪 70 年代发展起来的，具有干扰水平低、精密度好、线性分析范围宽、多元素同时测定的特点。当以 ICP 为光源时，准确度高，标准曲线的线性范围宽，可达 $10^4 \sim 10^6$ 数量级。可同时测定高、中、低含量的不同元素，近年来在二次资源中贵金属测试方面显示出了良好的应用前景。

由于线性范围宽，电感耦合等离子体原子发射光谱法可测定从低含量到高含量范围的金属元素。在贵金属的分析上，该法基本上均可用于 8 个贵金属元素含量的同时测定，广泛应用于各种贵金属物料分析。在 ICP-AES 测试过程中，存在的干扰主要有光谱干扰和基体效应两大类。对共存组分产生的光谱干扰可采取另选谱线或分离干扰物的办法，对背景连续光谱辐射产生的干扰可采用动态的背景校正技术；而消除基体效应的方法有基体匹配法、标准加入法等。如废汽车尾气催化剂由于成分的复杂性，ICP-AES 对 Pt、Pd、Rh 的直接测定干扰一般都比较严重，特别是对 Rh 的测定。因此，对其消除干扰方面的研究也比较多[44]。Fiat 公司在生产研究中用基体匹配法测定汽车尾气净化催化剂中的贵金属，但因不同的催化剂的基体差异大、成分复杂，很难做到完全的基体匹配，较难适用于不同生产厂家的催化剂[45]。谭文进等[46]采用碱熔-Te 共沉淀分离富集，用电感耦合等离子体发射光谱法（ICP-AES）测定精细化工废催化剂不溶渣中的 Pt、Pd、Rh 含量。研究发现，Pt、Pd、Rh 富集量随 Te 用量增加而逐渐增加；随 $SnCl_2$ 用量增加而逐渐增加，富集物主要元素为 Te、Pd、Pt 和 Rh，还有少量 Al、Na 和 Si。选择干扰少、灵敏度高、发射强度稳定的 Pt 265.945nm、Pd 340.458nm、Rh 343.489nm 为分析谱线，相对标准偏差（RSD）、样品加标回收率分别为 Pt 0.84% ~ 1.78%、97.0% ~ 99.4%，Pd 1.05% ~ 1.82%、97.0% ~ 100.6%，Rh 1.00% ~ 2.12%、98.2% ~ 100.4%。任传婷等[47]在高温高压条件下用盐酸-氯酸钾消解 Ir 粉样品，采用 ICP-AES 测定其中的 15 个杂质元素。结果表明，Ir 基体对个别杂质元素的某些谱线有光谱干扰；通过选取合适的测定波长及扣除合适的背景点可以消除大部分光谱干扰。该方法的测定范围为 0.001% ~ 0.100%，加标回收率为 87% ~ 109%，相对标准偏差为 0.8% ~ 6.9%，直接测定与基体匹配测定结果相当。

2.3.3 电感耦合等离子体质谱

电感耦合等离子体质谱（Inductively Coupled Plasma-Mass Spectrometry, ICP-MS）是 20 世纪 80 年代发展起来的一种痕量、超痕量多元素同时分析技术。它具有较低的检测限、快速的多元素分析、谱线简单、动态线性范围广、分析精密度高及可以提供同位素信息等优点。在近 40 年的飞速发展中，该技术与不同的样品前处理及富集技术相结合成为现今痕量、超痕量贵金属分析领域最强有力的工具。与 ICP-AES 相比，ICP-MS 具有灵敏度高、耗样量少和检测下限低等特点，如其灵敏度对大多数元素都改善了 1 ~ 2 个数量级，而且由于同位素稀释技术的应用，使分析测定的精度得到很大的提高。尽管如此，ICP-MS 法也有其局限性，如对于原子质量小于 80 的元素则易受到背景值的干扰，分析元素和基体元素形成的氧化物、氢氧化物、双电荷离子峰等都影响其检测能力，对于复杂的环境和生物样品，基体干扰同样严重。近些年研发出的碰撞池或反应池技术能有效地消除多原子离子干扰。此外，ICP-MS 仪器价格昂贵，维护费用较高。实验时所使用的水、试剂、容器和实验室环境等均需保持洁净状态。在国外，与火试金法、各种湿法分离技术等前处理手段相结合的 ICP-MS 测定技术已广泛用于汽车催化剂铂族元素的准确测定。采用内标法和同位素稀释的 ICP-MS 技术可以大大提高废催化剂中的贵金属分析的精确度。

ICP-MS 法测定贵金属包括如下步骤：

（1）采样及溶（熔）样。采样是分析中获取化学成分的第一步，采样不科学，后续的精心分析测试毫无价值。贵金属在试样中含量低，且分布不均匀，对这类试样应尽量磨细混匀，并大量取样进行分析，以增强样品的代表性和消减"粒金效应"。含贵金属样品的处理一般采用酸溶法、碱熔法和火试金法。分析地质样品时多用火试金法，其中铅试金法只能准确测定 Au、Pt、Pd 和 Rh；而镍锍试金法相对较好，基本可捕集所有贵金属，但应注意镍锍试金法中试剂带来的空白问题，为降低空白，应提纯试金过程中所用的镍料和有关试剂。地矿样品有时也用酸溶法，其中王水溶样较为普遍，该法虽简便，但效果较差，溶样过程中加入 HF 效果较佳，可消除包裹金现象及不溶硅酸盐残渣对贵金属的吸附。碱溶法用得较少，用微波密闭酸溶后，不溶残渣用碱熔效果较好。

（2）分离富集。对于一些含贵金属且组成较复杂的试样，采用上述溶解处理得到的试液仍不能直接用于分析测定。因为这些试液中，贵金属含量仍很低，而基体及其他共存元素大量存在，会对分析测定产生严重干扰，所以必须采用分离富集手段，使试液进一步纯化。除火试金法外，常用共沉淀法、离子吸附交换法及萃取法等。组成简单的试样可采用内标法、标准加入法或基体匹配法进行测定，必要时也可使 ICP-MS 法与液相色谱法、流动注射法等联用完成测定。

（3）进样。ICP-MS 测定贵金属以溶液形式进样最为适宜，因试样经过溶样、分离富集后获得的试液，不但成分较为单一，而且使贵金属的浓度也有所提高，大大地降低测定的干扰。以气动雾化、流动注射、电热蒸发等方式进入 ICP 进行质谱测定。对贵金属分布均匀的待测物料，可以固体形式进样，如采用悬浮液雾化法或激光烧蚀法等。无论是液体试样，还是固体试样进入调试好的 ICP 后，通过质量分析器和检测系统即可完成测定。

国内外对 ICP-MS 测定贵金属进行了大量研究。Beary 等[48]用同位素稀释法测定汽车催化剂中的 Pt、Pd，在仔细校正了因溶样不完全和仪器干扰所产生的系统误差后，用 In 作内标测定 Rh。用标准加入法和基体匹配法对仪器校正比较，表明用相近的基体匹配能够校正多原子氧化物产生的光谱干扰[49]。用液相雾化 ICP-MS 测定了催化剂中的 Pt、Pd、Rh，其结果与波长色散 X 射线荧光法分析的结果吻合很好。Simpson[50]在测定废汽车催化剂中 Pt、Pd、Rh 时，采用多极杆质谱仪，通过解溶剂化的超声喷雾器消除主要的干扰，使多极杆质谱和传统的四极杆质谱有可比性，对 Pt、Pd 用同位素稀释法、近似的基体匹配法取得高精确的测定，对于 Rh 用 Ru 作内标、近似的基体匹配法进行校正测定。

ICP-MS 法测定贵金属在我国的研究应用只有 20 多年的历史，由于该法具有独特的分析性能，使其获得了极为迅速的发展。但因其容易发生质谱和基体干扰，对试样纯度有着较高要求。而在一般分析对象中，贵金属的含量均很低，测定前的样品预处理应加倍重视。为得到更高的测量准确度、精密度和灵敏度，样品的纯化分离及富集除已有的方法外，应进一步探索更好、更适用的方法。

2.3.4　核方法

核方法（Nuclear methods）被广泛用于许多样品的痕量贵金属含量的测定，以地质样品最为常用。近年来，有许多文献报道了利用核方法测定标准样、岩石样品和环境样品中 PGMs 和 Au 的含量，以及生物样品中 Pt 和 Au 的含量。

中子活化法在贵金属的分析化学中占有独特的地位。中子活化法常用的有放射化学中子活化分析（RNAA）和仪器中子活化分析（INAA）两种。由于中子活化法的灵敏度高，专属性好，可实现多元素分析，在一般情况下无试剂空白校正，可实现非破坏分析，易于实现自动化。在理想的条件下，该方法的灵敏度要比其他方法高几个数量级。利用中子活化法测定硫化物中的 Au 含量已得到了广泛应用，只需小于 10mg 的硫化物样品量就可以测定其中痕量 Au 含量。但由于多种干扰的存在，实际样品的分析不容易达到很高的灵敏度，需要进行分离预处理。

如今，大多数中子活化法结果都是在 NiS 熔融之后得到，完成分析物与基质的分离。测定程序也消除了分析物分布不均匀的问题，Au、Pt、Pd、Ru、Rh、Ir 和 Os 检测极限可分别达到 $1×10^{-9}$、$5×10^{-9}$、$5×10^{-9}$、$5×10^{-9}$、$0.1×10^{-9}$、$0.1×10^{-9}$ 和 $1×10^{-9}$。Shazali 等[51]利用火试金法，使用 FeS_2 作为捕集剂将 PGMs、Ag 和 Au 从岩石和矿石中分离出来。用盐酸溶解 TeS_2 原子后的残余物被过滤掉，用核反应堆中子进行照射，并通过 γ 能谱分析进行分析，在滤液中加入 $SnCl_2$，减少了碲酸盐，并通过沉淀法回收了溶液中的贵金属。

随着更多功能而且更少辐射设备的 ICP-AES、ICP-MS 技术的出现，核方法的使用逐渐减少。

2.3.5 伏安法

由于电化学法设备简单、灵敏、快速，故广泛用于贵金属元素的分析。贵金属元素分析中电化学研究及应用最多的是极谱与循环伏安法，其次是溶出伏安分析。贵金属元素的电化学分析的应用从地质、冶金发展到环保，近几年来在有机、生物分析中的应用正在增多。

催化极谱法因高灵敏度成为测定贵金属的有效方法，但测定同族贵金属元素易产生干扰。张凤君等[52]应用 M273A 电化学系统中的线性扫描技术，将偏最小二乘法应用到催化极谱法中，确定了 $0.75mol/L$ H_2SO_4-1.5% NH_4Cl-2.8mmol/L（CH_2)$_6N_4$-0.0025% $N_2H_4 \cdot H_2SO_4$ 为偏最小二乘极谱法同时测定 Pt、Rh、Pd 的最佳极谱体系，Pt、Rh、Pd 线性范围分别为 0～3.2mg/L、0～15.0mg/L、0～1.0mg/L。样品溶液经 732 阳离子交换树脂处理后，可消除贱金属干扰，其他的贵金属元素，如 Au、Os、Ir 等均达不到其检出限，不干扰测定，样品回收率在 90.3%～107.7%。

Paraskevas 等[53]通过利用选择性螯合离子交换剂 Lewatit MonoPlus TP-214，研究了 Pt、Pd 与废汽车尾气催化剂主要元素的离子发生交换分离，使用硫脲酸化溶液分别回收 92% 和 96% 的 Pt 和 Pd，并通过循环伏安法分析洗脱液。Pt 和 Pd 的检测限分别为的 0.04μg/L 和 1.0μg/L，相对标准偏差约为 4.0%（$n=10$）。

溶出伏安法是指在一定的电位下，使待测金属离子部分地还原成金属并溶入微电极或析出于电极的表面，然后向电极施加反向电压，使微电极上的金属氧化而产生氧化电流，根据氧化过程的电流-电压曲线进行分析的电化学分析法。溶出伏安法的灵敏度极高，检出限可达 $1×10^{-12}mol/L$，而且仪器结构简单，价格便宜，便于推广。但伏安法的缺陷是重现性比较差，只有在严格的实验条件下，才能得到可靠的分析结果。

2.3.6　其他方法

加速器质谱仪（AMS）是当今国际上最先进的核素测试仪器之一，具有超高灵敏度、样品微量和快速分析等优点，AMS 技术在地球科学中的应用尤为广泛，涉及地质年代、水文海洋、冰川、古气候等领域。利用 AMS 可以进行光片矿物样和标准硫化物及铁陨石中 ng/g 级贵金属的原位分析。在矿业中，微光束原位分析 PGMs 和 Au 是非常重要的。质子诱导 X 射线发射法（PIXE）测定 Au 的检测限为 $21 \times 10^{-6} \sim 26 \times 10^{-6}$，二次离子质谱法（SIMS）检测限为 0.4×10^{-6}，相信在不久的将来这些方法会广泛应用于 PGMs 的测定。

X 射线荧光光谱分析是一种较为成熟的元素分析技术，是一种无损检测技术，检出限在 μg/g 量级范围内，具有简单快速、准确度高、精密度好、多元素同时测定等特点，是贵金属分析领域中重要的检测手段之一。为了适应各种不同形态、不同性质的贵金属检测，X 射线荧光光谱仪的结构从简单到复杂，分析速度从慢到快，分析精度从低到高，其改进点在于改进激发方式和激发源以适应贵金属检测的特殊需求。崔梅生等[54]采用手持 XRF 检测陶瓷整体式汽车尾气催化剂、汽车尾气催化剂粉体、金属整体式摩托车尾气催化剂等样品进行贵金属含量。对于陶瓷整体式汽车尾气催化剂，对整体催化剂上下不同两个端面（此处标记为 A 面和 B 面），以及纵向切面不同位置进行瞄准测试，发现该催化剂样品负载的是 Pd 和 Rh 两种贵金属，且不含 Pt。而且陶瓷整体式催化剂 A、B 两端面贵金属含量有很大差别，可判断该陶瓷整体式汽车尾气催化剂贵金属涂覆制备工艺是分区涂覆，并且采用贵金属 Pd 和 Rh 含量不同的两种贵金属涂层浆料进行制备。对于汽车尾气催化剂粉体，准确地快速测出汽车尾气催化剂负载的贵金属种类有 Pd 和 Rh，而且贵金属含量测试也较为准确，ICP-OES 认证值对于 Pd 含量相对标准偏差小于 ±5%。而且从 10 次测试结果看，Pd、Rh 含量的测试重复性也较好。对于金属整体式摩托车尾气催化剂，由于不易切割、压碎和球磨，因此只对金属整体式摩托车尾气催化剂（记为 MMS）的两个端面（A 和 B）进行贵金属含量检测，发现该金属整体式摩托车尾气催化剂是 A 面低含量 Pt、Pd，而高含量 Rh 的贵金属负载，B 面是高 Pt、Pd，而低含量 Rh 的贵金属负载。这表明该催化剂制备采用了不同贵金属含量的两种贵金属涂层浆料，进行了分区涂覆工艺和技术。该技术可快速测试催化剂贵金属含量，而且可以获知贵金属种类、分布及涂层涂覆工艺等信息。

我国在分光光度法测定贵金属的研究与应用中做出了显著的贡献，不仅建立了多种具有选择性或灵敏的测定 PGMs 的多元络合物体系，还合成出多种具有选择性的适用于贵金属分析的新试剂。利用分光光度法测定催化剂中贵金属，可以获得准确和可靠的分析结果。分光光度法测定汽车尾气净化催化剂中 Pt、Pd、Rh 的方法，已制订相关国家标准分析方法，见表 2-5。

表 2-5 贵金属多元素的分光光度法测定

测定对象	测定元素	测 试 方 法
地质样	Au、Ag	黄原酯棉和二苯硫脲棉吸附，BDPTK 全差示法
化探样	Au、Ag	吸附分离，BDPTK-TBP 液珠萃取比色
岩石、矿物	Au、Pd	TMK 显色，双波长法
合成混合样	Au、Pd	阴离子树脂相 TMK 显色，因子分析
地质样	Pt、Pd	双硫踪萃取，双波长法
催化剂	Pd、Rh	3，5-diBr-PADAP 显色，速差动力学法
混合液	Pd、Ru	5-Br-PADAP 显色，双波长系数补偿法
冶金物料	Ir、Rh	DbDO 显色，双波长法
催化剂	Pd、Os	羟基苯基荧光酮-CTMAB 络合物，双波长法
催化剂	Pd、Rh	2-（2-噻唑偶氮）-5-二乙氨基苯甲酸显色
废液	Ru，Os	氯化亚锡络合物，二阶导数

由于 ICP-AES 和 ICP-MS 具有灵敏度高、检出限低、线性范围宽、谱线简单及可进行多元素分析等优点，近年来成为贵金属检测的主要分析方法。

2.4 典型贵金属二次资源检测技术

2.4.1 阳极泥

阳极泥中富含贵金属、稀有金属和其他有价金属，这些金属在国民经济中占有很重要的地位，从阳极泥中提取稀贵金属，具有良好的经济和社会效益。根据阳极泥物化性质，选择适当的方法提取 Au、Ag、Pd、Cu、Se、Te 等元素。由于阳极泥成分复杂，其检测方法因物料的不同而不同，目前主要是多种技术联用。

Tunçeli 等[55]开发了一种用于测定阳极泥中痕量的黄金方法，先在 Amberlite XAD-16 树脂上吸附 Au，然后洗脱后采用 FAAS 测定。不同样品量的预浓缩度范围为 10~75 倍，Au 测定限值为 0.046mg/L。他们还研究了 XAD-16 树脂的吸附等温线和吸附能力，发现吸附等温线为 Langmuir 型，树脂吸附量为 0.55mmol/g（108mg/g）。Yildirim 等[56]首次使用石墨氧化物作为在火焰原子吸收检测（FAAS）之前各种样品中分离/预浓缩 Ag 和 Pd 离子的有效吸附剂，使用 2，6-二氨基吡啶作为螯合剂，研究了影响 Ag 和 Pd 固相萃取的分析参数，如 pH 值、吸附和洗脱接触时间、离心时间、试剂量、洗脱液浓度和体积、样品体积和基质离子，实现 Ag 和 Pd 的回收率不小于 95%，吸附和洗脱接触时间为 60s。对于使用 100mg 石墨氧化物的 600mL 样品，该方法的预浓缩因子为 120。使用 5mL

2.0mol/L HCl 容易进行洗脱。石墨氧化物可循环利用 150 次。Ag 和 Pd 的检测限分别为 0.39mg/L 和 0.94mg/L。相对标准偏差 $RSD \leqslant 2.5\%$。该方法通过分析认证参考材料 SRM 2556（报废汽车催化剂颗粒）和 TMDA-70 湖水进行验证，并加标实验样品。应用优化方法对各种水（自来水，矿泉水和废水）、阳极泥和催化剂样品中的 Ag 和 Pd 离子进行预浓缩。

锡阳极泥是粗锡和焊锡电解精炼的中间产物，含有大量的 Au、Ag、Sn、Cu、Pb、Sb、Bi 等，资源价值极高。因此，准确测定锡阳极泥中的 Au、Ag 具有重要意义。火试金法是 Au、Ag 分析的经典方法，但对于锡阳极泥中 Au、Ag 的测定并不完全适用。因为试金合金颗粒中除了 Au 和 Ag，还含有 Pb、Bi、Pt、Pd 等杂质，分金得到的金粒不纯。陈殿耿[57]建立了火试金法测定锡阳极泥中 Au 和 Ag 的分析方法，具体步骤为：将锡阳极泥样品与试剂混合后在坩埚中熔融、灰吹，合金颗粒用 HNO_3 分解，采用 ICP-AES 法分别测定 Au 及分金液中的杂质，合金粒质量减去 Au 质量和杂质总量计算得到 Ag 含量。对于 Ag 含量低而杂质含量高的样品，采用准确加 Ag 保护合金粒。该方法测定 Au 和 Ag 的相对标准偏差分别为 1.00%～2.59% 和 0.27%～1.11%。吴敏[58]提出了以含有酒石酸的 HNO_3 溶解铅阳极泥中的 Ag，以氯化铅共沉淀-硫氰酸钾容量法测定铅阳极泥中 Ag。首先通过控制酸度防止 Sb、Bi 水解，其次加入的浓度较低的 HCl 溶液与阳极泥中的铅离子形成 $PbCl_2$ 沉淀，利用氯离子的化学平衡调节作用，实现 AgCl 的完全沉淀。将过滤所得 AgCl 沉淀和滤纸在 H_2SO_4、$HClO_4$ 和 HNO_3 中消化，在 HNO_3 介质中，以硫酸高铁铵溶液为指示剂完成滴定。该方法沉淀富集效率高，干扰消除彻底，操作简便、成本低，准确度和精密度与火试金法基本相同，而测定时间仅为火试金法的一半，适用于 Cu、Sb、Bi、Ag 含量高的铜铅阳极泥中 Ag 的快速测定。

梁金凤等[59]针对某公司阳极泥中 Ag、Cu、Bi 高含量的特点，以 Pb 捕集阳极泥中的 Au、Ag 形成铅扣。试样中的其他杂质与熔剂生成易熔性的熔渣。通过灰吹使 Au、Ag 与 Pb 分离。具体步骤为：

（1）配料。根据原料成分，加入合适的碳酸钠、硼砂、二氧化硅、氧化铅、淀粉等试剂，保证铅扣金银富集良好，铅扣质量适当，表面光滑、平整、不粘覆渣样，熔渣流动性好、均匀且冷却易与铅扣分离。将上述试剂与铅阳极泥混匀后放入耐火坩埚中，同时覆盖 3～5mm 的氯化钠。

（2）熔融。将耐火黏土坩埚置于 900℃ 箱式电炉中，关闭炉门。在 60min 内升温至 1100℃，保温 10min 后出炉，将干锅平稳旋动数次，并在铁板上轻轻敲击 2～3 下，小心将熔融物倒入预热好的铁模中，冷却后将铅扣与熔渣分离，将铅扣捶成立方体，称重，合格的铅扣表面光亮，否则应重新调整配料、熔融。

（3）灰吹。将灰皿放入箱式电炉中，在 900℃ 预热 20min，将铅扣放入灰皿中，关好炉门约 2min，待铅扣熔化、表面黑色膜脱去后稍开炉门，当合金粒出现闪光后灰吹结束。将灰皿移至炉门口，放置 1min 后取出，待完全冷却后用镊子取出放入瓷坩埚中。加 15mL 冰乙酸于盛有合金的瓷坩埚中，加热微沸 5min，倾出溶液，用水冲洗 3 次，放在电热板上烘干，取下冷却至室温，称合金粒质量（精确至 0.01mg）。

（4）分 Au 及 Au、Ag 质量。加 15~20mL HNO_3 于装有合金粒的瓷坩埚中置于电热板上近沸溶解，待 Ag 完全溶解继续加热 5~10min，取下瓷坩埚，用热水洗涤瓷坩埚及金粒 3 次，放在电热板上烘干，在 600℃ 箱式电炉中进行退火 5min，取出冷却，将金粒放在天平上称重，得到 Au 的质量。将合金粒的质量减去 Au 的质量即为 Ag 的质量。

孙鹏等[60]采用原子吸收分光光度计直接测定铅阳极泥中的 Au、Ag。用先加 HCl，再加王水溶解样品后，定容至 2000mL，在 10% 王水介质下，RSD 为 0.9%~2.9%；Ag 的测试则是先加 HCl、后加 HNO_3 处理样品后，定容至 2000mL，在 10% 氨水介质中，RSD 为 0.5%~0.9%，测定结果和火试金法结果接近，但分析过程比火试金法简便、快速、容易操作。

中子活化法在理想的条件下的灵敏度要比其他方法高几个数量级，在贵金属的测试方面发挥着独特的作用。在铜镍矿冶炼产生的阳极泥中贵金属元素含量较高，阳极泥和矿样基体组成十分复杂，含有大量贱金属。因几乎所有贵金属元素在中子辐照后产生的放射性同位素的射线处于低能区，特别是受高能 γ 射线康普顿基底的影响，直接用仪器中子活化法仅能测定贵金属元素含量较高的试样，对于 10^{-6} 数量级的试样通常需要对干扰核素进行放化分离后才能进行测定。

2.4.2　电子废弃物

电子废弃物属于危险废物，除了含有卤素阻燃剂、Hg、Se、Ni、Pb、Cr 等有毒有害物质，还含稀贵金属，如 Au、Pd、Ag 和 Cu 等，如直接作为垃圾进行处理，不仅造成有价金属的永久流失，也会造成严重的环境污染。解决该问题的有效途径就是对电子废弃物进行回收和有价金属的再生利用，贵金属决定了回收的经济价值。因此，对电子废弃物中贵金属的检测分析十分重要。

电子废弃物主要成分为有机物与无机物两部分，有机物成分通常采用傅立叶变换红外光谱仪（FTIR）检测，无机物则用 X 射线荧光光谱分析仪（XRF）与 X 射线衍射分析仪（XRD）进行分析。电子废弃物回收中的液体检测技术通常指的是在湿法浸出工艺中对浸出液、萃取液、滤液等液体进行的检测。废旧手机线路板中有价金属元素的检测手段有原子吸收分光光度计法（AAS）、原子发射光谱法（AES）和电感耦合等离子仪（ICP）。

废旧手机线路板最常用的固体检测方法为 X 射线荧光光谱分析，液体检测则使用原子吸收或 ICP 等。Menad 等[61]采用火法处理电子废料，电子废料经破碎、分选，使含金属的部分与非金属部分分离，对含金属的原料进行熔炼，熔炼得金相与渣相，并用 XRF 进行检测。对于分离得到的阻燃材料也用 XRF 进行检测，对非着色塑料采用 FTIR 检测。

Yamane 等[62]分别对废旧电脑与手机中的线路板进行了回收实验，他们先将来自电脑与手机中的电路板（PCB）原料进行破碎，经过磁选与电选后用王水浸出，浸出液用 ICP-AES 进行测定。目的是为了测定电脑与手机线路板中各种成分的比例，并在此基础上提出工艺上的改进，实验结果为：在废旧手机线路板中，金属的含量（质量分数）为 63%、陶瓷为 24%、高分子聚合物为 13%；在废旧电脑线路板中，金属为 45%，陶瓷为 28%，高分子聚合物为 27%。进一步王水溶解后的 ICP-AES 检测结果表明，来自电脑的 PCB 中 Au 含量高达 1000g/t 左右，而手机 PCB 中几乎不含 Au，手机 PCB 中的 Cu 含量比电脑高，因此说明电脑 PCB 中的贵金属是其回收的主要动力。Petter 等[63]的实验也是以废旧手机中的印刷线路板为原料，经过两级破碎后，使用不同的浸出剂进行浸出，回收 WPCB 中的 Au、Ag。采用了王水、氰化物、HNO_3 和硫代硫酸盐 4 种浸出剂，浸出液采用 AAS 检测。同时设定一组浸出实验，Au 用工业用氰化物进行浸出，Ag 使用 HNO_3。他们还研究了浓度为 0.1mol/L 的硫代硫酸盐，即选择性试剂 $Na_2S_2O_3$ 和 $(NH_4)_2S_2O_3$ 并添加 $CuSO_4$、NH_4OH 和 H_2O_2 的情况下 Au 和 Ag 的浸出。实验结果为：采用王水可以每吨废 PCB 板中回收 880g Au，而采用工业氰化物只能回收 500g Au；通过 HNO_3 可回收 3494g Ag，回收率约 100%。硫代硫酸盐浸出体系对 Au、Ag 浸出效果不佳。

王永乐[64]分别用 ICP-AES 和 AAS 法测定了王水浸取废电路板基板消解液中的贵金属含量，结果见表 2-6。

表 2-6　ICP-AES 法测定平均值、回收率、标准偏差（$n = 3 \times 3$）

元素	原含量平均值 /mg·L^{-1}	加入量 /mg·L^{-1}	测定值 /mg·L^{-1}	回收率 /%	相对标准偏差 RSD/%
Au	1.450	1	2.433	99.3	1.3
Ag	0.940	1	1.990	102.6	1.9
Pd	6.027	5	10.641	96.5	3.4

结果表明，在元素的测定范围内相对标准偏差 RSD<3.4%，试验元素加标回收率在 96.5%~102.6% 之间，因此可以说明采用 ICP-AES 法测定电子废弃物中金属含量时，测定结果准确度高，重现性好，分析质量可以满足要求。

取 ICP-AES 法测定元素时制备的消解液，按照元素分组进行稀释和浓缩。通过 AAS 测定结果见表 2-7。

表 2-7　AAS 法的测定平均值、回收率、标准偏差（$n=3\times3$）

元素	原含量平均值 /mg·L^{-1}	加入量 /mg·L^{-1}	测定值 /mg·L^{-1}	回收率 /%	相对标准偏差 RSD/%
Au	1.295	2.0	3.336	101.2	3.6
Ag	0.192	0.5	0.679	98.2	1.9
Pd	7.420	5.0	12.060	97.1	2.3

　　结果表明，在元素测定范围内，测定的相对标准偏差 RSD<3.6%，说明 AAS 法测定电子废弃物中金属含量的测定精密高，重现性好。试验元素加标回收率在 97.1%~101.2%，表明本方法准确度高，分析质量可以满足要求。

　　实验采用王水消解法处理样品得到消解液，分别选用 ICP-AES 和 AAS 法测定了消解液中待测元素含量，通过精密度和加标回收实验，计算两种分析测定仪器的相对标准偏差分别是 $RSD_{ICP}<3.4\%$、$RSD_{AAS}<3.6\%$，回收率为 96.5%~102.6% 和 97.1%~101.2%，表明这两种方法的测定精密度、重现性和准确度都能满足实验要求，而且这两种方法都具有仪器操作简单、快速分析、灵敏度高、检出限低等优点。

2.4.3　报废汽车尾气催化剂

　　汽车尾气催化剂除堇青石载体外，还含有一些助剂，如 Ce、La、Ba、Zr 等，用于提高催化剂热稳定性和活性，阻止烧结、提高储氧能力和抗铅硫中毒能力等。废汽车催化剂还含有多种杂质，如汽油添加剂中的 Pb、Mg、C、S、P 等及有机物和积炭。测定催化剂中的 PGMs 含量时，必须考虑到这些杂质对所选用分析方法的影响。PGMs 是汽车尾气催化剂中的主要活性组分，是决定催化剂成本的重要因素之一。准确测定汽车催化剂中 Pt、Pd、Rh 含量，对控制催化剂的成本和保证催化性能，以及从废催化剂中回收 PGMs 都具有重要的意义。下面介绍汽车尾气催化剂 PGMs 分析中的取样与制样、溶样及分析方法。

2.4.3.1　取样

　　在分析之前必须具备两个条件：首先样品应该是均匀的，其次样品应具有代表性。为了获得准确的分析结果，样品的取样与制备是整个分析工作中的重要环节。通常制备汽车催化剂的方法是将载体浸于含 PGMs 的溶液中进行吸附达到饱和后烘干还原活化而成。载体中心处的金属原子浓度与表层不同，每一颗催化剂之间也会因吸附条件不同使 PGMs 浓度有所差异。不同的催化剂厂商使用其专有技术负载 PGMs，使用比较复杂的化学工艺控制涂层的性质，使 PGMs 赋存状态存在梯度分步、区带分布等，导致 PGMs 的不均匀性。对于废汽车催化剂，由于使用过程高温环境使 PGMs 原子发生团聚、迁移、烧结等物化反应，另外还会发生氧化或硫化等反应生成 PdO、PdS、PtO、Rh$_2$O$_3$、RhAlO$_3$ 等物相，使得贵金属分布更加不均匀。同时，废汽车催化剂在破碎过程中可能存在粒度大小差异，在运输过程中粒度小的颗粒往下沉降，最后形成一个粒度梯度，影响取样的代表性。因此，在对汽车催化剂取样分析时取样量要尽可能大，才有充分的代表性。

对整颗的陶瓷载体催化剂，一般采用全部破碎，四分法缩分后，磨细至 75~106μm，充分混匀后备用。当催化剂为大包装粉末时，常使用特制的不锈钢槽形管状取样器立体取样。而随着技术进步，各种取样制样仪器如旋转分样仪、缩分机相继出现，催化剂的取样操作已经趋向于自动化。金属载体汽车催化剂的制样、取样与陶瓷载体催化剂不完全相同。将金属载体催化剂通过机械撕裂成金属薄片后，在高强度的机械变形力作用下，使大部分的涂层料与金属薄片分离，用气流分离收集涂层料。而后通过磁性分离和锤磨等手段将剩余涂层料与金属薄片进一步分离收集，将收集的涂层料混合制样。

2.4.3.2 制样

分析催化剂中 PGMs 成分前，通常需要对样品进行一定的前处理。对于 Pt、Pd、Rh 的测定，火试金法是应用最多、最广泛的方法，是一种高灵敏的预富集处理方法。1995 年，美国国家标准研究会（NIST）对于研制的废催化剂国家标准样 SRM 2557（整体）和 SRM2556（小球），采用了卡洛斯管法溶样[65]。但这种方法由于操作要求高，并没有能应用于日常分析，而酸溶、碱熔及微波消解等方法得到了广泛的应用。

火试金法能有效避免催化剂中基体干扰问题，结合 AAS、ICP-AES、ICP-MS 等仪器进行分析能获得满意的结果，但采用硫化镍试金溶扣过程中贵金属易有损失。铅试金法由于催化剂中大量氧化铝的存在，并不适用于催化剂中贵金属的富集。同时，火试金法耗时较长，有污染，不同的催化剂样品差异较大，可能需要不同的熔剂配方，要求操作人员有一定经验。

酸溶是利用无机酸及强氧化剂使样品中的贵金属溶解浸出，对于新鲜汽车催化剂，王水可以很好地溶解出 Pt、Pd 和 Rh。而对于废汽车尾气催化剂，浸出效果则不佳。在使用王水浸出汽车催化剂中 PGMs 前，先采用 H_2SO_4 和 H_3PO_3 对催化剂进行溶解催化剂中的 Al_2O_3，但会有部分 Pt、Pd 溶解。HF 对于催化剂中的硅酸盐有很好的溶解效果，但对于其中稀土元素的溶解会有损失，并生成溶解度低的氟化物，虽然通过加入 H_3BO_3 可以增加氟化物的溶解度并消除多余 HF 的影响，但此操作又会产生大量的盐，给后续分析带来不便。Wu 等[66]研究了不同混合酸对废汽车催化剂中的贵金属浸出效果，发现除 $HCl-H_2SO_4-H_2O_2$ 和 $H_2(g)-HCl-H_2SO_4-H_2O_2$ 外，其余混合酸对 Pt、Pd 有很好的浸出效率，对 Rh 的浸出效果不佳。

高压酸分解中的卡洛斯管法能使样品完全分解，空白值低，远低于火试金法和碱熔法。但封管法样品量大多难以溶解，称样量一般只有 100~250mg，对于汽车催化剂中 Pt、Pd、Rh 的测定来说代表性是不够的。

高压酸分解中的聚四氟乙烯罐消化法是比较常用的方法之一。李振亚等[67] 比较了王水法、Na_2O_2 碱熔及聚四氟乙烯罐消化溶解法对多种废催化剂及其浸出渣的溶解效率，研究表明，负载 Pt、Pd、Rh 废汽车尾气催化剂宜采用聚四氟乙烯罐高压密封溶解，贵金属元素溶解完全，重现性好，但耗时较长。

汽车催化剂载体是堇青石，无机酸处理溶解有很大难度，碱熔分解样品能力强，能够有效溶解堇青石基体。样品与助熔剂比例 1∶2～1∶50，有时不同的助熔剂需使用不同的坩埚。该方法溶解效率高、成本低，操作容易，但坩埚腐蚀严重，引入大量无机盐（Na）、Fe（铁坩埚）、Ni（镍坩埚）、Al（高铝坩埚），对后续的仪器分析有很大干扰，需要进一步处理以消除测定干扰。

微波消解法是近年来在传统的酸溶分解样品的基础上发展起来的。与聚四氟乙烯罐消化法除了加热方式不同外，其他大体相同。前者采用微波加热，而后者为电热。由于微波加热速度快，溶样所需时间大大缩短，消耗的试剂少，引入干扰物少，能够有效处理比较难溶解的物料。基于这些优点，有可能取代酸溶、碱熔等这些传统的方法。Lorna 等[68] 将 0.2g 汽车催化剂和适量的 Pt 和 Pd 置于 TFM 微波烧杯中，先用 2mL 浓 HNO_3 消解 2h，再加入 HNO_3（2mL）、HCl（2mL）和 HF（2mL），在设定的程序下完全消解样品，用 ICP-MS 测定其中的 Pt、Pd、Rh。

对于不同含量的 PGMs 样品，测试方法也多种多样。李振亚等[69] 用二苄基二硫代乙二酰胺-碘化钾-抗坏血酸体系双波长分光光度法同时测定汽车催化剂中的 Pt、Pd，用 2-疏基苯并噻唑-溴化亚锡萃取光度法测定 Rh。2000 年，由美国 Stillwater Mining Company 组织的废汽车催化剂全球比对实验中，有 26 家机构返回了分析结果，昆明贵金属研究所作为唯一使用光度法的测定单位，采用此法的测定结果与其他机构使用的 AAS、ICP 等仪器分析方法吻合。同时，该方法作为昆明贵金属研究所企业标准，在实施使用的近十年中，测定结果稳定、准确。

魏笑峰[70] 采用 FAAS 测定催化剂中的 Rh，选择次灵敏线 369.2nm 作为分析线，避免了共存元素 Ni 的谱线干扰，采用标准加入法测定消除了基体的协同效应，该方法的线性范围为 0.5～20.0μg/mL，检测限为 0.072μg/mL。采用 FAAS 工作曲线法直接测试催化剂中的 Pd，方法线性范围为 0.1～15.0μg/mL，检测限为 0.029μg/mL。采用 CL-TBP 分离催化剂的 Pt，然后进行 FAAS 测定，分析催化剂样品 RSD 在 5.8%～7.5%之间，加标回收率为 96.0%～98.5%。

方卫等[71] 研究了载体成分和助剂成分对 Pt、Rd、Rh 干扰影响，这些干扰基本分为基体干扰和光谱干扰。对于光谱干扰可选用不同谱线来消除干扰，而基体干扰可采用等效浓度差减法或基体匹配来扣除，也可采用标准加入法来进行测定。以堇青石为载体的汽车尾气净化催化剂中主要含 Si、Al 和 Mg。样品经酸溶解处理后，Si 几乎不溶解，溶液中主要含有大量的 Mg、Al 和少量 Ce、Zr、Fe、La、Ti 等。这些大多为过渡族元素，属多谱线元素，对 Pt、Pd、Rh 测定可能会存在大量的光谱干扰，典型光谱干扰如图 2-1 所示。

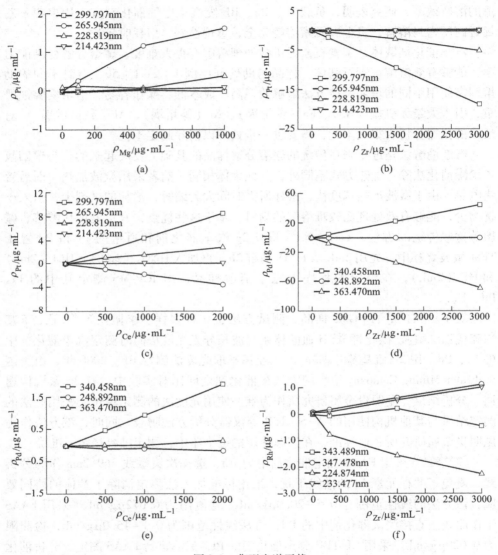

图 2-1 典型光谱干扰
（a）Mg 对 Pt 的光谱干扰；（b）Zr 对 Pt 的光谱干扰；（c）Ce 对 Pt 的干扰；
（d）Zr 对 Pd 的干扰；（e）Ce 对 Pd 的干扰；（f）Zr 对 Rh 的干扰

从图 2-1 可看出，Ce、Zr 对 Pt 299.797nm 线和 228.819nm 线严重干扰；Pt 265.945nm 线受 Mg 和 Ce 的干扰，只有 Pt 214.423nm 线几乎不受其他元素的光

谱干扰。此外，Ni 对 Pt 228.819nm 线有一定的干扰，V 对 Pt 299.797nm 线和 228.819nm 线和 265.945nm 线也有少量的干扰；Ce 和 Zr 对 Pd 340.458nm 线光谱干扰严重；Pd 363.470nm 线除受到 Zr 的严重干扰外，还受到载气氩的严重光谱干扰。Pd 248.892nm 线受 Fe、V 和 Cr 的轻微干扰；Rh 343.489nm 线除受到 Ce 的严重干扰和少量 Zr 的干扰外，还受到 Al、Fe、Ce、Zr、Mn 等元素不同程度的干扰。Rh 233.477nm 线受 Ba 233.527nm 线的严重干扰和 Ce、Zr、Ti、Cr、Ni、Mn 等元素不同程度的干扰。

除上述元素对 Pt、Pd、Rh 检测产生干扰外，HCl 和 HNO_3 的基体效应也有一定影响，随着酸度的增加，各元素的强度都会逐渐下降，而且 HNO_3 介质比 HCl 介质下降得更快。因此，为使测量准确，标准与测试液的介质浓度要基本保持一致。此外，汽车催化剂中较高的基体物浓度可能会对 Pt、Pd、Rh 的测定产生较高的基体效应，当 Pt、Pd、Rh 谱线在基体浓度大于 5mg/mL 时，均存在不同程度的基体效应。

采用标准加入法和等效浓度差减法扣除光谱干扰和基体效应，采用标准加入法与直接测定结果差不多，并没有得到很理想的结果，特别是对含量较低的 Rh，该方法不能准确地测定汽车催化剂中的 PGMs 含量；用等效浓度差减法来扣除相应的空白催化剂测定值后，能很好地满足催化剂中 Pt、Pd、Rh 的准确测定。对不同基体的催化剂均可采用同一套纯的标准溶液，无须在标液中加入基体进行匹配，虽然方法简便、快速，但只适用于能提供相应载体空白的样品，对基体组成成分不清楚且又找不到相应载体空白的催化剂样品不适用。

2.4.4 报废石化催化剂

石油化工催化剂是用于石油化工产品生产中的化学加工过程的催化剂，品种繁多，主要有氧化、加氢、脱氢、氢甲酰化、聚合、水合、脱水、异构化、歧化催化剂等，前五种用量较大。催化剂中贵金属含量高，成本大幅上升；若含量偏低，会影响催化剂的使用性能。因此，必须严格控制催化剂中贵金属的含量。准确测定石化催化剂中贵金属的含量，同时有利于贵金属的回收。

石化催化剂种类繁多，所含的贵金属种类也有所区别。针对不同品种的催化剂，研究者提出了不同的测试手段，见表 2-8。

表 2-8 不同石化催化剂的检测方法及结果

检测对象	测定元素	方法摘要	RSD/%	参考文献
铝硅载体废催化剂	Pt	ICP-AES 标准曲线法	1.37	[72]
镍系非晶态合金催化剂	Ag	微波密闭消解—等离子体原子发射光谱	9	[73]
碳钯催化剂	Pd	原子吸收光谱法	<0.5	[74]

检测对象	测定元素	方法摘要	RSD/%	参考文献
二氧化硅基质的催化剂	Rh	在线化学蒸气发生—ICP-AES	1.6	[75]
铝硅载体废催化剂	Pt、Pd	火试金法—ICP-AES	<2	[76]
加氢催化剂	Pd	FAAS	1.25~2.55	[77]
脱氢催化剂	Pt	王水溶解—FAAS	<3.45	[78]
废催化剂不溶渣GYZJ-HC-PtPd	Ir、Rh	碱熔－Te 共沉淀富集-ICP-AES	≤3.6	[79]
$C_6 \sim C_8$物料加氢催化剂	Pd	ICP-AES	1.52	[80]，[81]

郁丰善[72]采用 ICP-AES 测定含 Pt 废催化剂中 Pt 的含量，研究了基体及杂质元素的影响、样品的加标回收和样品分析的误差统计。研究发现：随着 Al 质量浓度的增加，Pt 在 203.646nm、204.937nm、214.423nm 波长处的测定强度显著降低，基体 Al 对 Pt 的测定存在明显的负干扰；在 265.945nm 和 299.797nm 波长处没有 Al 的干扰峰出现，0.50mg/mL 的 Al 不干扰 Pt 的测定；Na^+、K^+浓度对 Pt 的测定几乎没有影响。Pt 的加标回收率在 97.2%~101.8%，表明检测精度较高。

精对苯二甲酸（PTA）是生产聚酯的一种重要的化工原料，具有极其广泛的应用。我国 PTA 生产企业的工艺大多是应用粗 TA 加氢精制生成 PTA，精制过程中要使用钯炭催化剂。目前，测定钯炭催化剂中 Pd 含量的分析方法有 X 荧光光谱法、分光光度法和等离子发射光谱法。X 荧光光谱法虽然具有样品处理方法简单的优点，但其分析仪器价格昂贵，相对来说其分析成本较高，且精度较低；而分光光度法和等离子发射光谱法在样品处理上基本一致，不同的是分光光度法需要严格的显色条件，而等离子发射光谱法与之相比，具有操作简单、分析速度快等优点，同时具有较高的灵敏度及准确度，可以实现钯炭催化剂中 Pd 含量的准确测定。

铑催化剂是丁辛醇装置羰基合成催化剂，使用一定时间后其活性不断下降，且杂质（金属）含量不断增加，导致失活报废。Rh 价格昂贵，回收具有显著的经济效益。郁丰善等[82]测定了丁辛醇废催化剂中 Rh，试样经 H_2SO_4-H_2O_2-HCl 溶液，在稀 HCl 体系中，用 ICP-OES 以标准曲线法测定试液中 Rh 的浓度。在低于 2% 盐酸浓度下，该方法的检出限为 0.0009μg/mL，样品加标回收率为 95.94%~102.60%。该方法准确快速，与传统的 YS/T561 铂铑合金中 Rh 量的测定硝酸六氨合钴重量法的结果一致。

银催化剂在工业生产环氧乙烷过程中起着至关重要的作用。迄今为止，Ag 仍被认为是催化乙烯环氧反应的唯一有效的催化物质。催化剂中 Ag 的测定一般采用化学法，如 ICP-AES、AAS、X 射线荧光光谱法。报废钌催化剂中测定是 Ru

回收的重要组成部分, 研究高灵敏度高、选择性的各种基体的废钌催化剂中 Ru 的测定方法具有重要意义。刘秋香等[83]采用 Na_2O_2 熔融试样、HCl 将熔块转化成试液后, 在 5%HCl 介质中用 ICP-AES 测定 Ru, 相对标准偏差为 1.2%, 方法简便、快速、精准。

参 考 文 献

[1] Dong H G, Zhao J C, Chen J L, et al. Recovery of platinum group metals from spent catalysts: A review [J]. International Journal of Mineral Processing, 2015, 145: 108-113.

[2] 董守安. 贵金属废料取样和溶解方法 [J]. 新疆有色金属, 1995 (3): 32-34.

[3] 董守安, 裴锦平, 李振亚, 等. 废催化剂中铂族金属分析的取样研究 [J]. 冶金分析, 1998 (5): 3-5.

[4] 赵振波. 含铂族金属炭载体失效催化剂的取样和制样方法研究 [J]. 贵金属, 2017, 38 (s1): 183-186.

[5] Yong L W, Ming Y, Li D X. Uncertainty evaluation on determination of aurum in e-waste by ICP-AES [C]. International Symposium on Energy Science & Science & Chemical Engineering, 2015: 112-116.

[6] 丁云集, 张深根. 一种铁基合金捕集-碎化回收铂族金属的方法 [P]. 中国专利: CN201911178983.7, 2019-11-27.

[7] Qu Y B. Recent developments in the determination of precious metals. A review [J]. Analyst, 1996, 121 (2): 139-161.

[8] Balcerzak M. Sample digestion methods for the determination of traces of precious metals by spectrometric techniques [J]. Analytical Sciences, 2002, 18 (7): 737-750.

[9] Barefoot R R, Van Loon J C. Recent advances in the determination of the platinum group elements and gold [J]. Talanta, 1999, 49 (1): 1-14.

[10] 林海山, 李小玲, 戴凤英, 等. 金含量标准分析方法的现状 [J]. 材料研究与应用, 2012, 6 (4): 231-235.

[11] Sheng J L, Sun Y, Zhu W J, et al. Determination of silver by fire assay gravimetry combined with mathmetic correction [J]. International Journal of Mineral Processing and Extractive Metallurgy, 2018, 3 (3): 65-75.

[12] 陈永红, 孟宪伟, 刘正红, 等. 2017—2018 年中国金分析测定的进展 [J]. 黄金, 2020, 41 (1): 82-90.

[13] 李跃光, 陈为亮. 贵金属元素分析中的分离富集技术应用进展 [J]. 贵金属, 2012, 33 (4): 71-74.

[14] 陈春军, 钟宁. 铅火试金富集-发射光谱法测定化探样品痕量金、铂和钯 [J]. 当代化工, 2014, 43 (8): 1656-1657.

[15] 孙继成. 铅试金富集-发射光谱法测定铂、钯和金 [J]. 科技创新导报, 2013 (4): 96.

[16] 刘英, 臧慕文. ICP-AES 测定废 Al_2O_3 基催化剂中 Pt、Pd [J]. 分析试验室, 2002, 21 (6): 40-43.

［17］Trinh H B，Lee J C，Srivastava R R，et al. Eco-threat minimization in HCl leaching of PGMs from spent automobile catalysts by formic acid pre-reduction［J］. ACS Sustainable Chemistry & Engineering，2017，5（8）：7302-7309.

［18］朱利亚，杨光宇，李楷中，等. 微波密闭消解技术在处理 Rh、Ir 粉及其试样中的应用［J］. 贵金属，2008，29（1）：40-45.

［19］朱利亚，陈云江，赵辉，等. 微波消解和精密电流滴定法测定铂类化合物中的铂含量［J］. 贵金属，2007，28（3）：51-55.

［20］朱利亚，胡秋芬，刘云，等. 微波消解技术在分析难处理贵金属及其物质中铑、铱、铂、钯的研究与应用［J］. 冶金分析，2005，25（5）：11-14.

［21］刘杨，范兴祥，董海刚，等. 贵金属物料的溶解技术及进展［J］. 贵金属，2013（4）：65-72.

［22］赵家春，汪云华，范兴祥，等. 一种高纯铑物料快速溶解方法［P］. 中国专利：200810058706. 8. 2008-07-21.

［23］林海山，唐维学. 二次资源中贵金属分析方法最新应用［J］. 中国无机分析化学，2011，1（1）：40-45.

［24］江楠，石琳，艾森林. 预处理方法对 ICP-MS 测试陶瓷载体催化器中贵金属含量的影响［J］. 广东化工，2015，42（16）：101-103.

［25］管有祥. 碱熔解-硫脲比色法快速测定钌碳催化剂中的钌［J］. 贵金属，2010，31（3）：52-55.

［26］刘伟，刘文，金云杰，等. ICP-AES 测定等离子熔炼合金中的铂、钯和铑［J］. 贵金属，2017，38（2）：72-78.

［27］《贵金属生产技术实用手册》编委会. 贵金属生产技术实用手册［M］. 北京：冶金工业出版社，2011.

［28］高云涛，王伟. 钯（Ⅱ）碘络合物在丙醇-硫酸铵双水相萃取体系中的分配行为及在钯测定中的应用［J］. 贵金属，2006，27（3）：45-49.

［29］郭淑仙，胡汉. 改性海性炭吸附铂和钯的研究［J］. 贵金属，2002，23（2）：11-15.

［30］徐涛. 离子交换树脂法吸附、解吸钯工艺研究［J］. 贵金属，2016（s1）：102-104.

［31］Sun P P，Lee M S. Separation of Pt from hydrochloric acid leaching solution of spent catalysts by solvent extraction and ion exchange［J］. Hydrometallurgy，2011，110（1-4）：91-98.

［32］Wołowicz A，Hubicki Z. Comparison of strongly basic anion exchange resins applicability for the removal of palladium（Ⅱ）ions from acidic solutions［J］. Chemical Engineering Journal，2011，171（1）：206-215.

［33］李现红，佘振宝，闫庆秀，等. PAN-S 螯合形成树脂分离富集极谱连测地质样品中贵金属［J］. 世界地质，2007，26（3）：385-389.

［34］Kensuke Fujiwara，Attinti Ramesh，Teruya Maki，et al. Adsorption of platinum（Ⅳ），palladium（Ⅱ）and gold（Ⅲ）from aqueous solutions onto l-lysine modified crosslinked chitosan resin［J］. Journal of Hazardous Materials，2007，146（1-2）：39-50.

［35］Antonio Rampino，Massimiliano Borgogna，Paolo Blasi，et al. Chitosan nanoparticles：Preparation，size evolution and stability［J］. International Journal of Pharmaceutics，2013，455（1-

2)：219-228.

[36] 周方钦，杨柳，龙斯华，等．流动注射在线萃取色谱预浓集火焰原子吸收法测定钯［J］．分析化学，2003，1：58-61.

[37] 杨柳，周方钦，龙斯华．流动注射在线三正辛胺萃淋树脂分离富集火焰原子吸收法测定银［J］．分析试验室，2002，21（4）：80-83.

[38] Frank M. Pennebaker, M. Bonner Denton. High-preecision, simultaneous analvsis of Pt, Pd, and Rh in catalytic converter samples by carius tube dissolution and inductively coupled plasma atomic emission spectroscopy with charge-injection device detection ［J］. Applied Spectroscopy 2001, 55（4），504-509.

[39] Qi L, Zhou M, Wang C Y, et al. Evaluation of a technique for determining Re andPGEs in geo-logical samples by ICP-MS coupled with a modified Carius tube digestion ［J］. Geochemical Journal, 2007, 41（6）：407-414.

[40] Qi L, Zhou M. Determination of platinum-group elements in OPY-1：Comparison of results using different digestion techniques ［J］. Geostandards and Geoanalytical Research, 2008, 32（3）：377-387.

[41] Kovalev I A, Bogacheva L V, Tsysin G I, et al. FIA-FAAS system including on-line solid phase extraction for the determination of palladium, platinum and rhodium in alloys and ores ［J］. Talanta, 2000, 52（1）：39-50.

[42] 付文慧，艾兆春，葛艳梅，等．火焰原子吸收光谱法测定高品位金矿石中的金［J］．2013，32（3）：427-430.

[43] Resano M, Garciaruiz E, Crespo C, et al. Solid sampling-graphite furnace atomic absorption spectrometry for palladium determination at trace and ultratrace levels ［J］. Journal of Analytical Atomic Spectrometry, 2003, 18（12）：1477-1484.

[44] 方卫，胡洁，赵云昆，等．ICP-AES测定汽车催化剂中Pt、Rd、Rh的干扰研究［J］．分析试验室，2009，28（5）：86-90.

[45] Fiat Auto Normazione. Procurement specification 9. 02165/02 trivlent and oxidant monolithic cat-alytic converters ［S］. Italy：FIAT Emission Standard, 2005.

[46] 谭文进，贺小塘，肖雄，等．ICP-AES法测定废催化剂不溶渣中的铂、钯和铑［J］．贵金属，2015，36（3）：72-77.

[47] 任传婷，方卫，徐光，等．高温高压消解-ICP-AES法测定铱粉中15个杂质元素［J］．贵金属，2019，40（4）：23-27.

[48] Beary E S, Paulsen P J. Development of high-Accuracy ICP mass spectrometric procedures for the quantification of Pt, Pd, Rh, and Pb in used auto catalysts ［J］. Analytical Chemistry, 1995, 67（18）：3193-3201.

[49] 方卫，马媛，卢军，等．汽车尾气净化催化剂中铂、钯和铑的测定［J］．稀有金属材料与工程，2012，41（12）：2254-2260.

[50] Simpson L A, Hearn R, Catterick T. The development of a high accuracy method for the analysis of Pd, Pt and Rh in auto catalysts using a multi-collector ICP-MS ［J］. Journal of Ana-lytical Atomic Spectrometry, 2004, 19（9）：1244-1251.

[51] Shazali I, Dack L V, Gijbels R. Preconcentration of Precious Metals by Tellurium Sulphide Fire-assay Followed by Instrumental Neutron Activation Analysis [M]. Netherlands: Springer, 1988.

[52] 张凤君, 董爱娟, 孙其志. 偏最小二乘催化极谱法同时测定铂、钯、铑 [J]. 分析化学, 1997 (1): 76-78.

[53] Paraskevas M, Tsopelas F, Ochsenkühn-Petropoulou M. Determination of Pt and Pd in particles emitted from automobile exhaust catalysts using ion-exchange matrix separation and voltammetric detection [J]. Microchimica Acta, 2012, 176 (1-2): 235-242.

[54] 崔梅生, 张永奇, 钟强, 等. 汽车尾气催化剂贵金属含量手持 XRF 检测技术研究 [J]. 稀有金属: 2020, 44 (11): 1227-1232.

[55] Tunçeli A, Türker A R. Determination of gold in geological samples and anode slimes by atomic absorption spectrometry after preconcentration with amberlite XAD-16 resin [J]. Analyst, 1997, 122 (3): 239-242.

[56] Yildirim G, Tokalioglus. sahan H, et al. Preconcentration of Ag and Pd ions using graphite oxide and 2, 6-diaminopyridyne from water, anode slime and catalytic converter samples [J]. RSC Advances, 2014, 4 (35): 18108-18116.

[57] 陈殿耿. 火试金法测定锡阳极泥中金银 [J]. 黄金, 2017, 38 (2): 74-76.

[58] 吴敏. 氯化铅共沉淀-硫氰酸钾容量法测定铅阳极泥中银 [J]. 理化检验（化学分册）, 2015, 51 (12): 1750-1752.

[59] 梁金凤, 杨之勇. 铅阳极泥中银的分析-火法试金法 [J]. 有色矿冶, 2012, 28 (5): 50-52.

[60] 孙鹏, 王利平, 薛光. 原子吸收法直接测定铅阳极泥中的金和银 [J]. 黄金, 2001, 22 (4): 51-53.

[61] Menad N, Guignot S, van Houwelingen J A. New characterisation method of electrical and electronic equipment wastes (WEEE) [J]. Waste Management, 2013, 33 (3): 706-713.

[62] Luciana Harue Yamane, Viviane Tavares de Moraes, Denise Crocce Romano Espinosa, et al. Recycling of WEEE: Characterization of spent printed circuit boards from mobile phones and computers [J]. Waste Management, 2011, 31: 2553-2558.

[63] P. M. H. Petter, H. M. Veit, A. M. Bernardes. Evaluation of gold and silver leaching from printed circiut board of cellphone [J]. Waste Management, 2014, 34: 475-482.

[64] 王永乐. 电子废弃物中复杂体系贵金属的分析方法研究 [D]. 上海: 东华大学, 2016.

[65] Beary E S, Paulsen P J, Fassett J D, et al. Sample preparation approaches for isotope dilution inductively coupled plasma mass spectrometric certification of reference materials [J]. Journal of Analytical Atomic Spectrometry, 1994, 9 (12): 1363-1369.

[66] Wu K Y A, Wisecarver K D, Abraham M A, et al. Rhodium, platinum and palladium recovery from new and spent automotive catalyst [C]. International Precious Metals Institute 17th Annual Meeting, USA, 1993: 343.

[67] 李振亚, 刘云杰. 几种废铂族金属催化剂及其浸出渣溶解方法的比较研究 [C]. 全国第五届贵金属分析暨贵金属资源综合利用开发技术交流会, 1997: 1-5.

［68］Lorna A Simpson，Reddington H，Tim C. The development of a high accuracy method for the the analysis of Pd, Pt, Rh in auto catalyst using a multi-collector ICP-MS Anal At Spectrometry ［J］. Journal of Analytical Atomic Spectrometry, 2004, 19: 1244-1251.

［69］李振亚，马媛，洪英，等. 汽车尾气净化催化剂中 Pt、Pd、Rh 含量的测定 ［J］. 贵金属，2001，22（2）：28-31.

［70］魏笑峰. 汽车尾气催化剂中贵金属 Pt、Pd、Rh 的分析研究 ［D］. 福州：福州大学，2006.

［71］方卫，胡洁，赵云昆，等. ICP-AES 测定汽车催化剂中 Pt、Rd、Rh 的干扰研究 ［J］. 分析试验室，2009，28（5）：86-90.

［72］郁丰善. 电感耦合等离子体原子发射光谱法测定石油化工废催化剂中铂的含量 ［J］. 中国资源综合利用，2017，35（6）：15-18.

［73］朱玉霞，何京，陆婉珍. 微波密闭消解-等离子体原子发射光谱测定石油化工催化剂中负载元素含量 ［J］. 岩矿测试，1998，17（2）：138-142.

［74］张小芹，刘群. 原子吸收光谱法测定碳钯催化剂中钯 ［C］. 中国化学会仪器分析及样品预处理学术报告会，2002：251-253.

［75］段旭川. 在线化学蒸气发生-电感耦合等离子体原子发射光谱法测定废催化剂中的微量铑 ［J］. 分析化学，2010，38（3）：421-424.

［76］陈潮炎，张侠. 火试金法测定废催化剂中铂、钯含量研究 ［J］. 中国资源综合利用，2016，34（11）：27-29.

［77］杨文生. 火焰原子吸收光谱法测定加氢催化剂中的钯 ［J］. 山东化工，2004（2）：31-32.

［78］姚丽珠，杨红苗，宋义，等. 火焰原子吸收光谱法测定脱氢催化剂中铂、锡、锂的含量 ［J］. 冶金分析，2003，23（5）：14-16.

［79］谭文进，郑允，贺小塘，等. 碱熔-碲共沉淀富集-电感耦合等离子体原子发射光谱法测定石油化工废催化剂不溶渣中铂钯 ［J］. 冶金分析，2016，36（2）：43-48.

［80］王旭辉. ICP-AES 法测定加氢催化剂中钯含量 ［J］. 石化技术，2006，13（1）：30-32.

［81］王铁，刘殿丽，王明刚，等. 等离子发射光谱法测定钯炭催化剂中钯含量 ［J］. 聚酯工业，2012，25（6）：31-32.

［82］郁丰善，苏婧. 电感耦合等离子体原子发射光谱法测定丁辛醇废催化剂中的铑含量 ［J］. 中国资源综合利用，2017，35（11）：38-42.

［83］刘秋香，魏小娟，潘剑明，等. 电感耦合等离子体原子发射光谱法测定废钌催化剂中钌 ［J］. 冶金分析，2012，32（10）：82-85.

3 阳极泥提取贵金属

阳极泥是电解过程附着于残阳极表面或沉淀在电解槽底的不溶性泥状物，是贵金属的重要二次资源。阳极泥基本处理方式有火法工艺（包括传统火法工艺）、全湿法工艺、火法-湿法联合工艺三种。根据阳极泥成分与性质，选择合适的处理工艺。

3.1 阳极泥的来源及特点

贵金属通常与 Cu、Pb、Zn、Ni 等重有色金属矿床共生，且主要以硫化物共生。一般 CuS 矿床含 Au、Ag 较多，NiS、Cr_2S_3 矿床含有少量的 Au、Ag 和较多的 PGMs，而 PbS、Zn 和 Ba 矿床通常含有大量的 Ag、Sb、Bi、As，Te 矿床常与 Au 共生形成金锑矿床、金毒砂和金碲矿床。重金属冶炼几乎回收了所有的贵金属，有色金属副产物是贵金属的重要原料，主要包括：

(1) 铜电解阳极泥及湿法提铜浸出渣；

(2) 铅电解阳极泥或火法精炼铅产生的银锌壳；

(3) 镍电解阳极泥；

(4) 火法蒸馏锌或湿法炼锌的浸出渣。

从各重金属的总量及工艺选择上，贵金属绝大部分都进入阳极泥中。因此，本章主要介绍从铜阳极泥和铅阳极泥中提取贵金属。

Cu、Pd 精矿中所含 Au、Ag 等贵金属在火法冶炼过程中几乎全部进入粗铜和粗铅，粗铜和粗铅进行电解精炼。铜电解阳极泥产率为铜阳极板质量的 0.2%~1.0%，铅电解阳极泥的产率通常为 0.9%~1.8%。阳极泥中除含贵金属外，一般还含有 Se、Te、Pb、Cu、Sb、As、Bi、Ni、Fe、Sn、S、SiO_2、Al_2O_3 等，其含水量在 35%~40% 之间，铅阳极泥中 Sb 和 As 的含量比铜阳极泥高。铜阳极泥和铅阳极泥中的主要元素的赋存状态见表 3-1 和表 3-2[1,2]。

表 3-1 铜阳极泥各元素的物相

元素	存在状态
Au	Au、(Ag, Au) Te_2
Ag	Ag_2Se、Ag_2Te、CuAgSe、(Ag, Au) Te_2、Ag、AgCl

元素	存在状态
Pt	Pt
Pd	Pd
Cu	Cu、Cu_2S、Cu_2Se、Cu_2Te、$CuAgSe$、Cu_2O、$CuSO_4$、$CuCl_2$
Se	Ag_2Se、Cu_2Se、$CuAgSe$、Se
Te	Ag_2Te、Cu_2Te、$(Ag,Au)Te_2$、Te
As	As_2O_3、$BiAsO_4$、$SbAsO_4$
Sb	Sb_2O_3、$SbAsO_4$
Bi	Bi_2O_3、$BiAsO_4$
Pb	$PbSO_4$、$PbSb_2O_6$
Sn	$Sn(OH)_2SO_4$、SnO_3
Ni	NiO
Fe	Fe_2O_3
Si	SiO_2

表 3-2　铅阳极泥各元素的物相

金属相	金属及其化合物
Ag	Ag、Ag_3Sb、$\varepsilon\text{-}Ag\text{-}Sb$、$AgCl$
Bi	Bi、Bi_2O_3
Sb	Sb、Ag_3Sb、$\varepsilon\text{-}Ag\text{-}Sb$
Pb	Pb、PbO、$PbFCl$
Cu	Cu、$Cu_{9.5}As_4$
As	As、As_2O_3、$Cu_{9.5}As_4$
Sn	Sn、SnO_2
Si	SiO_2、$Al_2Si_2O_3(OH)_4$

铜阳极泥矿中 Au 主要以 Au、Ag 合金的形式存在, 少部分包裹在 Cu_2Se 及 $PbSO_4$ 中并伴随少量的 Ag、Sb 等; Ag 主要以 Ag_2Se、硒酸化银、铜银硒、金银合金及包裹在 $CuSO_4$ 或者 $PbSO_4$ 中形成共生化合物等形式存在; Cu 主要以 $CuSO_4$ 化合物形式存在, $CuSO_4$ 是阳极泥矿的基底, 并附存大量的其他杂质元素; Pb 主要以 $PbSO_4$、硫酸铅钡、砷酸锑铅并伴有 Sb、Au、Ag、As 等元素的形式存在。

铅阳极泥是生产 Ag 的主要原料, 一般铅阳极泥约含 $w(Au)=0.0002\%\sim0.4000\%$、$w(Ag)=0.1\%\sim18.9\%$、$w(Cu)=1.00\%\sim10.05\%$、$w(Pb)=(5.0\%\sim19.7\%)$、$w(Bi)=2.1\%\sim20.0\%$、$w(As)=0\%\sim35\%$、$w(Sb)=20.0\%\sim54.4\%$。除少数 AgCl 外, Ag 绝大部分形成 Ag_3Sb、$\varepsilon\text{-}Ag\text{-}Sb$ 等化合物, 基本上不以金属形式存在。铅阳极泥不稳定, 容易氧化, 在自然氧化过程中会发热, 温度可达 70℃, 有烟雾产生, 阳极泥含水量可降至 10% 左右, 其中 Pb、Sb、Bi 等元素主

要以氧化物形式存在。

镍阳极泥组成随冶炼厂不同差异很大，其组分通常以 S、Ni、Cu、Fe 为主，还含 C、硅酸盐炉渣等，PGMs 和 Au、Ag 的品位约 0.01%~10.00%。当粗镍电解精炼的阳极泥产率为 2%~5% 时，贵金属富集倍数高，阳极泥含硫质量分数低（8%~10%），含铜镍质量分数高（40%~60%），贵金属品位可达 1.0%~10%；当硫化镍电解精炼的阳极泥产率大（约 25%），贵金属富集程度低，阳极泥含硫质量分数高（70%~96%），含铜镍质量分数低（1%~15%），贵金属品位仅 0.01%~1.00%。由于镍电解精炼的周期长、返料多，PGMs 的直收率低，分散损失较大，同时由于直接从高镍锍和铜镍合金中提取 PGMs 的技术发展很快，镍阳极泥已不再是提取 PGMs 的主要原料。

近年来，随着二次资源急剧增长，贵金属废料通常进入再生铜冶炼，经电解得到阴极铜和阳极泥，再生铜阳极泥也是贵金属重要的来源之一，且比重日益增大。再生铜阳极泥由于原料的不同，贵金属品位也相差很大，其中 Au 品位为 0.05%~3.00%、Ag 品位为 1%~15%、Pd 品位为 0.01%~0.50%。其他贱金属主要包括 Cu、Sn、Pb、Sb 和少量的 As，其中 Sn、Pb 和 Sb 分别主要以 SnO_2、$PbSO_4$ 和锑酸盐形式存在。

3.2 铜阳极泥提取贵金属

理想的阳极泥处理工艺需满足以下原则：

(1) 最大限度地回收贵金属，减少在流程各个环节中的损失；

(2) 贵金属在流程中的滞留最少，避免在流程中循环，降低回收效率；

(3) 最大限度地分离回收其他有价金属；

(4) 对环境影响小，尽可能减少"三废"排放；

(5) 化学试剂消耗少、能耗低；

(6) 对原料成分和处理量适应性强。

目前，铜阳极泥基本处理方式有火法工艺、全湿法工艺、湿法-火法联合工艺三种。

3.2.1 火法冶炼技术

3.2.1.1 传统火法工艺

阳极泥直接熔炼不能有效地去除 Cu、Se，而且由于生成过量的冰铜和炉渣，造成贵金属的大量循环，降低了 Au、Ag 的直收率和生产效率，增加了生产成本。另外，产出的 Au、Ag 合金含 Cu 及杂质多，增大了贵金属分离难度。因此，该方法已被淘汰。目前，大多数厂家都在提取贵金属前，采用各种方法去除 Cu、

Se、Te 等杂质，如空气氧化酸浸、氧化焙烧-酸浸、硫酸化焙烧-酸浸，加压酸浸、加碱烧结-水浸等。

处理铜阳极泥的传统流程如图 3-1 所示，主要包括硫酸化焙烧蒸硒、稀硫酸浸出脱铜、还原熔炼、氧化精炼、金银电解精炼、铂钯回收。该流程工艺成熟，操作容易控制、对物料适应性强，适用于大规模生产，但生产周期长，积压资金，环保问题突出。

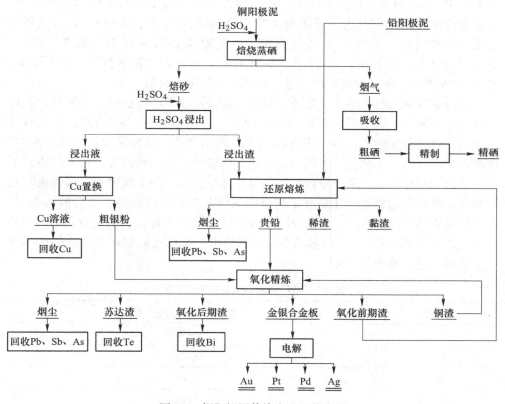

图 3-1　铜阳极泥传统火法工艺流程

硫酸化焙烧脱 Se。该过程是将 Se 氧化成挥发性的 SeO_2 进入吸收塔，在水溶液中转化为 H_2SeO_3，被进入吸收塔中的 SO_2 还原得到粗硒；Cu 转化为 $CuSO_4$。硫酸化焙烧过程中，主要的化学反应见式（3-1）~式(3-6)。

$$Ag_2Se + 3H_2SO_4 =\!=\!= Ag_2SO_4 + SeSO_3 + SO_2 \uparrow + 3H_2O \tag{3-1}$$

$$SeSO_3 + H_2SO_4 =\!=\!= H_2SeO_3 + 2SO_2 \uparrow \tag{3-2}$$

$$H_2SeSO_3 + 2SO_2 + H_2O =\!=\!= Se + 2H_2SO_4 \tag{3-3}$$

$$Cu + 2H_2SO_4 =\!=\!= CuSO_4 + 2H_2O + SO_2 \uparrow \tag{3-4}$$

$$Cu_2S + 6H_2SO_4 =\!=\!= 2CuSO_4 + 6H_2O + 5SO_2 \uparrow \tag{3-5}$$

$$2Ag + 2H_2SO_4 \Longrightarrow Ag_2SO_4 + 2H_2O + SO_2 \uparrow \qquad (3-6)$$

酸浸脱 Cu。铜阳极泥经焙烧后，大部分 Cu、Ni 等金属转变为硫酸盐，直接用水浸出。加入 H_2SO_4 可提高贱金属的浸出率及其浸出效率，焙烧生成的 Ag_2SO_4 进入溶液中。为减少 Ag 的浸出，加入少量盐酸或 NaCl 将其以 AgCl 形式沉淀。浸出液送去提取 $CuSO_4$，浸出渣经洗涤后进行还原熔炼。

还原熔炼的目的是使杂质进入渣中或挥发到烟尘除去，使 Pb 的化合物还原为 Pb，Pb 是贵金属良好的捕集剂，贵金属在熔炼过程中进入铅熔体形成贵铅。在还原熔炼时，Cu 的化合物还原为金属 Cu 富集在贵铅中，这些 Cu 在贵铅精炼会延长作业时间，增加贵金属损失量，因此要求在酸性浸出过程中，Cu 含量（质量分数）必须在 2.5% 以下。As_2O_3 在炉料融化前即强烈挥发，进入烟尘；Sb_2O_3 挥发缓慢，部分与熔剂作用进入炉渣，部分进入贵铅。

还原熔炼分加料、熔化、造渣、沉淀、放渣及放贵铅等步骤。加料时炉温控制在 700~900℃。熔化后升温至 1200~1300℃，熔化时间一般为 12h，熔化时鼓入空气，促进氧化造渣。熔化造渣后，静置 2h 后放渣，温度保持在 1200℃ 左右。此时，炉渣分为上下两层，上层为硅酸盐、锑酸盐，流动性较好，称为稀渣；下层炉渣流动性较差，夹杂少量的贵铅颗粒，称为黏渣。为了减少贵金属损失，先放稀渣，然后升温静置，让黏渣中的贵铅颗粒沉降后再放黏渣。最后鼓入空气，使溶解在贵铅中的 Cu、Bi、As、Sb 等杂质氧化入渣或挥发，温度保持在 900℃ 左右，最终得到贵铅。表 3-3 和表 3-4 分别给出了某厂还原熔炼各产物的产率及主要金属在各产物中的分配。

表 3-3　某厂还原熔炼各产物的产率　　　　　　　　　　（%）

产物	产率（占阳极泥质量分数）
贵铅	30~40
稀渣	25~35
黏渣	5~15
氧化渣	5~10
烟尘	30~35

表 3-4　某厂还原熔炼时主要金属在各产物中的分配情况　　　（%）

产物	Au	Ag	Pb	Bi	Te
贵铅	97.2~98.0	95.2~98.5	30.0~66.2	90	70
稀渣	0.024~0.095	0.0331~0.1200	2.3~15.3	0.17~0.20	0.35~0.47
黏渣	0.179~0.935	0.725~0.735	3.6~4.4	0.18~0.30	0.685
氧化渣	0.403~0.600	0.507~0.880	3.1~53.5	0.167~0.200	0.85~7.40

贵铅中 Au+Ag 含量（质量分数）一般为 30%~40%，甚至高达 50% 以上，其余为 Cu、Pb、Bi、As、Sb 等杂质。氧化精炼的目的是利用氧化法把这些杂质去除，得到 Au+Ag 含量（质量分数）在 97% 以上的合金，以便后续电解分离。根据金属活动顺序，贵铅中金属的氧化序列为 Sb、As、Pb、Bi、Cu、Te、Se、Ag，金属氧化的难易还与含量有关，一般而言，Pb 最先氧化形成 PbO，然后由于 PbO 的传递作用，使 As 和 Sb 氧化，进入炉气中。Pb、As、Sb 氧化造渣或挥发后，Bi 开始氧化形成 Bi_2O_3，在熔炼温度下能与 PbO 组成熔点低、流动性好的稀渣，即氧化前期渣。加入 KNO_3 或 $NaNO_3$ 将 Cu、Se、Te 彻底氧化，Au、Ag 在精炼过程不被氧化，但会有少量的 Ag 挥发，也有极少量的 Au、Ag 被夹带在渣中。

3.2.1.2 卡尔多炉火法回收贵金属

卡尔多（Kaldo）炉也称氧气顶吹旋转炉，其工艺称为 TBRC（top-blownrotary converter）法。最早由瑞典的 Bo Kalling 教授与 Domnarvet 钢厂共同开发用于处理高磷高硫生铁和废钢，其后移植于 Ni、Cu、Pb 等有色金属冶炼。卡尔多炉熔炼采用间断操作方式，具有温度容易调节、氧势容易控制、热效率高等特点，适用于处理杂质含量高的复杂原料。卡尔多炉用于处理阳极泥始于 1993 年，现有 10 多座卡尔多炉用于处理阳极泥。卡尔多炉处理铜阳极泥火法工艺具有对原料适应性强、设备先进、综合回收率高、生产成本低、环境污染少等优点。2007 年，铜陵有色金属集团股份有限公司引进了炉体最大的卡尔多炉及工艺技术，也是国内第一个采用卡尔多炉工艺处理阳极泥的公司，2009 年 1 月投入生产，年处理铜阳极泥 4000t。山东阳谷祥光铜业有限公司选用一台工作容积为 $0.8m^3$ 的卡尔多炉，年处理铜阳极泥 1200t，于 2009 年建成投产，经改造年处理量提升至 3800t。紫金铜业有限公司于 2011 年引进了 $0.8m^3$ 的卡尔多炉，设计年处理铜阳极泥及其他贵金属物料 2000t[3]。

国内引进的卡尔多炉处理铜阳极泥工艺流程都是沿用 Boliden 隆斯卡尔冶炼厂，该工艺处理流程如图 3-2 所示。

铜阳极泥经洗涤、高压浸出脱 Cu，脱 Cu 液先用 Cu 粉置换（或 SO_2 还原）Ag、Se，过滤后硒银渣送卡尔多炉配料，滤液用 Cu 粉置换 Te 后二次过滤，滤渣为 Cu_2Te，滤液送 Cu 电解净液车间处理。脱铜阳极泥中的 Cu 含量（质量分数）在 0.6% 以下，经烘干后送卡尔多炉熔炼。熔炼渣含一定量的贵金属，需返回 Cu 冶炼系统处理，金银合金送电解精炼，烟气经除尘回收 Se 及进一步处理后排放。吹炼渣和精炼渣含贵金属较高，返回下一次熔炼配料。

A 还原熔炼—氧化精炼

卡尔多炉处理阳极泥与传统火法处理阳极泥原理相同，在卡尔多炉中完成还原熔炼和氧化精炼两个过程得到贵金属合金。铜阳极泥配料时，加入碳酸钠、氧

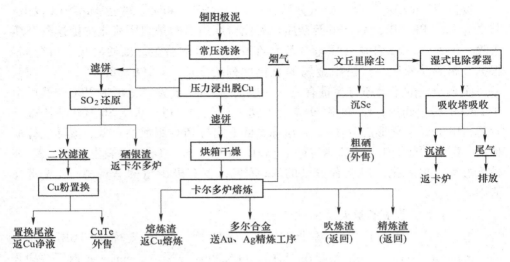

图 3-2　卡尔多炉铜阳极泥处理工艺流程图

化铅（或 Pb）、石英石等熔剂，其中 Pb 含量（质量分数）一般在 20% 以上，还原剂为焦粉[3]。加料前炉子预热到 1000℃ 左右，物料入炉后，提高炉子旋转速度，加热到 1130~1170℃ 并全部融化。炉料中的 Pb 被焦炭还原成金属 Pb，与贵金属 Au、Ag 形成贵铅，即 Pb-Au-Ag 合金，沉入炉底。浸出后阳极泥中的杂质主要以氧化物和盐类形式存在，与熔剂造渣形成熔点低、黏度小、流动性好的炉渣。炉渣在炉内上方，在高温下与炉底贵铅分离，同时部分高挥发性化合物进入烟气中。熔炼还原后期加入适量焦粉还原炉渣中的 Ag，温度控制在 1000℃ 以上。

在高于主体金属氧化物熔点温度下，在合金表面通入空气（或氧气），使贵铅中的杂质氧化造渣除去，得到 Au、Ag 含量（质量分数）在 95% 以上的多尔合金。

B　熔炼渣处理

铜陵稀贵金属分公司和阳谷祥光铜业有限公司的生产实践证明，提取贵金属的熔炼渣不适合返回铜冶炼系统[4]。熔炼渣占铜阳极泥处理量的 70%，具有很高的回收价值。铜陵有色稀贵金属分公司利用竖炉还原卡尔多炉熔炼渣，将渣中的 Au、Ag 还原为贵铅，贵铅返回卡尔多炉处理，不仅可以替代 PbO 作为捕集剂，而且可以提高铜阳极泥卡尔多炉工艺金银回收率[5]。该方法设备投资少、金银直收率高，工艺简洁、可行，但挥发性产物会在烟道中沉积，造成管路堵塞，影响生产效率。阳谷祥光铜业有限公司则采用全湿法工艺从卡尔多炉熔炼渣中回收有价金属。为了处理卡尔多炉产生的熔炼渣，还要延续另建一套处理原阳极泥处理量 70% 的车间，从而延长了铜阳极泥回收工艺流程。

C 卡尔多炉处理铜阳极泥工艺系统分析

卡尔多炉熔炼对物料要求严格，要求阳极泥 Cu 含量（质量分数）小于 1%，必须经过脱 Cu 预处理并烘干脱水。常压、高压浸出预处理使 Cu 实现开路，稀散金属只能部分浸出［如 $w(Te) = 30\%$］，其他成分都在熔炼过程挥发或造渣分离，其中熔炼渣产率是阳极泥量的 72%~80%，含 Ag 质量分数为 0.5%~0.8%，返回铜冶炼系统或另设系统处理；产率约 8% 的吹炼渣和 1.5% 的精炼渣含 Ag 质量分数为 0.7%~1.0% 均要返回下一个循环进卡尔多炉；烟尘产率约为阳极泥量的 5%。

阳谷祥光铜业有限公司依据 Bi 与 Au、Ag 形成无限固溶体原理，开发出阳极泥 Bi 捕集贵金属新工艺，包括阳极泥脱铜碲、贵铋还原熔炼、贵铋氧化吹炼是在一个炉子内实现还原熔炼和富氧吹炼，克服了传统 Pb 捕收贵金属中的 Pb 污染、冶炼周期长、能耗高的问题[6]。

a Bi 捕集贵金属理论基础

（1）还原熔炼。阳极泥中的 Bi 来自原矿伴生，主要是以氧化物形式存在，Bi 的氧化物在还原气氛下还原进入 Bi 液中组成多金属合金。

$$2Bi_2O_3 + 3C \rule[0.5ex]{1.5em}{0.4pt} 4Bi + 3CO_2 \uparrow$$

Bi 与 Au、Ag 等贵金属形成连续固溶体，是贵金属良好的捕集剂。由于 Bi 和 Au、Ag、Pd 的密度均较大，故在沉淀过程中，Bi 和 Au、Ag、Pd 颗粒一起形成 Bi(Au+Ag+Pd) 合金，而沉积在炉底，同时铋合金具有较低的熔点。

（2）氧化吹炼。贵铋中杂质的氧化顺序可用热力学数据来判断，根据反应的吉布斯自由能大小决定。贵铋中各金属的氧化顺序为：Sb、As、Pb、Bi、Cu、Te、Se、Ag。即 Pb、As、Sb 易氧化，Cu、Te 较难氧化，贵金属 Au、Ag 很难氧化。吹炼过程主要反应如下：

$$2Sb + 1.5O_2 \rule[0.5ex]{1.5em}{0.4pt} Sb_2O_3$$

$$2As + 3/2O_2 \rule[0.5ex]{1.5em}{0.4pt} As_2O_3$$

$$SiO_2 + PbO \rule[0.5ex]{1.5em}{0.4pt} PbO \cdot SiO_2$$

$$4Bi + 3O_2 \rule[0.5ex]{1.5em}{0.4pt} 2Bi_2O_3$$

$$Bi_2O_3 + O_2 \rule[0.5ex]{1.5em}{0.4pt} Bi_2O_5$$

$$Bi_2O_5 + Na_2CO_3 \rule[0.5ex]{1.5em}{0.4pt} 2NaBiO_2 + CO_2 \uparrow$$

$$Se + O_2 \rule[0.5ex]{1.5em}{0.4pt} SeO_2$$

$$TeO_2 + Na_2CO_3 \rule[0.5ex]{1.5em}{0.4pt} Na_2TeO_3 + CO_2 \uparrow$$

b Bi 捕集贵金属工艺

Bi 捕集贵金属工艺过程主要为阳极泥脱铜碲、干燥配料、贵铋炉冶炼、吹炼金银合金，工艺流程图如图 3-3 所示。

通过闪速熔炼、闪速吹炼及火法精炼约 80% 的 Bi 进入电解阳极泥中，铜阳极泥成分见表 3-5。

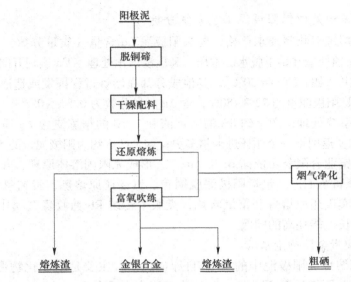

图 3-3 阳极泥 Bi 捕集贵金属工艺流程图

表 3-5 铜阳极泥主要成分 （质量分数） （%）

元素	Au	Ag	Se	Cu	As	Sb	Pb	Te	Bi
含量	0.55	6.00	4.50	12.00	4.70	2.00	10.00	2.00	10.00

（1）阳极泥脱 Cu、Te。将阳极泥、H_2O、浓 H_2SO_4 按照 4：4：1 配置成压浸液，配置好的压浸液在压力釜中通过氧压浸出。经氧压浸出阳极泥中绝大部分 Cu、70%~85% Te、30%~70% As 和少量的 Se 被浸出，滤液进一步回收 Cu、Te。脱杂质后的阳极泥的 $w(Cu) < 0.2\%$、$w(Te) < 0.3\%$、$w(Bi) \approx 20\%$、$w(Au) > 0.3\%$、$w(Ag) > 7\%$。脱铜碲后阳极泥干燥至含水 1%~3%。

（2）脱铜碲阳极泥低温还原熔炼。干燥后的脱铜碲阳极泥和焦粉、石英、碳酸钠等通过加料装置定量加入贵铋炉中。首批物料进料结束，进行升温熔化，熔融温度控制在 1050℃。炉内物料全部转为熔融体后，整个熔炼过程炉内熔体温度都要维持 900℃ 直至作业结束。1.5h 后取渣样，若渣含 Ag 质量分数小于 0.2%，开始排渣作业，得到贵铋，贵铋的主要成分见表 3-6。

表 3-6 贵铋的主要成分 （质量分数） （%）

元素	Au	Ag	Se	Cu	Sb	Pb	Te	Bi
含量	0.86	17.86	5.10	0.64	<0.01	5.45	0.57	67.73

（3）贵铋富氧吹炼。排出最后一批熔炼渣后，开始进行吹炼作业。吹炼分三次进行，一次吹炼除 Pb，二次吹炼除 Bi，三次吹炼除 Se、Te。吹炼的具体过程如下：

1）一次吹炼除 Pb。采用压缩空气进行吹炼，根据贵铋含 Pb 量配入适量的石英后插入吹炼喷枪控制压缩空气流量为 $400 \sim 500 m^3/h$（标准状态），炉体转速为 $5 \sim 8r/min$，炉内熔体温度控制在 $1050 \sim 1100 ℃$，2h 后停止吹炼。通过一次吹炼可将熔体中绝大部分 Pb 和 As、Sb 强氧化进入渣相。一次吹炼作业结束，要将合金熔体表面渣层排出。通过分析炉内渣样和金属样成分，了解吹炼渣含 Ag 情况和合金熔体含杂质情况，有利于下一步吹炼操作。

2）二次吹炼除 Bi。采用富氧进行吹炼，根据一次吹炼贵铋含量配入适量的碳酸钠后插入吹炼喷枪控制富氧浓度在 25%，富氧风流量为 $500 \sim 600 m^3/h$（标准状态），炉体转速为 $8 \sim 10r/min$，炉内熔体温度控制在 $1100 \sim 1150 ℃$，4h 后停止吹炼。通过二次吹炼可将熔体中绝大部分 Bi 和部分 Cu、Sb、Pb、Te 强氧化入渣。二次吹炼作业结束，要将合金熔体表面渣层排出。

3）三次吹炼除 Se、Te。采用富氧进行吹炼，根据二次吹炼贵铋成分配入适量的碳酸钠后插入吹炼喷枪控制富氧浓度在 30%，富氧风流量为 $500 \sim 600 m^3/h$（标准状态），炉体转速为 $10 \sim 12r/min$，炉内熔体温度控制在 $1150 \sim 1200 ℃$，3h 后停止吹炼。在三次吹炼作业过程中，熔体中绝大部分 Se 氧化成 SeO_2，Te 氧化为 TeO_2 挥发进入烟气，或与 Na_2CO_3 造渣，部分 Cu、Sb、Bi 强氧化进入渣相。金银合金中 Au、Ag 之和高于 98%。

c 烟气净化及 Se 回收

熔炼、吹炼过程排出的烟气经两段"立式简易文丘里+逆流接力洗涤器"降温洗涤除尘后进入湿式电除雾器，再经洗涤塔用稀碱液洗涤脱除有害成分达标后排放。烟气中的 SeO_2 在两段"立式简易文丘里+逆流接力洗涤器"中进入洗涤液中。洗涤液经过压滤后，滤液通入 SO_2 还原过滤得粗硒（质量分数 98.5%），沉 Se 后滤液送废水处理。

与传统火法工艺比较，卡尔多炉具有以下特点：

（1）主流程短。1 台卡尔多炉替代传统火法工艺的焙烧蒸硒炉、贵铅炉和分银炉，主流程比传统火法流程缩短近 2/3。

（2）能耗低。卡尔多炉的脱 Se、熔炼、精炼三大过程同炉分步连续完成，从铜阳极泥到贵铅，1t 干阳极泥综合能耗只有 $1.49 \sim 1.62t$ 标煤，比传统火法流程的 2.472t 标煤减少了 34.4% ~ 39.7%；而且，其能耗仅为湿法流程的 51%~55%。

（3）生产周期短。卡尔多炉生产周期仅为传统火法生产周期的 8% ~ 10%。另外，卡尔多炉还具有工况环境好、物料适应强、劳动生产率高等优点。

3.2.1.3 电炉熔炼法

日本矿业公司日立冶炼厂为提高 Au、Ag 直收率，减少中间产品积压，缩短生产周期，采用电炉熔炼法处理阳极泥脱铜后的浸出渣，减少了还原剂用量，使浸出渣及氧化铅中的 Pb 大部分进入渣中，渣流动性变好，返料品种与数量减少，电炉熔炼 Au、Ag 总回收率分别为 99.36% 和 99.30%，改进后电炉及贵铅氧化精炼炉性能均明显改善。孙安平等[7]研究了铜阳极泥浸出渣电炉还原熔炼，工艺流程如图 3-4 所示。采用非铁渣系组成为 57%SiO$_2$-21%CaO-14%Al$_2$O$_3$-8%Na$_2$O，该渣型在电炉还原熔炼杂铜阳极泥浸出渣的过程中能顺利脱除硫酸钡，炉渣熔点 1197℃，1300℃时熔渣电导率为 0.041S/cm、黏度为 3.58Pa·s，熔渣物性满足矿热电炉冶炼要求。

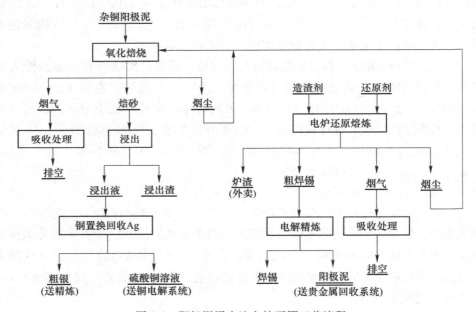

图 3-4　阳极泥浸出渣电炉还原工艺流程

3.2.2　选冶联合工艺

　　火法工艺处理阳极泥流程长，设备多，占地面积大，中间返料多，原材料消耗大且贵金属直收率低，同时火法工艺存在严重的 Pb 污染等问题，国外开发出选矿方法代替还原熔炼，并提出选冶联合流程，可实现阳极泥处理设备能力大幅增加，Au、Ag、Se、Te 等有价金属可在铅冶炼中进一步得以富集和回收，减少烟灰和氧化铅含量，解决含 Pb 烟气污染等问题。日本大阪精炼厂处理阳极泥的特点是硫酸铅含量高，成分见表 3-7[1]。通过选冶联合工艺（见图 3-5），开发出浮选去 Pb 工艺，杜绝了传统火法 Pb 冶炼导致的环境污染问题，Au、Ag、Se 等形成精矿，回收率可达 85%~95%[8]。

表 3-7 大阪精炼厂处理的铜阳极泥成分

类型	Au 含量 /kg·t⁻¹	Ag 含量 /kg·t⁻¹	$w(Cu)$ /%	$w(Pb)$ /%	$w(Se)$ /%	$w(Te)$ /%	$w(S)$ /%	$w(Fe)$ /%	$w(SnO_2)$ /%
阳极泥 A	22.55	198.50	0.60	26.00	21.00	2.20	4.00	0.20	2.40
阳极泥 B	6.24	142.00	0.60	31.00	17.00	1.00	6.70	0.10	1.00

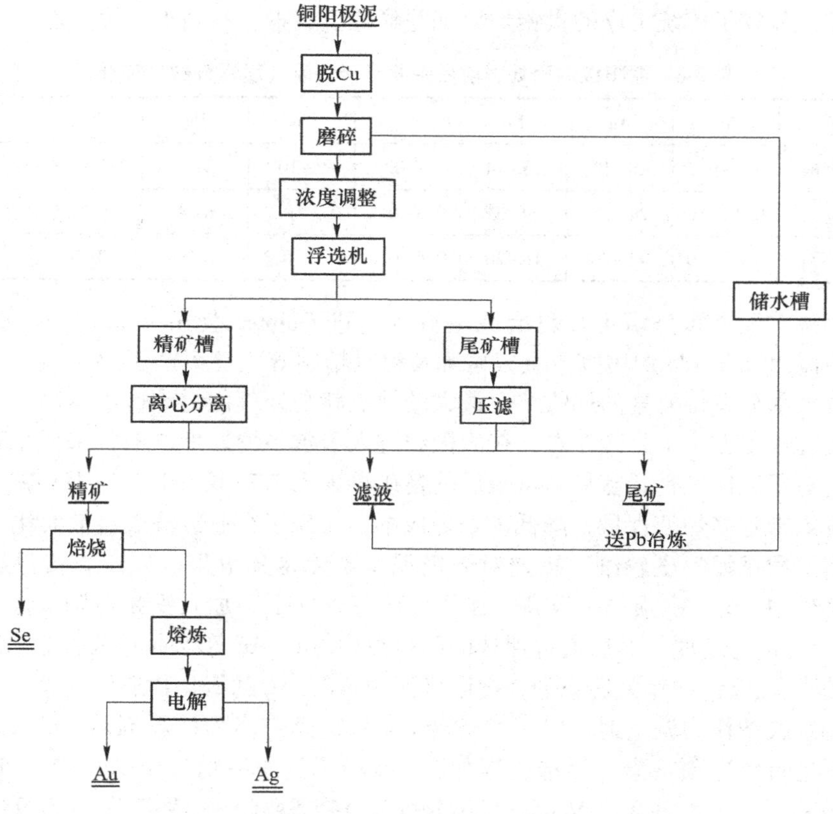

图 3-5 日本大阪冶炼厂处理流程

选冶联合工艺特点为：铜阳极泥首先采用湿法方法分离 Cu 和 Se，再用浮选法分离贵金属和贱金属，浮选所得的贵金属精矿经熔炼得到金银合金，最后电解分离 Au 和 Ag。浮选产生的尾矿，进一步提取 Pb、Sn 等有价金属。陈国宝等[9]研究了铜阳极泥选冶富集金银的粗选，考察了不同条件铜阳极泥的浮选行为。先将铜阳极泥研磨，再加入浓硫酸调浆（控制酸泥质量比为 1.2），而后将浆料置于 650℃焙烧 2h。将焙烧渣研磨细后加入 2mol/L 的硫酸（酸固质量比为 4:1）搅拌，再将其置于 85~90℃的水浴锅中恒温 4h。反应后冷却溶液，再加入过量的

NaCl，过滤得预处理后的富集渣。经预处理后，Cu 和 Se 已基本被去除，富集渣质量为原质量的 45% 左右，其中 Au 质量分数由 0.2% ~ 0.3% 增加到 0.4% ~ 0.6%，Ag 质量分数由 10% ~ 12% 增加到 24% ~ 25%，Pb 质量分数由 13% ~ 14% 增加到 30% ~ 31%，其他元素含量也发生了相应的变化，铜阳极泥预处理前后主要元素含量变化见表 3-8。控制矿浆浓度为 200g/L，调节浮选体系的 pH 值，经浮选后精矿主要成分见表 3-8。经浮选后，粗选精矿中 Au、Ag 的富集比接近4.5，Ag 品位达到 45% ~ 50%，Au 品位由 0.2% 提高到 0.8% ~ 1.0%，可直接熔铸成锭，节省了传统工序的贵铅炉熔炼并降低了成本，有利于后续处理。

表 3-8 铜阳极泥预处理前后主要元素含量（质量分数）变化 （%）

元素	Au	Ag	Pb	Cu	Se	Ba	Te	Sb
预处理前	0.2 ~ 0.3	10 ~ 12	13 ~ 14	24 ~ 25	9 ~ 10	2 ~ 3	0.5 ~ 1.0	2 ~ 3
预处理后	0.4 ~ 0.6	24 ~ 25	29 ~ 36	0.6 ~ 0.8	0.1 ~ 0.2	6 ~ 8	2.0 ~ 2.5	6 ~ 8
浮选后	0.8 ~ 1.0	43 ~ 46	18 ~ 20	0.6 ~ 0.8	0.2 ~ 0.3	6 ~ 8	2 ~ 3	6 ~ 8

铜陵有色金属公司贵金属冶炼主流程引进 Outotec 公司 Kaldo 炉火法工艺，主要由浸出和 Kaldo 炉熔炼、金银精炼及粗硒精制等主要生产工序组成。该工艺能实现大部分有价元素的回收，但最大的缺点就是处理能力小、成本高，每吨阳极泥处理成本在 1.1 万元左右。在阳极泥进入卡尔多炉处理之前，采用了选冶联合工艺对阳极泥进行预富集，富集后的精矿再进入卡尔多炉工艺处理，减少了阳极泥进入卡尔多炉处理量，降低了处理成本，实现了企业经济效益最大化。

由于阳极泥粒度较细，重选对阳极泥基本无富集效果。采用直接浮选的方法，尾矿中 Au、Ag 损失率较高。在酸性矿浆条件下，加入铁粉对阳极泥中 Au、Ag 化合物进行还原，然后通过浮选的阳极泥中 Au、Ag 等稀贵元素的工艺流程是可行的[10]。以铁粉作为还原剂，把阳极泥中 Au、Ag 的氯化物还原成单质，然后以六偏磷酸钠作为调整剂，以丁基黄药+丁基铵黑药作为捕收剂对 Au、Ag 等稀贵元素进行浮选预富集，浮选流程如图 3-6 所示。最终精矿中 Au、Ag、Pt、Pd品位分别为 6525.2g/t、29.4%、70.1g/t、145.9g/t，回收率分别为 98.59%、99.01%、93.70%、94.61%[11]。

池文荣[12]研究了高铅铜阳极泥选冶工艺，工艺流程如图 3-7 所示。通过对阳极泥进行蒸硒、浸铜预处理，酸浸渣中 Cu 的含量（质量分数）由 13.38% 减少到 0.32%，Se 由 2.61% 减少到 0.007%，Au 的品位由 0.17% 提高到 0.38%，Ag由 7.73% 提高到 14.56%；酸浸渣的主要矿物成分为 $AgCl$、$PbSO_4$ 和 $BaSO_4$。选定矿浆 pH 值为 6，黄药用量 2.86kg/t，六偏磷酸钠用量 5kg/t，浮选时间 2.5min，矿浆浓度 25%，通过对酸浸渣进行一次精选和一次扫选，Au 回收率为 89.74%，Ag 回收率为 97.9%。

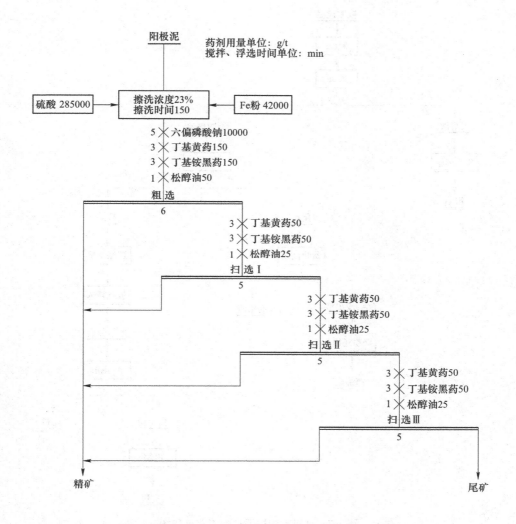

图 3-6　阳极泥浮选富集 Au、Ag 等稀贵金属流程图

目前，世界范围内采用选冶联合流程处理阳极泥生产贵金属的国家仅有美国、日本、俄罗斯、德国、加拿大及我国部分企业，选冶联合流程处理阳极泥具有一定的优势同时也存在一些问题。由于采用湿法脱 Se，其回收率较低，粗硒品位低（60%~65%），粗硒中 Au 含量高（400~500g/t），容易造成贵金属的分散，不利于贵金属的回收。阳极泥中 Ag 的直收率比传统工艺高 5%~10%。采用选冶联合工艺，可以省去传统工艺中的贵铅并能提高生产力。由于原材料消耗的降低，选冶联合工艺成本可降低 30% 左右，同时也改善了劳动条件，减少了环境污染。

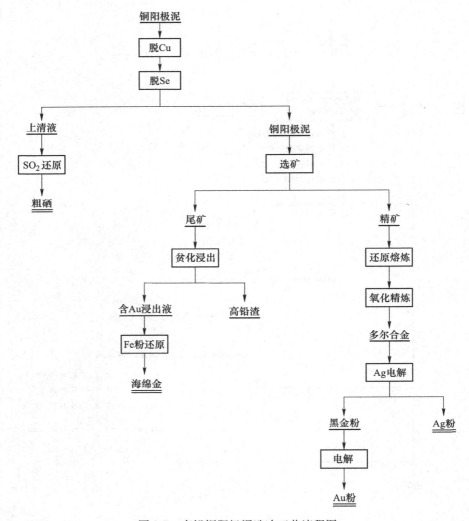

图 3-7 高铅铜阳极泥选冶工艺流程图

3.2.3 湿法提取技术

近 30 年来，在完善改进火法流程的同时也发展了湿法回收贵金属工艺。目前，尽管火法工艺在国内外大型企业仍占有重要地位，但为了克服火法和选冶联合工艺的缺点，提高贵金属直收率和降低环境污染，湿法提取技术取得突破性进展，目前大部分企业都采用湿法工艺。湿法工艺具有如下特点：

（1）Au、Ag 直收率高，一般可达到 97% 以上。

（2）生产周期短，一般为 10~20d，这表明湿法工艺贵金属积压量比传统火法流程少，提高企业的竞争力。

（3）能耗较低，处理每吨阳极泥湿法工艺比传统火法工艺低 30~40GJ，节约标煤 1.00~1.37t。

（4）工序少、流程短。湿法工艺直接产出高质量的 Au 粉、Ag 粉，熔铸成阳极即可进行电解精炼；有的则通过简单的氧化后直接熔铸成商品 Au 锭和 Ag 锭，避免了 Au、Ag 电解，缩短了生产周期。

（5）循环返料少。湿法流程用分金、分银两工序取代火法流程的贵铅炉和分银炉，不产出占阳极泥量的中间循环返料，提高了直收率和降低了能耗和成本。

（6）综合利用好。湿法分离过程中，阳极泥的各种有价元素，均以较高的富集比分别富集于渣或液相物中，每个工序都能产出一个产品或中间产品，比较方便地实现了综合利用。

（7）劳动条件好，环境污染小。避免了铅蒸气和铅尘的危害，省去了相应的收尘及烟尘处理系统的设施与作业，改善了操作环境和劳动条件，提高了金属回收率、降低了"三废"治理费用。

3.2.3.1 硫酸化焙烧蒸硒—酸浸处理

硫酸化焙烧蒸硒—酸浸脱铜—氨水分银—氯化分金工艺是我国第一个用于生产的湿法流程，主要特点是：

（1）保留了传统火法工艺焙烧蒸硒和酸浸脱铜工序；

（2）脱铜渣改用氨浸提银、水合肼还原得 Ag 粉；

（3）分银渣用氯酸钠湿法浸金，还原得 Au 粉；

（4）硝酸溶解分铅。

该工艺流程短、易操作，解决了火法工艺中 Pb 污染严重的问题，且能保证产品质量和充分利用原有装备，工艺流程如图 3-8 所示。主要缺点是对 Te 含量高的铜阳极泥的适应性较差，以及存在氯气污染问题。

该工艺能显著提高 Au、Ag 直收率，Au 回收率由 77% 提高至 99.2%，Ag 回收率由 81% 提高至 99%，缩短了生产周期，经济效益显著[13]。

3.2.3.2 硫酸化焙烧蒸硒—酸浸脱铜、银—氯化分金

铜阳极泥硫酸化焙烧—酸浸脱铜、银—氯化分金工艺流程如图 3-9 所示。

该工艺蒸硒分为高温和低温两种，当铜阳极泥中 Se 含量高时，采用高温（600~650℃）焙烧；当 Se 含量低时，在 300℃ 下焙烧 2h，炉料与 H_2SO_4 配比为 1:1。焙烧完成后，采用 6.0mol/L 的 H_2SO_4 浸出 Cu 和 Ag，固液分离；用 Cu 置换溶液中的 Ag，置换后液进入铜电解工序。分银渣在固液比 1:10、温度 80~90℃、4mol/L H_2SO_4 和 2mol/L HCl 混合液中加入 $NaClO_3$ 氧化分金。分金液用 SO_2 还原，可得到纯度达 99.99% 的海绵金。尾液用 Pb 置换得到铂钯富集物。

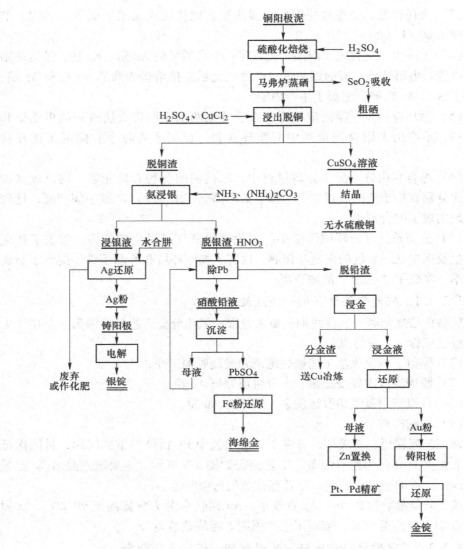

图 3-8 铜阳极泥硫酸化焙烧蒸硒—湿法酸浸工艺流程图

该工艺特点是：

（1）流程短；

（2）适合处理含 Au、Ag 较高，含 Se、Te 低的原料；

（3）Au、Ag 直收率高；

（4）硫酸化焙烧可将 99% 以上 Ag 转化为 Ag_2SO_4，Cu 和 Ag 浸出在一个工序内完成，缩短了生产周期。

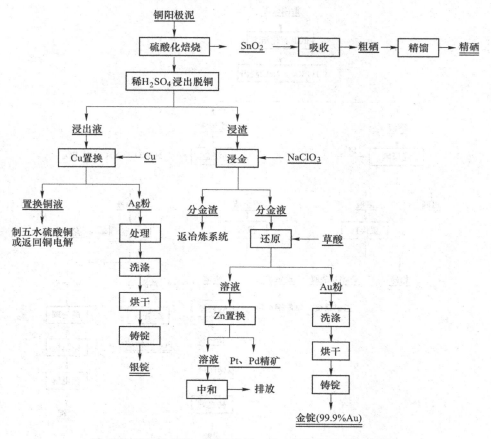

图 3-9 硫酸化焙烧—酸浸脱铜、银—氯化分金工艺流程图

3.2.3.3 低温氧化焙烧—酸浸脱铜—氯化分金—亚硫酸钠分银

铜阳极泥低温氧化焙烧—酸浸脱铜—氯化分金—亚硫酸钠分银工艺流程如图 3-10 所示。

该工艺铜阳极泥经 375℃ 低温氧化焙烧可将 S、Cu、Se、Te 等氧化，用 6mol/L 的 H_2SO_4 在 80~90℃ 下同时浸出 Cu、Se 和 Te，浸出过程加入少量 HCl 沉银。浸出渣分银条件为：固液比 1:4、温度 80~90℃、H_2SO_4 1mol/L 和 NaCl 40g/L，加入 10 倍 Au 理论消耗量的 $NaClO_3$。分金液用草酸还原得到粗金粉，尾液用 Zn 置换得到铂钯富集物。分金渣用 250g/L Na_2SO_3 浸出 2h 分银，分银液用甲醛还原得到粗银粉。Au 回收率 99.3%，Ag 回收率 99.1%。

3.2.3.4 分银原理和工艺

分银原料（脱铜渣或分金渣）中 Ag 一般以 AgCl 形式存在，常用氨水或亚硫酸钠络合，再用水合肼或甲醛还原得到 Ag 粉。

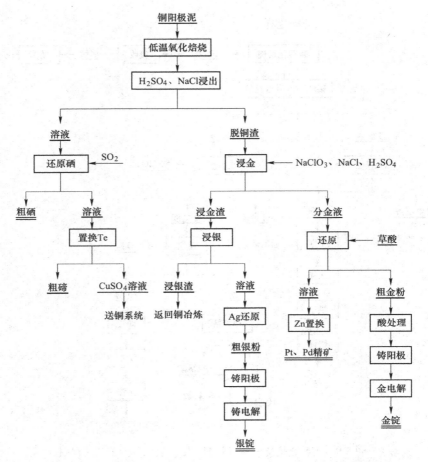

图 3-10   低温焙烧—酸浸脱铜—氯化分金—亚硫酸钠分银回收铜阳极工艺流程图

A   氨水络合—水合肼还原

氨水络合氯化银反应原理如下：

$$AgCl + 2NH_3 = Ag(NH_3)_2^+ + Cl^-$$

当 pH>7.7 时，AgCl 开始转变为银氨溶液；当 pH>13.5 时，银氨配阳离子将析出 Ag_2O 沉淀。因此，氨水络合银的终点 pH 值不能过高，该过程在室温下进行，氨水浓度为 8%~10%，按 Ag 含量 35g/L 确定固液比，反应 4h。

氨水浸出液用水合肼还原沉银，还原反应如下：

$$4Ag(NH_3)_2^+ + N_2H_4 + 4H^+ = 4Ag\downarrow + N_2\uparrow + 8NH_4^+$$

氨水络合银过程常用 $NaHCO_3$ 或 Na_2CO_3 将 $PbSO_4$、$PbCl_2$ 转变为更难溶的 $PbCO_3$，反应原理如下：

$$PbSO_4 + NH_4HCO_3 + NH_4OH = PbCO_3\downarrow + (NH_4)_2SO_4 + H_2O$$

B 亚硫酸钠—甲醛还原

亚硫酸钠络合银反应原理如下：

$$AgCl + 2Na_2SO_3 \Longrightarrow Ag(SO_3)_2^{3-} + NaCl + 3Na^+$$

当 pH>5 时，AgCl 转化为 Ag 的亚硫酸根配阳离子，根据反应平衡常数，提高 SO_3^{2-} 离子浓度、降低 Cl^- 浓度将提高 AgCl 络合能力。当 SO_3^{2-} 在 pH>7.2 时才稳定，pH<1.9 时转化为 H_2SO_3，因此亚硫酸钠络合溶解 Ag 的 pH 值应高于 7.2，如图 3-11 所示。亚硫酸钠溶银液可以用甲醛、水合肼或连二亚硫酸钠还原 Ag，同时 Na_2SO_3 可再生利用。

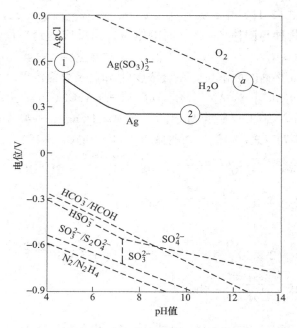

图 3-11　$AgCl\text{-}SO_3^{2-}\text{-}H_2O$ 系电位-pH 值图（25℃）

3.2.3.5 分金原理和工艺

A 贵金属浸出

贵金属在铜阳极泥中主要以金属态形式存在，目前大部分企业采用的是氯化浸出，在 HCl/H_2SO_4 溶液介质中用 Cl_2 或 $NaClO_3$ 浸出，反应原理为[14]：

$$2Au + 2NaClO_3 + 6HCl \Longrightarrow 2NaAuCl_4 + 3H_2O + 1.5O_2\uparrow$$

根据同时平衡原理，在 $Au\text{-}Cl^-\text{-}H_2O$ 系溶液中，含金物种 Au^+、Au^{3+}、$AuCl_2^-$、$AuCl_3(aq)$ 和 $AuCl_4^-$ 分别与固体 Au 平衡，相应电化学反应式依次为：

$$Au \Longrightarrow Au^+ + e$$

$$\varphi_{(Au^+/Au)} = 1.68 + 0.0592\lg[Au^+] \tag{3-7}$$

$$Au \Longrightarrow Au^{3+} + 3e$$

$$\varphi_{(Au^{3+}/Au)} = 1.5 + 0.0197\lg[Au^{3+}] \tag{3-8}$$

$$Au + 2Cl^- \Longrightarrow AuCl_2^- + e$$

$$\varphi_{(AuCl_2^-/Au)} = 1.15 + 0.0592\lg([AuCl_2^-]/[Cl^-]^2) \tag{3-9}$$

$$Au + 3Cl^- \Longrightarrow AuCl_3(aq) + 3e$$

$$\varphi_{(AuCl_3/Au)} = 1.03 + 0.0197\lg([AuCl_3(aq)]/[Cl^-]^3) \tag{3-10}$$

$$Au + 4Cl^- \Longrightarrow AuCl_4^- + 3e$$

$$\varphi_{(AuCl_4^-/Au)} = 0.99 + 0.0197\lg([AuCl_4^-]/[Cl^-]^4) \tag{3-11}$$

式（3-7）~式（3-11）中，$\varphi_{(Au^+/Au)}$、$\varphi_{(Au^{3+}/Au)}$、$\varphi_{(AuCl_2^-/Au)}$、$\varphi_{(AuCl_3/Au)}$、$\varphi_{(AuCl_4^-/Au)}$ 分别对应含 Au 物种与固体 Au 平衡时的电位。当反应达到平衡时，上述电位相等，即 $\varphi_{(Au^+/Au)} = \varphi_{(Au^{3+}/Au)} = \varphi_{(AuCl_2^-/Au)} = \varphi_{(AuCl_3/Au)} = \varphi_{(AuCl_4^-/Au)} = \varphi_{(sol/Au)}$，其中 $\varphi_{(sol/Au)}$ 为溶液同固体 Au 平衡时的电位。总金浓度 $[Au]_T$ 及总氯浓度 $[Cl^-]_T$ 分别为

$$[Au]_T = [Au^+] + [Au^{3+}] + [AuCl_2^-] + [AuCl_3(aq)] + [AuCl_4^-] \tag{3-12}$$

$$[Cl^-]_T = [Cl^-] + 2[AuCl_2^-] + 3[AuCl_3(aq)] + 4[AuCl_4^-] \tag{3-13}$$

联立等式（3-7）~式（3-13），可得式（3-14）和式（3-15）：

$$[Au]_T = 10^{\frac{\varphi_{(Au^+/Au)} - 1.68}{0.0592}} + 10^{\frac{\varphi_{(Au^{3+}/Au)} - 1.5}{0.0197}} + 10^{\frac{\varphi_{(AuCl_2^-/Au)} - 1.15}{0.0592} + 2\lg[Cl^-]} + 10^{\frac{\varphi_{(AuCl_3/Au)} - 1.03}{0.0197}} +$$

$$3\lg[Cl^-] + 10^{\frac{\varphi_{(AuCl_4^-/Au)} - 0.99}{0.0197}} 4\lg[Cl^-]$$

$$\tag{3-14}$$

$$[Cl^-]_T = [Cl^-] + 2 \times 10^{\frac{\varphi_{(AuCl_2^-/Au)} - 1.15}{0.0592} + 2\lg[Cl^-]} + 3 \times 10^{\frac{\varphi_{(AuCl_3/Au)} - 1.03}{0.0197} + 3\lg[Cl^-]} +$$

$$4 \times 10^{\frac{\varphi_{(AuCl_4^-/Au)} - 0.99}{0.0197} + 4\lg[Cl^-]}$$

$$\tag{3-15}$$

当反应达到平衡时，式（3-14）和式（3-15）中存在 $[Au]_T$、$[Cl^-]_T$、$[Cl^-]$ 和 $\varphi_{(sol/Au)}$ 4 个变量，给定 $[Au]_T$ 和 $[Cl^-]_T$ 即可求得对应的 $[Cl^-]$ 和 $\varphi_{(sol/Au)}$，再根据式（3-7）~式（3-11），可确定 Au^+、Au^{3+}、$AuCl_2^-$、$AuCl_3(aq)$ 和 $AuCl_4^-$ 的平衡浓度。

在一定条件下，Au-Cl^--H_2O 系中还可能出现 AuCl 与 Au(OH)$_3$ 沉淀，对应的平衡反应分别为：

$$Au + Cl^- \Longrightarrow AuCl(s) + e,$$

$$\varphi_{(AuCl/Au)} = 0.94 - 0.0592\lg[Cl^-] \tag{3-16}$$

$$AuCl_4^- + 3H_2O \Longrightarrow Au(OH)_3(s) + 3H^+ + 4Cl^-$$

$$pH = 6.113 + 1.333\lg[Cl^-] - 0.333\lg[AuCl_4^-] \tag{3-17}$$

$$Au + 3H_2O \Longrightarrow Au(OH)_3(s) + 3H^+ + 3e$$

$$\varphi_{(Au(OH)_3/Au)} = 1.352 - 0.0592pH$$

式中，$\varphi_{(AuCl/Au)}$ 和 $\varphi_{(Au(OH)_3/Au)}$ 分别为 AuCl(s) 和 Au(OH)$_3$(s) 同固体 Au 平衡时的电位。

根据式（3-14）和式（3-15）计算出的 [Cl$^-$] 和 [AuCl$_4^-$] 代入式（3-16）和式（3-17）即可得到溶液中开始析出 AuCl(s) 时的电位及出现 Au(OH)$_3$(s) 时的 pH 值。由热力学分析可知，当溶液与固体 Au 的平衡电位 $\varphi_{(sol/Au)}$ 小于 $\varphi_{(AuCl/Au)}$ 时，有利于固体 Au 进入溶液。随着溶液开始析出 Au(OH)$_3$(s) 时的 pH 值增加，AuCl$_4^-$ 的水解受到抑制，从而促进了 Au 的浸出。

根据 Au-Cl$^-$-H$_2$O 系中各含金物种与 Au(s) 的同时平衡等式，分别计算溶液中不同 [Au]$_T$ 和 [Cl$^-$]$_T$ 时的电位与 pH 值，并绘制相应的 Au-Cl$^-$-H$_2$O 系 φ-pH 图，如图 3-12 所示。

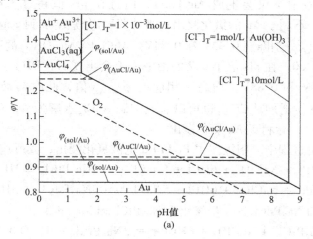

(a)

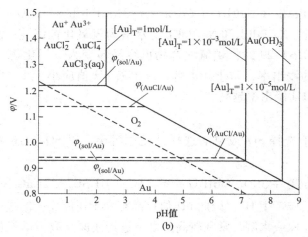

(b)

图 3-12　Au-Cl$^-$-H$_2$O 系 φ-pH 图

（a）不同 [Au]$_T$；（b）不同 [Cl$^-$]$_T$

图 3-12 (a) 为不同 $[Au]_T$ 时的 φ-pH 图，可知，当 $[Au]_T$ 为 1mol/L 时，$\varphi_{(sol/Au)}$ 为 1.23V，$\varphi_{(AuCl/Au)}$ 为 1.14V，$AuCl_4^-/Au(OH)_3$ 的平衡 pH 值为 2.31，此时溶液中不仅会生成 AuCl(s)，而且在 pH 值超过 2.31 时容易产生 $Au(OH)_3(s)$，不利于 Au 的氯化浸出；当 $[Au]_T$ 降至 1×10^{-3} mol/L 和 1×10^{-5} mol/L 时，相应 $\varphi_{(sol/Au)}$ 分别降至 0.93V 和 0.85V，相应 $\varphi_{(AuCl/Au)}$ 则均降为 0.94V，$AuCl_4^-/Au(OH)_3$ 的平衡 pH 值分别增至 7.14 和 8.42。因此，降低 $[Au]_T$ 可抑制 $AuCl_4^-$ 水解为 $Au(OH)_3$ 及 Au 转变为 AuCl(s)，有利于 Au 的氯化浸出。

图 3-12 (b) 为不同 $[Cl^-]_T$ 时的 φ-pH 图，可见，当 $[Cl^-]_T$ 为 1×10^{-3} mol/L 时，$\varphi_{(sol/Au)}$ 为 1.26V，$\varphi_{(AuCl/Au)}$ 为 1.24V，$AuCl_4^-$ 同 $Au(OH)_3(s)$ 的平衡 pH 值为 1.47，此时溶液中不仅会生成 AuCl(s)，而且在 pH 值超过 1.47 时容易产生 $Au(OH)_3(s)$，不利于 Au 的氯化浸出；当 $[Cl^-]_T$ 分别增加到 1mol/L 和 10mol/L 时，相应 $\varphi_{(sol/Au)}$ 分别降至 0.93V 和 0.84V，$AuCl_4^-$ 同 $Au(OH)_3$ 的平衡 pH 值分别增至 7.14 和 8.60，在 pH 值小于 7 的溶液中不会出现 $Au(OH)_3(s)$，$\varphi_{(AuCl/Au)}$ 则分别降至 0.94V 和 0.88V，均高于相应的 $\varphi_{(sol/Au)}$ 值，此时溶液中均不会出现 AuCl(s)。因此，增加 $[Cl^-]_T$ 也可以有效抑制 $AuCl_4^-$ 水解为 $Au(OH)_3(s)$ 及 Au 转变为 AuCl(s)，有利于 Au 氯化浸出。

在 Au 浸出过程中，阳极泥中 Pt 和 Pd 也被氧化浸出，其反应为：

$$3Pt + NaClO_3 + 6HCl + 5NaCl = 3Na_2PtCl_4 + 3H_2O$$
$$3Pd + NaClO_3 + 6HCl + 5NaCl = 3Na_2PdCl_4 + 3H_2O$$

Na_2PtCl_4 和 Na_2PdCl_4 进一步氧化为 Na_2PtCl_6 和 Na_2PdCl_6。

$$3Na_2PtCl_4 + NaClO_3 + 6HCl = 3Na_2PtCl_6 + 3H_2O + NaCl$$
$$3Na_2PdCl_4 + NaClO_3 + 6HCl = 3Na_2PdCl_6 + 3H_2O + NaCl$$

当 pH>5 时，Na_2PdCl_4 和 Na_2PdCl_6 易水解为氢氧化钯沉淀，故浸出液 pH 值应小于 5；当 pH>1.29 时，铂氯配合物也容易转变为氢氧化物，因此，为保证 Au、Pt 和 Pd 的浸出率，防止其水解，浸出液 pH 值应小于 1，且氢离子浓度越大，Au、Pt 和 Pd 浸出率越高。

B 还原

通常情况下选择 SO_2 或草酸选择性还原沉金，以 SO_2 为还原剂时反应方程式为：

$$2NaAuCl_4 + 3SO_2 + 6H_2O = 2Au + 3H_2SO_4 + 2NaCl + 6HCl$$

由于还原反应产生 H^+，因此 pH 值提高有利于还原反应的进行。为了防止其他金属离子被还原或水解，常在较高酸度下进行还原反应。草酸在溶液中的存在三种不同的形态，当 pH<1.27 时，草酸以 $H_2C_2O_4$ 存在；当 pH = 1.27~4.27 时，呈 $HC_2O_4^-$；当 pH>4.27 时，呈 $C_2O_4^{2-}$。草酸还原 Au 时，其产物也随溶液 pH 值的变化而变化，当 pH<6.38 时，草酸氧化为 CO_2；当 pH=6.38~10.25 时，草酸氧化为 HCO_3^-；当 pH>10.25 时，草酸氧化为 CO_3^{2-}。

当 pH<1.27 时，草酸还原 Au 反应方程式为：

$$2NaAuCl_4 + 3H_2C_2O_4 \rlap{=}{=} 2Au + 6CO_2\uparrow + 2NaCl + 6HCl$$

当 pH=1.27~4.27 时：

$$2NaAuCl_4 + 3HC_2O_4 \rlap{=}{=} 2Au + 6CO_2\uparrow + 2NaCl + 3HCl + 3Cl^-$$

草酸还原时产生大量 H^+ 导致还原能力随酸度的增加而降低。因此，生产中常用 20%的 NaOH 将浸出液中和至 pH 值为 1~2，加入 1.5 倍理论量的草酸，还原 4~6h。草酸还原得到的 Au 粉品位比 SO_2 还原得到的品位高，但成本较高。选择性还原沉淀 Au 时，Pt 和 Pd 不被还原，仍在溶液中，通过 Fe 粉或 Zn 粉置换，得到 Pt、Pd 富集物。

Cu 电解过程中，阳极杂质元素 As、Sb、Bi 相互作用，生成微细的絮状物，吸附电解液中的 Au、Ag、Cu、Sn、Pb、Se 后，生成微细颗粒，悬浮在铜电解液中，形成漂浮阳极泥。漂浮阳极泥难以沉降，严重影响了阴极铜的质量。每 10 万吨阴极铜产生 40~60t 漂浮阳极泥。漂浮阳极泥一般返回熔炼炉进行火法处理，其主要缺点是漂浮阳极泥中 Cu 含量较低，杂质元素含量高，进入熔炼炉后极易引起熔炼炉中渣量增大，渣含 Cu 增加，造成 As、Sb、Bi 等杂质累积，同时导致 Au、Ag 损失。当漂浮阳极泥中 Au、Ag 含量较高时，有些工厂把它作为贵金属冶炼的原料，与阳极泥一起生产贵金属。其主要缺点是由于漂浮阳极泥中 As、Sb 和 Bi 含量高，处理时脱 As 困难，环境污染较大[15]。郑雅杰等[16]采用盐酸浸出漂浮阳极泥富集 Au、Ag，浸出液经两次水解分别回收 Sb 和 Bi，整个工艺过程闭路循环，无废弃物排放，而且 Au 和 Ag 富集倍数大，Sb 和 Bi 回收率较高。表 3-9 为漂浮阳极泥原料成分分析，含 $w(Sb)$=32.67%、$w(Bi)$=9.48%、$w(Ag)$=0.87%、$w(Au)$=0.0173%，其回收价值较高。其中 As 主要以 As^{5+} 存在，Bi 以 Bi^{3+} 存在，Sb 存在形态较复杂，Sb^{3+} 与 Sb^{5+} 的质量比约为 1.35:1。在 Cu 电解过程中，As、Sb、Bi 相互作用易产生漂浮阳极泥，形成机理复杂，至今还未有统一的认识。一般认为，漂浮阳极泥中的主要物相为 $SbAsO_4$、$BiAsO_4$ 及难溶锑酸盐和砷锑酸盐[17]。

表 3-9　漂浮阳极泥原料成分分析结果　　　　　　　（%）

元素	As	Sb	Bi	Cu	Pb	Au	Ag	Sn	Se
含量（质量分数）	13.83	32.67	9.48	1.15	2.97	0.0173	0.87	0.53	0.41

漂浮阳极泥处理工艺流程如图 3-13 所示。加入 HCl 溶液中，在适宜的温度下反应一定时间后过滤得到酸浸液和浸出后的漂浮阳极泥。在酸浸液中加水稀释

后进行 Sb 的水解，过滤得到 Sb 水解液和白色固体锑渣。用 NaOH 调节 Sb 水解液的 pH 值，进行 Bi 的水解，过滤，得到白色固体铋渣，Bi 水解液含杂质较低，返回 Sb 的水解。

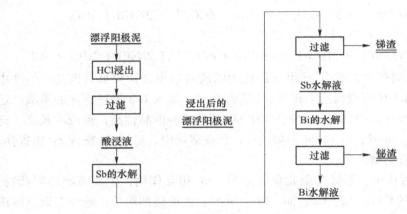

图 3-13　漂浮阳极泥处理工艺流程图

盐酸浸出 Bi、Sb 反应原理为：

$$BiAsO_4 + 3HCl \Longrightarrow BiCl_3 + H_3AsO_4$$

$$SbAsO_4 + 3HCl \Longrightarrow SbCl_3 + H_3AsO_4$$

盐酸浸出液采用水解法回收 Sb、Bi，根据 Sb、Bi 的水解 pH 值不同，分两次水解回收。首先进行 Sb 的水解。在水解过程中，水解时间和水解温度对 Sb 的水解率影响不大，稀释比（稀释比为加入水与盐酸浸出液体积比）影响较大。随着稀释比的增加，Sb 水解率增大；当稀释比达到 8：1 时，Sb 水解率达到 95%；继续增加稀释比，Sb 水解率变化不大。Sb^{3+} 与 Sb^{5+} 混合水解体系较复杂，在 Sb^{3+} 浓度与 Sb^{5+} 浓度相差不大时，Sb^{3+} 水解反应为：

$$4SbCl_3 + 5H_2O \Longrightarrow Sb_4O_5Cl_2 \downarrow + 10HCl$$

Sb^{5+} 水解生成非晶态锑氧化合物，水解过程中，Sb^{3+} 的水解产生沉淀会引起 Sb^{5+} 的水解共沉淀，反过来，Sb^{5+} 的水解又会促使 Sb^{3+} 的水解共沉淀，Sb^{3+} 与 Sb^{5+} 水解同时进行，生成的锑渣含 Sb 质量分数在 50% 以上，可用来制备纯度较高的氧化锑。该阳极泥经过盐酸浸出及水解，Sb 的总回收率为 94.2%，Bi 损失率小于 10%。Sb 水解时，由于夹带以及局部水解 pH 值过高，少量的 Bi 会水解进入锑渣中。

采用 NaOH 调节 Sb 水解液的 pH 值，使溶液达到 Bi 水解的 pH 值，进行水解回收 Bi。Bi 水解过程中，水解时间和水解温度对 Bi 的水解率影响不大，终点 pH 值对 Bi 的水解率影响较大。随着终点 pH 值的增加，Bi 水解率增大。Bi 水解开始 pH 值约为 1.46，水解反应为：

$$BiCl_3 + H_2O \Longrightarrow BiOCl\downarrow + 2HCl$$

反应进行后，溶液 pH 值逐步降至 1.3 左右，Bi 的水解率为 80%。继续增加溶液 pH 值，水解进一步发生，当 pH＝2 左右时，Bi 水解率大于 99.5%，水解产物为 BiOCl。经 Sb、Bi 回收后，Au、Ag 含量（质量分数）分别提高到 0.26% 和 13.12%，Au 和 Ag 富集了 15 倍以上。

3.2.4 真空冶炼

真空冶金作为绿色清洁冶金技术，与传统冶金方法相比，它能耗低、金属直收率高、工艺流程简单，已广泛应用于二次资源回收、合金分离、废弃物热解等领域[18,19]。

刘勇等[20]研究了杂铜阳极泥碳热还原—真空挥发工艺综合回收有价金属。通过电感耦合等离子光谱仪（ICP-OES）检测分析，杂铜阳极泥主要成分见表 3-10。其中，Cu、Pb、Sn 和 Ag 含量（质量分数）达到 35%~45%，Sn 和 Pb 分别以 SnO_2 和 $PbSO_4$ 形式存在。

表 3-10　杂铜阳极泥主要元素含量

元素	Cu	Pb	Sn	Ag	Au
含量（质量分数）	5.87%	14.28%	13.58%	4.41%	188g/t

杂铜阳极泥在碳热还原过程中，主要发生如下反应：

$$PbSO_4 + 4CO \Longrightarrow PbS + 4CO_2\uparrow \tag{3-18}$$

$$SnO_2 + 2CO \Longrightarrow Sn + 2CO_2\uparrow \tag{3-19}$$

$$CuO + CO \Longrightarrow Cu + CO_2\uparrow \tag{3-20}$$

碳热还原反应吉布斯自由能与温度的关系如图 3-14 所示。从图中看出，铜阳极泥中各化合物还原难易程度，当反应温度高于 700℃时，还原难易顺序为 $SnO_2 > CuO > PbSO_4$。真空蒸馏分离提纯金属是利用液态合金中各组元饱和蒸气压不同，在低于大气压的条件下进行金属分离与富集，纯物质的饱和蒸气压与温度的关系式如下：

$$\lg p = AT^{-1} + B\lg T + CT + D$$

式中，A、B、C 和 D 分别为蒸发常数。

真空挥发过程中各组元饱和蒸气压与温度关系如图 3-15 所示。当温度低于 1300℃时，Pb 的蒸气压远大于 Sn、Cu 和 Au 的蒸气压，且 Sn、Cu 和 Au 的饱和蒸气压极小。因此，在真空挥发过程中控制好挥发温度和时间，能有效将 Pb 分离回收。

首先采用碳热还原处理杂铜阳极泥，将其中的化合物转化物铅锡铜合金，还

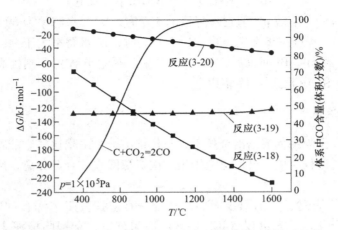

图 3-14   还原温度与吉布斯自由能及体系中 CO 含量关系

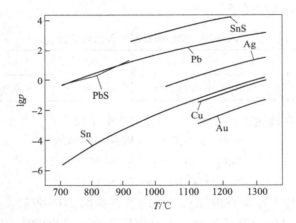

图 3-15   各组分饱和蒸气压与温度的关系

原最佳工艺为配炭量 12.7%、还原时间 60min、还原温度 1200℃。在该工艺条件下，Pb 还原率可达到 85.26%，Sn 还原率可达到 85.35%，Cu 还原率可达到 82.84%，还原产物中 Ag 含量（质量分数）由 4.41% 富集到 9.78%，富集了 2.22 倍。Au 的含量由 188g/t 富集到 420g/t，富集了 2.23 倍。

然后，通过控制真空炉内残压在 5~25Pa，在 900~1100℃下挥发 30~90min，分别研究了挥发温度和时间对金属回收率的影响。结果表明，当挥发温度为 1050℃、挥发时间为 75min 时，Pb 挥发率可达到 95.46%，SnS 挥发率可达到 91.7%，Au、Ag 和 Cu 几乎完全不挥发。残留物中 Ag 含量（质量分数）由 9.78% 富集到 25.94%，富集了 2.65 倍，与原料相比富集了 5.88 倍；Au 含量由 420g/t 富集到 1100g/t，富集了 2.62 倍，与原料相比富集了 5.85 倍。

3.2.5 各工艺对比分析

全湿法工艺、卡尔多炉工艺、半湿法工艺和选冶联合工艺四种工艺,在铜阳极泥的处理方面应用最为广泛,且各具特色。因此,将其处理铜阳极泥过程的工艺参数和技术指标进行详细对比,可为铜阳极泥处理工艺的选择提供一定的借鉴作用。表3-11列出了铜阳极泥处理工艺的各项指标的对比,主要将各工艺的金属元素回收率、原料、生产操作、生产设备、环保等方面进行了对比[21]。

表 3-11　主流铜阳极泥处理工艺的各项指标及特色对比（4500t/a 规模）

指标	全湿法工艺	卡尔多炉工艺	半湿法工艺	选冶联合工艺
Au 回收率/%	99.00	98.50	99.00	98.36
Ag 回收率/%	99.00	98.50	98.50	98.35
Se 回收率/%	96.00	90.00	90.00	85.00
Te 回收率/%	75.00	65.00	70.00	40.00
Sb 回收率/%	—	—	50.00	—
Bi 回收率/%	—	—	50.00	—
Pb 回收率/%	85.00	—	—	—
Au 生产周期/h	92	180	136	238
Ag 生产周期/h	93	108	120	166
Au 流程占用/kg	0.33	0.722	0.652	0.92
Ag 流程占用/kg	17	40	39	53
原料	贵金属含量高的铜阳极泥	Sb、Bi 含量低的铜阳极泥	Se、Te 含量高的铜阳极泥	所有铜阳极泥
生产操作	较复杂	简单	复杂	简单
生产设备	耐腐性能要求高,投资较高	全套设备进口,费用高,炉龄短	耐腐性能要求高,投资较低	设备简单,投资较低,易维护
"三废"处理量	废水约 10m^3/t 泥	废水 3m^3/t 泥,尾气含尘约 5mg/m^3,废渣率约 64%	废水 15m^3/t 泥	废水 10m^3/t,尾气含尘约 100mg/m^3,废渣率约 53%
生产组织	灵活、连续	炉寿短影响生产连续性	灵活、连续	灵活、连续

由表3-11可知,全湿法工艺 Au 和 Ag 的回收率高,回收周期短,非常适合处理贵金属含量高的铜阳极泥,但工艺对设备要求较高,前期投资较大;卡尔多炉工艺 Au 和 Ag 的回收率较高,生产操作简单,但生产周期较长,设备需要全套进口,成本高;半湿法工艺 Au 和 Ag 的回收率较高,回收周期较短,有价金

属综合回收较好，但原料适应性较差，生产操作复杂，废水量大；选冶联合工艺原料适应性好，操作简单，设备要求低，前期投资较少，但 Au、Ag 回收周期长，尾气中含尘高。因此，应根据铜阳极泥原料特点，选择合适的铜阳极泥处理工艺。

根据各工艺优缺点选择铜阳极泥处理时应重点考虑原料组成和赋存状态，对铜阳极泥处理工艺的改进有以下几点建议：

（1）当铜阳极泥中 Bi 含量（质量分数）小于 2% 且波动较大时，宜采用卡尔多炉处理。这是因为卡尔多炉核心工艺的冶炼周期随着原料中 Bi 含量的升高而增加，因此，当阳极泥中 Bi（质量分数）含量大于 2% 时，应先利用湿法工艺将铋含量降至 2% 以下，然后再采用卡尔多炉处理。

（2）当铜阳极泥中 Te 含量（质量分数）在 2% 以上时，应该选择全湿法工艺进行处理。因为，选冶联合工艺和卡尔多炉工艺对 Te 的综合回收效果较差；而半湿法工艺的分碲渣中 Te 含量（质量分数）一般约为 2.5%，因此半湿法工艺不适合处理 Te 含量（质量分数）小于 2% 的铜阳极泥。

当前，国内铜冶炼企业的原料主要依赖国外进口，70%~80% 的原料来自国外，所以，企业的利润空间被大大缩小，而铜阳极泥中有价金属的综合回收程度是企业盈利的关键。企业铜阳极泥处理工艺决定了企业的市场竞争力能力大小，而目前国内企业采用的铜阳极泥处理工艺优缺点都较明显，因此，亟待开发一整套具有生产成本低、原料适应性强、资源利用率高、环保效果好的铜阳极泥处理工艺流程。

针对废旧电路板铜阳极贵金属含量高、成分复杂等特点，北京科技大学张深根课题组研发出无氰全湿全组分回收技术，工艺路线如图 3-16 所示[22,23]。利用贵金属氯化络合特性，采用 NaCl 60g/L+H_2SO_4 180g/L+$NaClO_3$ 4% 浸出液将铜阳极泥中单质 Au 和 Pd 氧化为 Au^{3+} 和 Pd^{2+}，得到含 $[AuCl_4]^-$ 和 $[PdCl_4]^{2-}$ 的贵金属溶液，同时 Ag 以 AgCl 形式沉淀进入渣相，实现 Au、Pd 与 Ag 高效分离。然后贵金属溶液采用亚硫酸钠选择性还原沉金，实现 Au 与 Pd 的分离；Au 粉冶炼、电解得到 99.99% 以上的黄金锭。分金液经 Zn 粉置换得到含 4%~20% 单质 Pd 的富集物。在 pH 值为 8~9、温度为 35~45℃ 的条件下，分金渣采用 180~200g/L Na_2SO_3 络合，将 AgCl 转化为可溶性 $Na_3[Ag(SO_3)_2]$ 络合物；然后用甲醛将 $Na_3[Ag(SO_3)_2]$ 还原沉银，分银液循环利用。粗银粉经冶炼、电解得到纯度 99.99% 以上的白银锭。钯富集物经王水溶解并将 Pd 氧化为 Pd^{2+} 后，加浓 HNO_3 将 Pd^{2+} 氧化为 Pd^{4+} 得到 H_2PdCl_6 溶液；加入 NH_4Cl 并过量 5% 得到 $(NH_4)_2PdCl_6$ 沉淀物并过滤；然后将氯钯酸铵加水升温至 90~95℃ 将 Pd^{4+} 还原 Pd^{2+} 得到可溶性的 $(NH_4)_2PdCl_4$，过滤除去固体杂质。净化后的 $(NH_4)_2PdCl_6$ 用氨水络合，控制 pH 值为 8~9，将 Pd^{4+} 还原 Pd^{2+} 得到二氯四氨钯 $[Pd(NH_3)_4Cl_2]$ 溶液，采用水合肼进一步还原得到纯度为 99.99% 以上的 Pd 粉，回收率达到 97.1%。

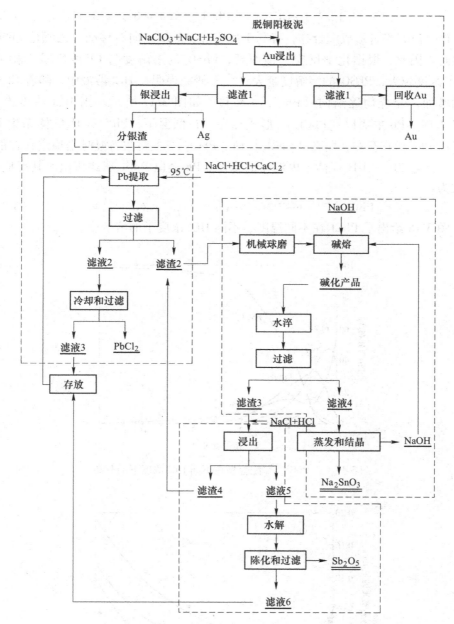

图 3-16 废旧电路板阳极泥"无氰全湿"提取稀贵金属

分银渣中的 Pb 主要以氯化铅形式存在，Pb 与 Cl⁻ 络合形成氯化物，反应机理如下：

$$PbSO_4 \Longrightarrow Pb^{2+} + SO_4^{2-} \qquad (3-21)$$

$$Pb^{2+} + nCl^- \rightleftharpoons [PbCl_n]^{2-n}(n = 0,1,2,3,4) \qquad (3-22)$$

Pb 与 Cl⁻ 络合形成配合物，有利于反应式（3-22）向右移动，也就是 PbSO₄ 的溶解。因此，根据化学反应平衡原理，PbSO₄ 的溶解度与 Cl⁻ 浓度呈正相关，即 Cl⁻ 浓度越大，PbSO₄ 的溶解度越大[24,25]。研究表明在 HCl 溶液中，随着 Cl⁻ 浓度的增加，配合物逐渐向 $[PbCl_4]^{2-}$ 转移，如图 3-17 所示。当 HCl 浓度大于 3mol/L 时，Pb 主要以 $[PbCl_4]^{2-}$ 形式存在。在低温下，Pb^{2+}-Cl-H_2O 体系中 Pb 主要以 Pb^{2+} 形式存在，而在 $[PbCl_3]^-$ 和 $[PbCl_4]^{2-}$ 主要在高温时是稳定存在的。因此，随着 Pb^{2+}-Cl-H_2O 体系内温度的降低，Pb 会以 PbCl₂ 形式析出。其反应方程式为：

$$[PbCl_n]^{2-n} \rightleftharpoons PbCl_2 + (n-2)Cl^- \qquad (n = 3,4) \qquad (3-23)$$

图 3-18 给出了 PbCl₂ 在不同温度、不同 HCl 浓度下的溶解度。

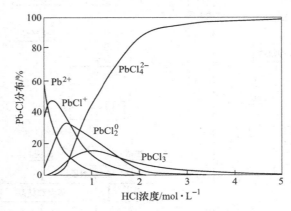

图 3-17　$[PbCl_n]^{2-n}$ 配合物在不同 HCl 浓度下的分布

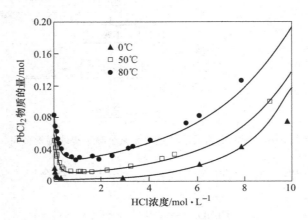

图 3-18　不同温度、不同 HCl 浓度下 PbCl₂ 的溶解度

根据图 3-17 和图 3-18，氯化脱铅的理想条件为：HCl 浓度大于 3mol/L，温度大于 80℃，待反应完全后，将温度冷却到室温，即可得到 PbCl₂。为了减少 HCl 用量，可添加 NaCl 提高 Cl⁻ 浓度。除了温度和 Cl⁻ 浓度对浸出效果有影响外，液固体通常也被认为是一个重要因素。

分银渣中硫酸铅浸出条件：分银渣 200g，采用 2mol/L 的 HCl 溶液，另配 3mol/L 的 NaCl 补充 Cl⁻ 浓度，液固比分别为 5∶1、10∶1、15∶1 和 20∶1，反应温度为 95℃，反应过程用磁力搅拌，整个反应持续 60min。趁热抽滤，将滤液与滤渣分离，防止温度降低导致 PbCl₂ 析出，进入滤渣中，降低 Pb 的回收率。滤渣干燥，用于后续 Sn、Sb 回收。过滤得到的滤液冷却静置，待其冷却，回收 PbCl₂ 晶体。不同液固比条件得到的 Pb 的回收率如图 3-19 所示。

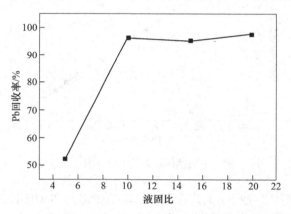

图 3-19 不同液固比条件下 Pb 的回收率

由图 3-19 可知，当液固比小于 10∶1 时，Pb 的回收率随液固比的增加而增加；当液固比达到 10∶1 时，硫酸铅的回收率可达 96.41%。随着液固比的继续增加，Pb 的回收率基本不变，因此，液固比选择 10∶1 即可。

脱铅渣干燥后称量，脱铅渣化学成分分析结果见表 3-12。

表 3-12 脱铅渣主要化学成分（质量分数） （%）

成分	Sn	Sb	Pb	Ni	Cu	Fe	Si
含量	49.72	9.52	0.34	1.36	0.89	1.12	0.52

由表 3-12 可知，Pb 氯化浸出比较完全，脱铅渣中几乎不含 Pb，而且 Sn 和 Sb 在脱铅过程中基本上没有溶解。

分银渣脱铅后，其主要成分为 SnO₂ 和 Sb₂O₅。NaOH 与 SnO₂ 和 Sb₂O₅ 生成可溶性钠盐，反应原理如下：

$$SnO_2 + 2NaOH \Longrightarrow Na_2SnO_3 + H_2O$$

$$Sb_2O_5 + 2NaOH =\!=\!= 2NaSbO_5 + H_2O$$

根据化学计量比计算出 NaOH 理论质量并适当过量，前期研究结果表明，当脱铅渣与 NaOH 质量比为 1:1 时，碱熔效果最好。锡酸钠可溶于水，在水溶液中，随着 NaOH 浓度的升高，溶解度降低，其关系如图 3-20 所示。因此，可以通过蒸馏将溶液浓缩，使溶液中的 NaOH 浓度升高到 240g/L 以上，残留在溶液中的锡酸钠浓度小于 10g/L。由于锑酸钠不溶于 NaOH 溶液与水溶液中，因此，在碱性条件下，可以将 Sn 与 Sb 进行分离。

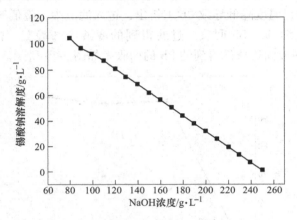

图 3-20 锡酸钠的溶解度与 NaOH 浓度关系

脱铅渣碱熔湿法回收 Sn 工艺流程为：取脱铅渣与 NaOH 按质量比 1:1 充分混匀，在 300~500℃条件下碱熔，反应时间为 2h。反应完成后，将碱熔产物水淬-压滤得到滤渣和滤液，滤渣即为脱锡渣。滤液为锡酸钠溶液，根据上述分析，通过蒸发浓缩，溶液中的 NaOH 浓度提高，锡酸钠的饱和浓度逐渐下降而结晶析出。当溶液成糊状时，此时 NaOH 浓度达到 240g/L 左右，停止加热，冷却后压滤。此时得到的锡酸钠含碱较高，需进一步处理。高浓度碱液可进一步蒸发得到 NaOH，循环使用。表 3-13 为脱锡渣的主要化学成分。

表 3-13 脱锡渣主要化学成分（质量分数） （%）

成分	Sb	Sn	Pb	Ni	Cu	Fe	Na
含量	41.35	11.14	0.29	1.16	0.46	2.58	16.59

根据表 3-12 和表 3-13 的脱铅渣和脱锡渣的成分变化可知，碱熔生成的锑酸钠几乎没有溶解在碱液中，Sn 的浸出率为 94.89%。

锑酸钠溶于盐酸，反应方程式如下：

$$NaSbO_3 + 6H^+ =\!=\!= Na^+ + Sb^{5+} + 3H_2O \tag{3-24}$$

$$Sb^{5+} + iCl^- =\!=\!= [SbCl_i]^{5-i}(i = 1,2,3,4,5,6) \tag{3-25}$$

由式（3-24）可知，锑酸钠在酸性环境下形成 Sb^{5+}。式（3-25）表明，Cl^- 与 Sb^{5+} 络合形成配合物，有利于 Sb^{5+} 稳定存在于溶液中。H^+ 与 Cl^- 浓度越高，Sb^{5+} 形成的配合物越稳定。从另一个角度分析，当 H^+ 与 Cl^- 浓度降低时，Sb^{5+} 会发生水解。而事实上，Sb^{5+} 极易水解，但目前对其水解过程的机理及水解产物的晶型存在着争议。

刘伯龙等[26]认为 $SbCl_5$ 溶液水解时，首先生成氯氧锑（SbO_2Cl），而随着溶液中 H^+ 浓度的降低，最终生成非晶态物质。随着陈化时间的延长，水解产物逐渐由非晶态向晶态转变，形成所谓的锑酸，其含结晶水的数目随陈化时间而发生着变化。张深根等[27]研究了陈化时间对 $SbCl_5$ 通过水解产物的晶型变化，结果表明最终产物为 Sb_2O_5，水解产物晶型随陈化时间的变化如图 3-21 所示。

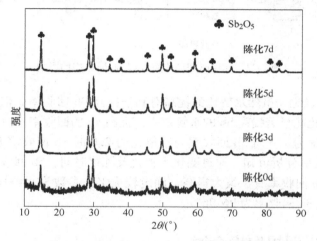

图 3-21　水解产物晶型随陈化时间的变化

根据上述分析，脱锡渣锑回收工艺参数为：HCl 6mol/L，酸浸温度 60℃，时间 1h，液固比 10:1，得到 Sb 含量为 27.49g/L 的酸浸液。采用稀释水解的方法对 Sb 进行回收，分别研究了不同水解比和陈化时间对 Sb 回收率的影响。具体实验方案如下：将一定量的去离子水在磁力搅拌下缓慢加入含 Sb 的酸浸液中进行稀释，分别调节水解比（去离子水与酸浸液的体积比）为 0.5、1.0、1.5 和 2.0，继续搅拌 30min，过滤，滤渣用 0.1% 的氨水洗涤，烘干并称重。然后在不同水解比 0.5、1.0、1.5 和 2.0 的条件下分别陈化 3d、5d 和 7d，陈化时间结束后，过滤水解液和滤渣，滤渣用 0.1% 的氨水洗涤，烘干并称重。最后计算 Sb 回收率。图 3-22 给出了不同水解比和陈化时间得到的 Sb 回收率。

由图 3-22 结果可知，随着水解比的增大，Sb 回收率将逐渐增加，水解比从 0.5 增大到 2.0，Sb 回收率也由 41% 增加到 73%。当水解比小于 1.5 时，随着水解比的增加，Sb 回收率有明显提高；水解比大于 1.5 时，随着水解比的增加，

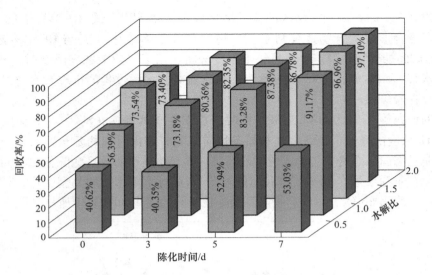

图 3-22 陈化时间与水解比对 Sb 回收率的影响

Sb 回收率趋于稳定。虽然水解比的提高有利于提高 Sb 回收率，但整体回收率偏低。酸浸液陈化能显著提高 Sb 的水解效果，提高 Sb 的回收率。由图 3-23 结果可以看出，水解比为 1.5 时 Sb 回收率与水解比为 2.0 时 Sb 回收率变化相差不大。从整体 Sb 回收率分析可知，通过变化水解比及陈化时间，Sb 回收率由 41% 提高到 97.10%，Sb 回收率有了很大提高，确定较优工艺参数为水解比 1.5，陈化时间为 7d，此时 Sb 回收率为 96.96%。

3.3 铅阳极泥提取贵金属

粗铅电解精炼过程中，电解液为硅氟酸铅和硅氟酸的水溶液，阳极为粗铅板，阴极为纯 Pb。当电解槽接通直流电后，粗铅板溶解进入电解液，并在阴极析出纯 Pb。同时，不溶物在粗铅阳极产生铅阳极泥。与铜阳极泥类似，铅阳极泥可分为以下三类：

（1）Zn、Fe、Cd、Co、Ni 等称为铅负电性金属；

（2）Sb、Bi、As、Cu、Ag、Au 等称为铅正电性金属；

（3）电位与 Pb 接近的金属，如 Sn。

第（1）类杂质金属能与 Pb 同时从阳极溶解进入电解液，由于其析出电位较铅负，故在正常情况下不会在阴极上放电析出。由于这些杂质在粗铅中含量很小，且在火法精炼过程中很容易除去，所以一般情况下不会在电解液中积累到有害程度。第（2）类杂质金属很少进入电解液，而残留在阳极泥中，当阳极泥散碎或脱落，这些电位较铅要正的杂质金属将被带入电解液中，并随着电解液流动而被黏附和夹杂在阴极析出 Pb 中，对阴极质量影响很大，尤其是 Cu、Sb、Ag 等。第（3）类杂质金属是 Sn。由于其电位与 Pb 接近，电解时部分溶解，另一部分与铅阳极泥中有些杂质金属构成金属间化合物而留在阳极泥中。因此，为了防止污染阴极铅和电解液，要严格控制粗铅中的 Sn 含量。阳极中 Sn 质量分数小于 0.01% 时，可获得合格的阴极铅。

铅阳极泥成分和产率主要取决于阳极成分、铸造质量和电解的技术条件等因素。铅电解阳极泥的产率为 0.9%~1.8%，水分含量为 35%~40%，阳极泥主要含有 As、Pb、Sb、Bi、Cu、Au、Ag 和稀散金属等。

3.3.1 铅阳极泥的性质及分类

铅电解精炼时，大部分阳极泥黏附于阳极板表面，通过洗刷残极而收集；少部分因搅动或生产操作的影响从阳极板上脱落而沉于电解槽中。各个厂家因铅精矿成分和操作的不同，铅阳极泥成分变化较大。但在铅电解精炼中，Au、Ag 几乎全部进入阳极泥，As、Sb、Cu、Bi 等则部分或大部分进入阳极泥。铅阳极泥中各主要金属的化学成分范围一般为：$w(Pb)=9\%\sim25\%$，$w(Bi)=2\%\sim35\%$，$w(Cu)=0.5\%\sim10.0\%$，$w(As)=5\%\sim20\%$，$w(Sb)=15\%\sim35\%$，$w(Au)=0.02\%\sim0.20\%$，$w(Ag)=2\%\sim14\%$，$w(Sn)=0.1\%\sim5.0\%$，$w(Te)=0.01\%\sim0.90\%$，物相组成结果见表 3-14。其中 Ag 大部分与 Sb 形成 Ag_3Sb，少量以 AgCl 形式存在。

表 3-14　铅阳极泥的物相组成

金属元素	金属物相及化合物
Ag	Ag，Ag_3Sb，AgCl，$Ag_ySb_{2-x}(O \cdot OH \cdot H_2O)_{6\sim7, x=0.5, y=1.2}$
Sb	Sb，Ag_3Sb，$Ag_ySb_{2-x}(O \cdot OH \cdot H_2O)_{6\sim7, x=0, y=1\sim2}$
As	As，As_2O_3，$Cu_{0.95}As_4$
Pb	Pb，PbO，PbFCl
Bi	Bi，Bi_2O_3，$PbBiO_4$
Cu	Cu，$Cu_{0.95}As_4$
Sn	Sn，SnO_2
其他	SiO_2，$Al_2Si_2O_3(OH)_4$

由于 Pb 电解精炼时，使用的是氟硅酸铅电解液体系，铅阳极泥中夹带有大量的电解液，含铅极高，故铅阳极泥在处理前应充分洗涤，用离心过滤机或压滤机脱水。铅阳极泥不稳定，在空气中堆存时会自动发生氧化并发热，温度可升至 70~80℃，堆放的时间越久氧化越充分。

根据铅阳极泥的成分可将其分为三类：

（1）低金高砷型，是国内外最常见的铅阳极泥，多来源于单一的硫化铅矿。大致成分为：$w(Au) = 0.005\% \sim 0.050\%$，$w(Ag) = 10\% \sim 15\%$，$w(As) = 10\% \sim 35\%$，$w(Cu) = 1\% \sim 3\%$，$w(Sb) = 20\% \sim 40\%$，$w(Bi) = 2\% \sim 10\%$，$w(Pb) = 10\% \sim 20\%$。

（2）低金低砷型主要产自铅锌混合硫化矿。此类铅阳极泥的成分一般为：$w(Au) \approx 0.002\%$，$w(Ag) \approx 14\% \sim 16\%$，$w(As) \approx 0.5\%$，$w(Cu) \approx 5\% \sim 7\%$。

（3）高金低砷型，主要产自含 Au 的铅锌混合矿，成分一般为：$w(Au) = 0.2\% \sim 0.8\%$，$w(Ag) = 7\% \sim 12\%$，$w(As) = 0.8\% \sim 5.0\%$，其他元素与第（1）种类似。

低砷铅阳极泥的处理工艺已经越来越成熟，而高砷铅阳极泥的处理却仍然存在很大的困难。由于 As 是一种剧毒物质，且容易分散于整个冶炼流程中，不管是对环境还是其他有价金属的回收都会带来很大的影响。所以，冶炼过程中砷害问题是当前亟待解决的问题。

3.3.2 铅阳极泥火法工艺

铅阳极泥处理过程实质是分离杂质和富集贵金属的过程，处理工艺通常可分为火法工艺和湿法工艺，不管在哪种工艺流程，其目的均是最大限度地回收贵金属与其他有价金属，充分做到铅阳极泥综合回收与利用，同时也要处理成本低、减少环境污染。

铅阳极泥的火法处理工艺具有工艺成熟、生产稳定、处理能力大、对原料适应性强、设备简单和操作容易等优点，国内外处理铅阳极泥仍以传统的火法流程为主。但同时该工艺过程中间产物多，存在以下一些不足：

（1）Ag 的直收率偏低，一般只有 $85\% \sim 88\%$；生产周期长，生产过程中 Ag 的积压严重。

（2）有价金属的综合回收困难，由于 As、Sb、Bi、Pb、Cu 等分散在各个工序中，且各元素在中间产物中的含量多，相对富集率最多 $80\% \sim 90\%$，综合回收难度大；特别是烟尘中的 As、Sb 分离存在很大问题，到目前基本上没有解决的办法，大多只能堆存，环境负担重。

铅阳极泥常规方法是火法还原熔炼-氧化精炼-电解。对于含 Se、Te 高的阳极泥火法熔炼前通常先脱除 Se 和 Te。经熔炼产出的贵铅鼓空气氧化精炼得到金银合金，金银品位达到 97% 以上。最后经电解精炼得到 Au、Ag 产品。除还原熔炼-氧化精炼-电解工艺外，富氧底吹技术和熔池熔炼技术、底吹和顶吹转炉技术以及电解精炼新技术等都已在生产上取得了很大成效。常见的还原熔炼和氧化精炼技术见表 3-15[28]。

表 3-15 常见还原熔炼及氧化精炼技术表

处理技术	主体设备	主要技术特点
卡尔多炉熔炼	卡尔多炉（TBRC）	可在同一设备中完成熔炼、熔渣还原、吹炼、火法精炼等多个冶炼单元的操作，可实现富氧顶吹，无烟气外逸
电炉熔炼	电炉	采用电加热，中间产品数少，生产周期短，贵金属回收率高
富氧底吹还原熔炼	卧式转炉	可实现富氧底吹，生产效率高，可有效降低成本
富氧熔池氧化精炼	富氧底吹精炼炉	富氧底吹，反应过程形成熔池，常与回转炉熔烧熔炼系统配套使用
底吹氧气转炉技术（BBOC 法）	吹炼炉（炉体、喷枪、烟罩、支架和倾动装置等）	底部供氧，反应速度快，烟气量小，氧气利用率高；能耗低，产品可直接铸板，无须中间包或保温炉
三段法	吹炼炉	在传统还原熔炼和氧化精炼工序之间增设了一个吹炼炉，用于低品位贵铅的初步精炼，工艺为：还原熔炼—初步精炼—深度精炼
电热连续熔炼技术	电炉	采用电热，"投料-熔炼-放渣"工序连续生产，贵铅用熔池氧化精炼

3.3.2.1 卡尔多炉处理铅阳极泥

卡尔多炉炉内安装一支燃烧枪和一支吹炼枪，可在同一设备中完成物料熔炼、熔渣还原、吹炼、火法精炼等多个冶炼单元的操作，具有密封性良好、安全可靠、无烟气外逸等优点。铅阳极泥的卡尔多炉常规处理流程主要包括以下步骤：

（1）投料。将阳极泥预处理、干燥后，与返料、熔剂混合后加入卡尔多炉。

（2）贫化放渣。采用碎焦还原脱银，使渣中的 Ag 含量降至 0.3% 以下，将炉渣放入渣包澄清分离，使含 Ag 物料沉积于渣包底部，渣包底部的含 Ag 物料经过破碎后产出含 Ag 颗粒返回卡尔多炉做进一步处理。

（3）吹炼和精炼。该工段的实质是采用富氧空气喷吹粗金属氧化除去 Cu、Pb、Se 等杂质，产出杂质含量较低的金银合金；在吹炼过程中铜铅进入炉渣，Se 则挥发进入烟尘[29]。该炉型的特点是操作时间短、贵金属积压周期短、能耗低和环境友好。

我国铜陵有色公司稀贵金属冶炼厂引进了瑞典 Outotec 公司的卡尔多炉工艺，主要由高压浸出、卡尔多炉熔炼、金银精炼和粗硒精制等工艺组成。卡尔多炉有效容积为 2.0 m^3，设计阳极泥处理量（干量）4000t/a，年产黄金 12t、白银 350t、精硒 14t。采用卡尔多炉从阳极泥中提取贵金属特点如下[30]：

（1）主流程短。一台卡尔多炉替代了传统火法工艺的焙烧蒸硒炉、贵铅炉和富氧底吹精炼炉，主流程比传统火法流程缩短 2/3。

（2）能耗低。卡尔多炉的脱硒、熔炼、吹炼三大过程在同一炉内分步完成，与德国的 N/A 流程相比能耗减少。卡尔多炉从铜阳极泥到金银合金，1t 干物料的全部综合能耗只有 1.49~1.62t 标准煤，比传统火法流程 2.472t 标准煤减少了 34.4%~39.7%；与湿法流程相比，卡尔多炉能耗仅为湿法流程的 50%左右。

（3）生产周期短。卡尔多炉生产周期仅为传统火法流程生产周期的 8%~10%。

3.3.2.2 铅阳极泥的还原熔炼—氧化精炼

铅阳极泥还原熔炼和氧化精炼分别在不同设备中完成。在还原熔炼阶段，熔融状态的 Pb 是 Au、Ag 等贵金属的良好捕集剂，能将阳极泥中的大部分贵金属溶解。因此，在铅阳极泥中配入适当的还原剂，能将 Pb 还原成熔融状态，以利于贵金属的回收。目前常用的铅阳极泥还原熔炼技术主要是电炉熔炼和富氧底吹还原熔炼。电炉生产初期，由于沿袭了原熔炼炉的作业条件，返回处理的冰铜及渣量较大，且氧化炉产出的氧化铅再处理后也返回大量 Au、Ag 原料。1969 年 12 月，由日本矿业公司日立冶炼厂改进了新的电炉配料，使电炉至分银炉熔炼过程中需返回的主要中间产品由 6 种减少至 3 种，且大大降低了各种中间产品的 Au、Ag 含量。电炉中的 Au、Ag 回收率分别达到 98.64%和 97.36%，其在炉渣中的分配率分别为 0.64%和 1.36%，在烟尘中的分配率为 0.08%和 0.58%。

富氧底吹还原熔炼的主体设备是一个可以实现氧气底吹的卧式转炉，炉底设氧枪座，氧枪内通有天然气、氧气、氮气及软化水用于实现氧气底吹还原熔炼。通过氧枪从熔体底部将氧气注入熔体，氧枪为采用氮气保护的可消耗喷枪，由不锈钢管制成，穿过炉底耐火材料插入炉膛，使用时保持喷枪头部高出耐火材料。喷枪设有液压自动顶进装置，吹炼时当喷枪头部分消耗，喷枪会自动顶入。但在工作过程中，底吹气体对熔体激烈搅翻，不停地冲刷渣线，渣线腐蚀加剧，耐火材料砌体的寿命就严重影响了正常生产的进行。针对上述问题，杜新玲等[31]通过改变配料模式，调整渣的黏度，达到既不影响渣中 Au、Ag 含量，也不造成炉温大幅上升。在铅系中通过 PbO 与 SiO$_2$ 的作用，生成与 PbO 熔点相近的 PbSiO$_3$，从而降低炉渣的黏度。控制还原熔炼过程中氧化还原气氛，使 PbO 与 SiO$_2$ 造渣，其他杂质如 Sb、As 等大部分以低价氧化物的形式进入烟灰中，小部分溶解在渣中，其余呈单质形式存在。通过控制炉渣中 Pb 含量来调整炉渣的黏度，从而实现贱金属与贵金属的分离。

还原熔炼得到含贵金属的铅合金，为了获得满足电解要求的金银合金，需将还原熔炼产生的贵铅进行氧化精炼，贵铅的传统处理工艺是灰吹法，工艺成熟，能有效地除去其中的杂质，产出满足电解精炼要求的金银合金。贵铅的氧化精炼目前主要有富氧熔池氧化精炼技术及底吹氧气转炉技术。

贵铅富氧熔池氧化精炼是将贵铅投入富氧底吹精炼炉内进行氧化精炼。日本直岛冶炼厂采用该技术处理阳极泥，该工艺分为回转炉焙烧熔炼和富氧底吹炉熔池氧化精炼两个部分。通常，在回转炉焙烧熔炼工段前需要将阳极泥中含量较高的铅通过浮选工艺脱除，以得到 Au、Ag、Se 富集的阳极泥进行焙烧熔炼。回转炉焙烧熔炼产出的贵铅经渣包运送倒入富氧底吹精炼炉进行氧化精炼，主体设备为富氧底吹精炼炉，反应过程所需的氧化剂为苏打和硝酸钠，氧化剂通过不锈钢管气流输送至反应炉内进行氧化反应，反应产生的苏打渣通过倾斜炉体实现连续排放，每炉氧化反应的时间约为 20h，富氧的使用可大幅缩短氧化精炼时间。

底吹氧气转炉是一种吹炼炉，主要用于处理铅阳极泥等含贵金属物料。底吹氧气转炉的主体设备包括炉体、喷枪、支架、烟罩和倾动装置等部件。炉型结构的突出特点是炉顶边部设置的烧嘴，烧嘴以柴油、天然气等为燃料，燃烧产生的热量用于熔化冶金物料，反应所需的氧气由设置在炉底的氧枪注入，氧枪为不锈钢材质，采用氮气作保护气以减少消耗，氧枪的安装需要穿过耐火砖层插入炉膛，氧枪的位置由液压控制的自动顶进装置控制，装置会根据前端喷枪的消耗情况自动顶入，这一过程是通过枪内安装的测温热电偶对温度进行反馈后实现的，液压系统可根据热电偶反馈温度的高低调节氧枪是否需要推进，氧枪每次推进的距离为 5~10mm。底吹氧气转炉炉顶烟罩密闭性能良好，能有效收集处理冶炼过程中产生的烟气。底吹氧气转炉可产出金银含量（质量分数）不小于 99% 的金银合金板。

由于从炉底向熔池喷吹氧气，可大大提高反应速度，提高氧的利用率和热效率，对不同的原料有很好的适应性。底吹氧气转炉法与传统灰吹法相比有以下优点[32]：

（1）反应速度高 15~20 倍，反应容器大大缩小，因而减少了贵金属的积压，缩短了冶炼周期；

（2）工艺强化，过程自热，可节省大量燃料，能耗仅为传统灰吹法的 20%；

（3）由于从炉底供氧，渣层厚度不影响氧的传递，改善了金属和渣的分离，提高了贵金属的回收率，避免了由于渣层厚而影响工艺过程的控制；

（4）采用浸没式喷吹氧气的方法，使氧的利用率接近 100%；

（5）由于强化熔炼，烟量很少，加之烟罩密闭效果好，大大改善了卫生条件，减少了烟气处理设备及电力的消耗；

（6）产品可直接铸成阳极板，不用通过中间包或保温炉。

3.3.2.3 三段法及电热连续熔炼技术

三段法是在铅阳极泥火法还原熔炼和氧化精炼工序之间增设了一个吹炼炉，

新增的吹炼炉程完成了低品位贵铅的初级氧化精炼，得到的高品位贵铅继续深度精炼，构成"还原熔炼-初步精炼-深度精炼"三段工序。增加的吹炼炉提高了还原熔炼和氧化精炼的冶炼能力和效率，弥补了从铜、铅阳极泥中综合回收 Au、Ag 时两段法的不足，是对传统火法工艺的有益改进。三段法与两段法相比，熔炼炉与精炼炉的熔炼能力分别提高了140%和46%，Au、Ag 的综合生产能力提高了50%以上，重油消耗减少24%[33]。

电热连续熔炼技术采用电热实现了熔炼工段的连续作业[34]。该技术要点如下：

（1）铅阳极泥经自然氧化后进行电热连续熔炼，大量的 Pb、Sb 造渣除去，大部分的 As 挥发进入烟尘；

（2）熔炼过程连续，在熔炼炉中贵铅和氧化渣构成熔池，可实现"投料-熔炼-放渣"冶炼单元的连续生产；

（3）贵铅的氧化精炼采用熔池熔炼，在熔池内进行氧化喷吹，可根据物料的特点采取不同的喷吹方案，提高生产效率。

3.3.3 铅阳极泥湿法工艺

湿法处理是铅阳极泥综合回收的另一种重要途径，铅阳极成分复杂，湿法处理前通常需要进行预处理。在选择湿法工艺时，必须结合铅阳极泥的成分特点及预处理工艺统筹考虑。尽管铅阳极泥湿法处理工艺流程多样，但主体工艺通常是先将铅阳极泥中的 Cu、Bi、Sb、As 等贱金属浸出，富集 Au、Ag，然后再从浸出渣中回收 Au、Ag，湿法处理的原则流程如图 3-23 所示。

湿法处理铅阳极泥工艺具有处理周期短、贵金属及伴生有价金属回收率高、易实现工业化等优点，但也存在大规模生产时设备体积庞大、废水处理量大等缺点。为提高浸出效率，强化反应过程，提高金属回收率，高温、加压等强化手段也经常采用，铅阳极泥处理的湿法常规技术如图 3-24 所示。

3.3.3.1 预处理

为提高贵金属的浸出率和其他有价金属的综合回收率，减少废水排放，降低处理成本，铅阳极泥在进行湿法处理前通常需要进行预处理[35]。目前，预处理方式主要有：

（1）氧化焙烧。主要是将阳极泥在焙烧时实现水分的脱除及自身的氧化，焙烧温度不能过高，当焙烧温度超过250℃时阳极泥中的大部分 Sb 将被氧化成难溶的 Sb_2O_5，导致后续浸出渣中的 Sb 回收困难。

（2）自然氧化。将铅阳极泥堆放在空气中自然氧化。该方法简单易行，不会过氧化，但需要大量的存放场地，时间长，容易造成贵金属物料的积压导致资金流动缓慢。

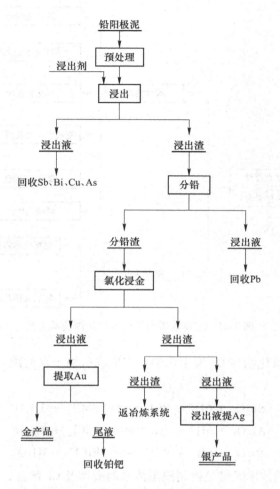

图 3-23 铅阳极泥湿法处理原则流程

（3）强化氧化法。将铅阳极泥和强氧化剂混合在 300℃下焙烧 3h，后续工艺采用 HCl 和 NaCl 体系浸出。

3.3.3.2 铅阳极泥酸性浸出

如图 3-25 所示，铅阳极泥的酸性浸出工艺主要包括氯盐浸出、氟硅酸浸出、三氯化铁浸出、控电位氯化、氯化-干馏、硫酸浸出等方法。

A 氯盐浸出

利用铅阳极泥自身容易被氧化的特点，先将阳极泥中的 As、Sb、Bi 等杂质通过预处理转变成相应的氧化物，然后在 H_2SO_4+NaCl 或 HCl+NaCl 体系中浸出，

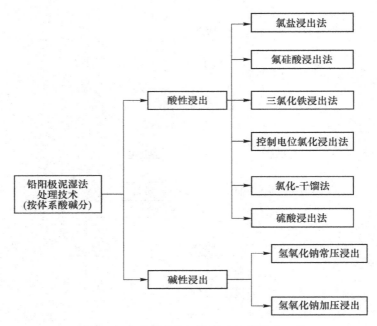

图 3-24 主要的铅阳极泥湿法处理技术工艺

As、Sb、Bi 等的氧化物与 Cl^- 发生化学反应生成可溶于水的配合物，化学反应方程式如下：

$$Sb_2O_3 + 6H^+ + 8Cl^- \Longrightarrow 2SbCl_4^- + 3H_2O$$

$$As_2O_3 + 6H^+ + 8Cl^- \Longrightarrow 2AsCl_4^- + 3H_2O$$

$$Bi_2O_3 + 6H^+ + 8Cl^- \Longrightarrow 2BiCl_4^- + 3H_2O$$

氯盐浸出法的技术关键是控制浸出体系的酸度及 Cl^- 浓度，通过控制 Cl^- 浓度防止 Ag 的溶解并提高 Sb、Pb、Cu、Bi 等金属的浸出率。阮书锋等[36]采用选择性脱 Cu—(H_2SO_4+NaCl) 选择性浸 Sb、Bi—硝酸脱 Pb—火法熔炼回收贵金属工艺综合回收铅阳极泥中的有价金属。当 H_2SO_4 浓度为 2.5~3.0mol/L、NaCl 浓度为 75~100g/L、固液比 1∶8、浸出温度 80℃、时间 2h 时，Sb、Bi、Cu 的平均浸出率大于 99%，Pb 的平均浸出率仅 1.68%，Au 和 Ag 几乎不被浸出，渣中 Au 和 Ag 含量分别为 85.75g/t 和 11.10%，富集了 3 倍左右。该方法对贱金属进行了有效回收，同时对 Au、Ag 进行了有效富集。

李怀仁等[37]以酸浸除杂与氯化浸金为主工艺，从温度、混合溶液成分构成及时间等方面对从阳极泥中氯化浸出金进行了研究，工艺流程图如图 3-25 所示。酸浸的目的是尽可能使阳极泥中的 As、Sb、Bi 与 Cu 等金属元素形成可溶物进入溶液，而使 Au、Ag、Pb 等物质富集在酸浸渣中，达到有价元素与杂质分离的效果。

酸浸液为 NaCl、HCl 和 H_2SO_4 的混合溶液，加入 NaCl 能起到保持浸出体系具有足够的 Cl^- 浓度的作用，这样不但可以降低浸出终点的酸度，而且还能保证具有较高的浸出率。酸浸除杂在 HCl 浓度为 2.9mol/L、NaCl 浓度为 1.3mol/L、H_2SO_4 浓度为 0.3mol/L、反应温度 65℃ 的条件下，Ag、Pb、Cu 浸出率分别为 2.75%、12.3% 和 92.03%，As、Sb、Bi 等元素的浸出率都在 98% 以上，浸出效果较好。氯化浸金是在硫酸体系中加入 NaCl 和 $NaClO_3$ 的溶液中进行，当温度大于 80℃、$NaClO_3$ 用量大于物料的 12.5%、H_2SO_4 浓度为 1.5mol/L 时，Au 的浸出率大于 98%。

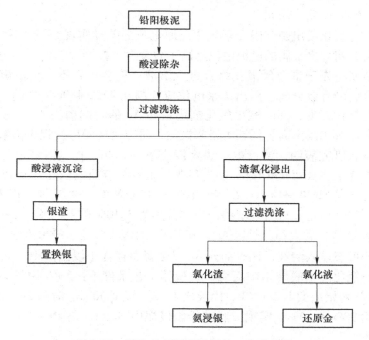

图 3-25 湿法处理铅阳极泥的工艺流程图

B　氟硅酸浸出

氟硅酸能选择性的溶解铅阳极泥中的氧化物，但对贵金属无影响。吴锡平等[38]采用氟硅酸浸出工艺来处理高银铅阳极泥（Ag 含量达 30.5%），研究结果表明：Pb 的溶出率达到 85%，可实现 Ag 的有效富集，浸出渣中富集的 Ag 采用 HNO_3 溶出，再向浸出的 $AgNO_3$ 溶液中加入 HCl 使 Ag 沉淀，Ag 回收率可达 98.5%。浸出液中的 Pb 以硅氟酸铅形式存在，加入 H_2SO_4 后可从浸出液中回收 Pb，同时再生氟硅酸。该工艺实现了 Pb 和贵金属的选择性回收，但由于氟硅酸不稳定，容易分解产出 HF，而 HF 可与阳极泥中的 As、Sb、Bi 的氧化物发生反应使其溶解造成有价金属分散，给综合回收带来困难。此外，氟硅酸是强酸、剧毒、价格昂贵，限制了其工业应用。

C 三氯化铁浸出

以 Fe^{3+} 为氧化剂，氧化浸出铅阳极泥中的 Cu、Sb、Bi 等贱金属，得到贵金属富集渣。$FeCl_3$ 是一种弱氧化剂，在盐酸溶液浸出时能够进一步氧化金属。一般浸出工艺操作条件为：Fe^{3+} 浓度 140g/L、H^+ 浓度 $0.4 \sim 0.6$ mol/L、固液比 $1:5$、温度 $60 \sim 65$℃。在该条件下，Sb、Bi 和 Cu 等金属进入溶液中，95% 以上的 Ag 和 100% Au 进入渣中。通过加水稀释水解回收 Sb，然后加入 Na_2CO_3 或 NaOH 调节 pH 值至 $2.0 \sim 2.5$，水解回收 Bi，最后采用 Na_2S 沉淀或 Fe 粉置换 Cu。

D 控制电位氯化浸出

控制电位氯化浸出是利用元素氧化还原电位的差异实现金属的选择性浸出。热力学分析表明：贵金属的电极电位远高于贱金属，控制适当的浸出电位，电位较低的贱金属将先于贵金属氧化络合进入溶液，贵金属则不发生溶解富集在渣中，达到金属的有效分离。浸出体系电位应控制在 $420 \sim 450$mV 之间，贱金属可获得较高的氧化程度，同时减少氧化剂用量和 Ag 的溶解损失[39]。陈进中等[40] 采用控制电位氯化浸出高锑低银类铅阳极泥，研究氯化浸出过程中溶液电位随时间变化规律。研究表明，溶液电位决定浸出渣的物相，控制溶液电位在 430mV 以上，浸出渣中主要以 $PbCl_2$ 和 AgCl 存在；而控制溶液电位在 380mV 以下，浸出渣中还有金属 Sb 单一物相；在溶液电位为 430mV 时，金属 Sb、Bi 和 Cu 的浸出率均达到 99% 以上，Pb 和 Ag 的浸出率分别为 3.10% 和 2.34%。阳极泥中的金属 Ag 和 Pb 被氧化后大部分是以 AgCl 和 $PbCl_2$ 的形式沉淀于浸出渣，有少部分以络合物的形态进入溶液，还有部分 Ag 以金属态存在于浸出渣中。刘万里等[41] 采用控电位氯化浸出脱砷铅阳极泥，在最佳工艺条件下：NaCl 用量为理论量的 1.6 倍、HCl 初始浓度 1.2mol/L、固液比 $1:3$、温度 50℃、时间 2h，Bi 和 Cu 浸出率分别达 90% 和 80%，实现了脱砷铅阳极泥中 Bi、Cu 与 Pb、Sb、Au、Ag 的分离与回收。

3.3.3.3 碱性浸出

碱性浸出铅阳极泥实质是指在碱性浸出过程中脱除铅阳极泥中的 As，并氧化其他贱金属，以利于后续的分离。通常碱性浸出体系主要包括 KOH、NaOH、Na_2CO_3 和 NH_3。其中 Na_2CO_3 由于碱性较弱，湿法浸出过程很少采用。而 NH_3 直接处理阳极泥时部分 Ag 也会发生溶解，导致 Ag 的分散。KOH 由于比较贵、液固比大，溶液中 Sb 与 As 的浓度低，不利于金属回收与溶液再生。铅阳极泥的碱性浸出处理一般都采用 NaOH 体系，由于 As 的氧化物可与 NaOH 反应生成可溶性的砷酸盐进入溶液，而其他金属不被浸出，所以适合处理高砷铅阳极泥。根据浸出条件的不同，可分为 NaOH 常压浸出和加压浸出。

A 常压浸出

将铅阳极泥置于 NaOH 溶液中，在常压下加入适量的氧化剂浸出阳极泥中的贱金属，常用的氧化剂有空气、过氧化氢、氧气等。该方法 As、Pb 等脱除率较高，实现铅阳极泥 As、Pb、Sb 等有价金属的分离，同时将贵金属富集在不溶渣中，为贵金属的提取提供有利条件。李彦龙等[42]以 NaOH-甘油为浸出剂对铅阳极泥中 Sb、Bi 进行浸出，浸出原理如下：

$$6NaOH + Sb_2O_3 \Longrightarrow 2Na_3SbO_3 + 3H_2O$$
$$6NaOH + Bi_2O_3 \Longrightarrow 2Na_3BiO_3 + 3H_2O$$

利用 Sb_2O_3 和 Bi_2O_3 能够在碱性多羟基醇溶液中溶解的化学特性，可将 Sb 和 Bi 从铅阳极泥中有效地分离出来。当 NaOH 浓度 250g/L、甘油浓度 250g/L、浸出温度 80℃、液固比 5∶1、时间 2h 时，Sb 和 Bi 浸出率分别为 82.5% 和 84.15%。经 NaOH+甘油浸出后，渣中 Au、Ag 富集率分别为 139.8% 和 122.7%。

刘伟锋等[43]提出了碱性 NaOH 体系分步氧化浸出和盐酸浸出相结合的工艺预处理铅阳极泥，在碱性分步氧化浸出过程中，实现 As 的氧化溶解和 Bi 等金属的氧化沉淀，然后用盐酸溶解碱性浸出渣中的 Bi，使贵金属富集在盐酸浸出渣中。研究结果表明，无论碱性直接浸出或酸性直接浸出都不能有效分离铅阳极泥中的有价金属；改变烘烤温度、延长空气氧化时间和改变碱性加压氧化浸出温度都不能实现有价金属的分步分离。当过氧化氢用量大于 0.2 以后，碱性浸出过程 As 的浸出率达到 92% 以上，碱性浸出渣盐酸浸出时，Bi 和 Cu 的浸出率分别达到 99.0% 和 97.0%，且残余的 As 不溶解，实现铅阳极泥有价金属分步分离的目的。

蔡练兵等[44]采用空气氧化法强化体系的浸出铅阳极泥，对于含（质量分数）Pb 24.69%、As 7.14%、Sb 36.55%、Bi 17.6%、Cu 1.74%、Ag 5.87% 的铅阳极泥（自然氧化一段时间），在液固比为 5∶1、反应时间为 8h、NaOH 浓度 2.25mol/L、反应温度 50~70℃、连续通入空气的条件下，As 浸出率达到 96.32%。浸出液经石灰沉砷后补加 NaOH 可返回碱性浸出工序。由于空气自身氧化性有限，所以需要先对铅阳极泥进行堆放氧化一段时间，这会造成 Au、Ag 的积压。同时铅阳极泥氧化程度没有直观的表现，生产过程的稳定性难以得到保障。碱性浸出液石灰沉砷效果不理想，而且砷沉淀物难以有效利用，容易引起 As 的二次污染。

杨天足等[45]开发出了一种从铅阳极泥中脱除和回收 As 的方法，首先将铅阳极泥经过筛分、热水洗涤和烘烤后，在 NaOH 体系中控制溶液终点电位为 -150~-200mV 下浸出，分别用压缩空气和过氧化氢做氧化剂，使 As 被氧化进入碱性浸出液，As 浸出率可以达到 98% 以上，而 Bi、Pb、Sb、Cu 等金属被氧化后与贵金属一同进入碱性浸出渣。碱性氧化浸出过程结束后趁热过滤，浸出液经过冷却结晶产出砷酸钠结晶，结晶母液补充一定的 NaOH 后返回浸出工序，实现铅阳极泥中 As 与其他有价金属的分离与回收。

B　高压浸出

铅阳极泥虽然很容易氧化，但要达到很高的 As 浸出率必须氧化充分。加压浸出强化铅阳极泥氧化条件，克服常压碱性浸出的各种缺点，使其中的 As 以高价氧化态进入溶液，达到 As 与其他金属的彻底分离，同时实现富集贵金属目的。

针对高砷、高铋铅阳极泥，王安等[46] 提出了碱性加压氧化浸出和盐酸浸出相结合的工艺，研究了不同氧化方式及浸出剂的选择对铅阳极泥碱性浸出过程和盐酸浸出过程的影响，在碱性加压氧化浸出过程分离砷的同时氧化其他金属，碱性浸出渣盐酸浸出过程中分离 Bi 和 Cu，实现了有价金属的分步分离和贵金属的富集。确定了碱性加压氧化浸出过程的最佳工艺条件为 NaOH 浓度 2.0mol/L、反应时间 2h、液固比 5∶1、温度为 150℃、氧分压 0.6MPa，碱性浸出过程渣率为 150%，As 的浸出率达到 98.0%以上。盐酸浸出碱性加压氧化浸出渣过程中优化条件为：盐酸浓度 3.0mol/L、反应时间 1.0h、反应温度 25℃、液固比 5∶1。在此条件下盐酸浸出过程渣率约为 82%，Bi、Cu、Sb 和 Pb 的浸出率分别为 82.39%、88.90%、1.20%和 3.83%，溶液中 Ag 含量低于 20mg/L，贵金属得到了有效富集。李阔等[47] 对高铋铅阳极泥且 As 和 Sb 均以低价形式存在，通过加压氧化浸出方法来脱除高铋铅阳极泥中的 As、Sb，为后续 Bi 的电解提取及 Au、Ag 富集奠定基础。

铅阳极泥中的砷大多数都以三价砷的形式存在，后续对浸出液沉砷处理时三价砷难以沉淀完全，且三价砷毒性比五价砷的强，加之其易迁移等原因[48]，在加压氧化碱性浸出过程中，需加入适当的氧化剂将低价砷转变为高价砷，最终将 As 以砷酸钠的形式溶入溶液。以硝酸钠为例，反应原理为：

$$As_2O_3 + 6OH^- === 2AsO_3^{3-} + 3H_2O$$
$$2AsO_3^{3-} + NO_3^- === 2AsO_4^{3-} + NO_2^-$$

在优化工艺条件如下，氧化剂量为铅阳极泥质量的 15%、NaOH 浓度 150g/L、液固比为 7∶1、浸出温度为 180℃、浸出时间为 2h，As 和 Sb 浸出率分别达 95%和 80%以上，贵金属富集的效果显著。

参 考 文 献

[1] 王吉坤，张博亚. 铜阳极泥现代综合利用技术 [M]. 北京：冶金工业出版社，2008.

[2] 郭军，邱伟明，陈锋，等. 某富含金银阳极泥矿的工艺矿物学研究 [J]. 矿产保护与利用，2019，39 (2)：64-69.

[3] 涂百乐，张源，王爱荣. 卡尔多炉处理铜阳极泥技术及应用实践 [J]. 黄金，2011，32 (3)：45-48.

[4] 花少杰，胡鹏举，布金峰. 卡尔多炉处理高杂铜阳极泥的工艺改进 [J]. 有色金属（冶炼部分），2020 (2)：45-48.

[5] 王海荣. 竖炉还原卡尔多炉熔炼渣的试验研究 [J]. 中国有色冶金，2012，41 (4)：63-66.

[6] 谢祥添，左东平，余华清. 阳极泥绿色冶金新技术 [J]. 世界有色金属，2018 (24)：1-4.

［7］孙安平，沈强华，陈雯，等．杂铜阳极泥浸出渣电炉还原熔炼渣型研究［J］．有色金属（冶炼部分），2015（3）：20-22．

［8］刘伯琴．阳极泥处理［J］．北京矿冶研究总院学报，1993，2（1）：47-55．

［9］陈国宝，杨洪英，郭军，等．铜阳极泥选冶富集金银的粗选研究［J］．贵金属，2013（3）：32-36．

［10］沙梅．铜阳极泥浮选处理工艺及实践［J］．中国有色冶金，2003，32（5）：27-29．

［11］代献仁．选冶联合工艺预富集阳极泥中稀贵元素的试验研究［J］．有色金属（选矿部分），2017（4）：58-63．

［12］池文荣．高铅铜阳极泥选冶新工艺的研究［D］．沈阳：东北大学，2013．

［13］杨茂才，周杨霁．从铜阳极泥提取金和银［J］．贵金属，1997，18（4）：24-28．

［14］张保平，沈博文，师沛然，等．盐酸和氯酸钠浸出铜阳极泥中金的研究［J］．武汉科技大学学报，2018，41（6）：422-428．

［15］蔡练兵，刘维，柴立元．高砷铅阳极泥预脱砷研究［J］．矿冶工程，2007，12（6）：44-47．

［16］郑雅杰，洪波．漂浮阳极泥富集金银及回收锑铋工艺［J］．中南大学学报（自然科学版），2011，42（8）：2221-2226．

［17］Wang X W，Chen Q Y，Yin Z L，et al. Identification of arsenato antimonates in copper anode slimes［J］．Hydrometallurgy，2006，84（3）：211-217．

［18］Yuan H B，Yang B，Bao-Qiang X U，et al. Aluminum production by carbothermo-chlorination reduction of alumina in vacuum［J］．中国有色金属学报（英文版），2010，20（8）：1505-1510．

［19］贾国斌，杨斌，刘大春，等．废旧铅锡合金真空蒸馏的研究［J］．资源再生，2008（1）：30-32．

［20］刘勇，谢克强，马文会，等．杂铜阳极泥综合回收有价金属实验研究［J］．昆明理工大学学报：自然科学版，2017（2）：8-14．

［21］宁瑞，李伟，刘志中．铜阳极泥处理工艺对比及建议［J］．金属材料与冶金工程，2018，46（6）：42-47．

［22］Zhang S G，Ding Y J，Liu B，et al. Supply and demand of some critical metals and present status of their recycling in WEEE［J］．Waste Management，2017，65：113-127．

［23］Ding Y J，Zhang S G，Liu B，et al. Integrated process for recycling copper anode slime from electronic waste smelting［J］．Journal of Cleaner Production，2017，165：48-56．

［24］Mgaidi A，F Rst W，Renon H. Representation of the solubility of lead chloride in various chloride solutions with Pitzer's model［J］．Metallurgical Transactions B，1991，22（4）：491-498．

［25］Tan K G，Bartels K，Bedard P L. Lead chloride solubility and density data in binary aqueous solutions［J］．Hydrometallurgy，1987，17（3）：335-356．

［26］刘伯龙，周高扬．氯化水解法生产胶体五氧化二锑［J］．有色金属：冶炼部分，1993，5：35-37．

［27］Meng L，Zhang S G，Pan D A，et al. Antimony recovery from $SbCl_5$ acid solution by hydrolysis and aging [J]. Rare Metals, 2015, 34 (6): 436-439.

[28] 何云龙, 徐瑞东, 何世伟, 等. 铅阳极泥处理技术的研究进展 [J]. 有色金属科学与工程, 2017, 8 (5): 40-51.

[29] 王世坤. 波兰铜矿冶联合公司新的贵金属冶炼厂 [J]. 有色冶炼, 1995 (1): 1-3.

[30] 陈志刚. 采用卡尔多炉从阳极泥中提取稀贵金属 [J]. 中国有色冶金, 2008 (6): 43-45.

[31] 杜新玲, 王光忠, 王红伟. 富氧底吹熔炼处理铅阳极泥的工艺革新与试验研究 [J]. 贵金属, 2014, 35 (2): 28-33.

[32] 周洪武. 铅阳极泥冶炼技术简评和电热连续熔炼的可行性 [J]. 有色冶炼, 2002 (4): 7-11, 44.

[33] 刘宏伟. 三段熔炼法处理低品位阳极泥的研究与实践 [J]. 有色矿冶, 1998, 14 (5): 23-27.

[34] 周洪武. 铅阳极泥冶炼技术简评和电热连续熔炼的可行性 [J]. 有色冶炼, 2002, 31 (4): 7-11.

[35] Ludvigsson B M, Larsson S R. Anode slimes treatment: the Boliden experience [J]. JOM Journal of the Minerals, Metals and Materials Society, 2003, 55 (4): 41-44.

[36] 阮书锋, 尹飞, 王成彦, 等. $H_2SO_4 + NaCl$ 选择性浸出铅阳极泥的研究 [J]. 矿冶, 2012 (3): 30-32.

[37] 李怀仁, 陈家辉, 徐庆鑫, 等. 氯化浸出铅阳极泥回收金的研究 [J]. 昆明理工大学学报 (自然科学版), 2011, 36 (5): 14-19.

[38] 吴锡平, 吴立新. 从高银铅阳极泥中提取金银并综合回收铅锑等有价金属 [J]. 黄金, 1996, 17 (1): 44-45.

[39] 徐庆新. 铅阳极泥湿法处理设计总结 [J]. 中国有色冶金, 1999 (1): 28-30.

[40] 陈进中, 杨天足. 高锑低银铅阳极泥控电氯化浸出 [J]. 中南大学学报 (自然科学版), 2010, 41 (1): 44-49.

[41] 刘万里, 王雅斌, 谢兆凤, 等. 脱砷铅阳极泥控电位氯化浸出试验研究 [J]. 有色金属 (冶炼部分), 2014 (6): 5-8.

[42] 李彦龙, 易超, 鲁兴武, 等. 铅阳极泥碱性浸出锑、铋研究 [J]. 矿冶工程, 2016, 36 (1): 80-82.

[43] 刘伟锋, 杨天足, 刘又年, 等. 脱除铅阳极泥中贱金属的预处理工艺选择 [J]. 中国有色金属学报, 2013 (2): 549-558.

[44] 蔡练兵, 刘维, 柴立元. 高砷铅阳极泥预脱砷研究 [J]. 矿冶工程, 2007, 27 (6): 44-47.

[45] 杨天足, 王安, 刘伟锋. 一种从铅阳极泥中脱除和回收砷的方法 [P]. 中国专利: 201019060009.0, 2010-02-08.

[46] 王安. 碱性加压氧化处理铅阳极泥的工艺研究 [D]. 长沙: 中南大学, 2011.

[47] 李阔, 徐瑞东, 何世伟, 等. 采用碱性加压氧化浸出从高铋铅阳极泥中脱除砷锑 [J]. 中国有色金属学报, 2015, 25 (5): 1394-1402.

[48] 徐志峰, 聂华平, 李强, 等. 高铜高砷烟灰加压浸出工艺 [J]. 中国有色金属学报, 2008, 18 (s1): 59-63.

4 电子废弃物提取贵金属

随着科技的快速发展，人们生活水平的提高，电子产品的升级换代加速，产生了大量废弃的电子电器产品。根据国际电信联盟和联合国大学的《2020年全球电子废弃物监测》报告显示，2019年全球共产生了5360万吨电子废弃物，5年内增长21%，预计到2030年将达到7400万吨，在16年内几乎翻了一番。这些电子废弃物中的Cu、Au、Ag、Pd等高价值材料价值高达570亿美元。但其中只有17.4%被收集和回收，约有4%的电子垃圾被直接扔入垃圾填埋场，有76%可能最终被焚烧，进入垃圾填埋场，或在非正规作业中回收，或留在人们家中。

电子废弃物主要有电容器、电池、显像管、液晶显示器和印刷电路板，主要成分为金属、塑料和陶瓷等。由于贵金属具有较高的化学稳定性及良好的导电性，因此作为接触材料被广泛应用于仪表、电子、电气等行业。据不完全统计，近10年来电子行业分别消耗了全球Au、Ag、Pt、Pd产量的9%、49%、4%和15%，因此电子废弃物是贵金属二次资源的重要来源[1]。然而，由于其含有大量的重金属（Pb、Hg、Cr、Cd等）及多氯联苯、卤素阻燃剂等有毒有害物质，被《巴塞尔公约》列为危险物品[2]。如何妥善处理电子废弃物以更好地保护环境和节约资源已成为人类社会面临的重大问题。

4.1 电子废弃物的回收管理

目前世界各国政府已经对电子废弃物的回收处理和有效利用加以关注。很多国家都通过立法以及建立相关政策体系来进行规范和推动废弃电器电子产品的回收处理。欧美、日本等发达国家和地区在电子产品的报废和处置等方面建立了较为系统的法律体系，涉及征收电子垃圾处理费和电子废物的再生利用。我国对相关问题也日益重视，相继颁布了《废弃电器电子产品回收处理管理条例》及相关配套政策，如《废弃电器电子产品处理目录》《废弃电器电子产品处理企业资格许可管理办法》《废弃电器电子产品处理企业补贴审核指南》等。

4.1.1 国外电子废弃物回收管理

发达国家和地区对WEEE回收管理起步早，并依据自身特点建立了适合本国国情的回收体系，其核心为生产商责任延伸制（Extended Producer Responsibility, EPR），但实现形式各不相同。

欧盟的电子电气废弃物管理，是以 1988 年由瑞典隆德大学的 Thomas Lindhqvist 教授提出的生产者责任延伸制为基本原则。2003 年 2 月 13 日，欧盟正式颁布了《报废电子电器设备指令》和《关于在电气设备中禁止使用某些有害物质指令》，明确要求欧盟所有成员国必须在 2004 年 8 月 13 日以前，将此指导法令纳入其正式法律条文中；要求成员国确保从 2006 年 7 月 1 日起，投放于市场的新电子和电器设备不包含 Pb、Hg、Cd、Cr(Ⅵ)、聚溴二苯醚和聚溴联苯六种有害物质。指令还规定，所有在欧盟市场上生产和销售笔记本型计算机、桌上型计算机、打印机、CPU、主机板、鼠标、键盘、手机等的从业者，必须在 2005 年 8 月 13 日以前，建立完整的分类、回收、复原、再生使用系统，并负担产品回收责任。

2012 年欧盟重新修订并通过了废旧电子器（Waste Electrical and Electronic Equipment，WEEE）指令，此次修订主要内容包括 3 个方面：

（1）设定了两个最高回收目标。指令生效后 4 年，欧盟成员国每年须收集投入本国市场的电子电气设备的平均重量的 45% 的报废产品；指令生效后 7 年，各成员国的收集率要达到 65%，目录中最小回收量见表 4-1。

表 4-1　WEEE 指令（2012/19/EC）规定目录产品最小回收量

序号	分类名称	欧盟最低目标/%			
		至 2015 年 8 月 14 日		至 2018 年 8 月 14 日	
		恢复	回收	恢复	回收
1	大型家电	80	75	85	80
2	小型家电	70	50	75	55
3	IT 和电信设备	75	65	80	70
4	耗电设备和光伏面板	70	50	75	55
5	照明设备	70	50	75	55
6	电气和电子工具（大型固定式工业工具除外）	70	50	75	55
7	玩具、休闲和运动设备	70	50	75	55
8	医疗设备（所有植入和感染的产品除外）	70	50	75	55
9	监控仪表	70	50	75	55
10	自动售货设备	80	75	85	80
	平均数%	73±4	58±11	78±4	63±11

（2）扩大了产品范围，力争涵盖所有的电子电气设备，例如太阳能光伏板、含臭氧消耗物质的设备及含汞荧光灯，在立法生效 6 年后，这些物质将必须被分类收集并妥善处理。

（3）提高电子电器（EEE）产品生命周期内所涉及的所有经营者的环保责任，如规定了零售商的收集要求，在销售电子电气设备的零售商店至少 400m² 范围内，零售商应负责免费收集终端用户产生的少量报废产品。

除了欧盟颁布的法令外，德国、瑞典、挪威、瑞士等国对电子废弃物的管理与利用开展了研究。德国是欧洲最早关注 WEEE 的国家，于 1991 年便颁布了《电子电气废弃物法》以规范 WEEE 的资源化处理，并于 1994 年将改为《促进循环经济及废物环保处理保证法》，其立法宗旨为：预防产生自电子电器设备的废弃物，推进电子废弃物的再使用、物质再循环与其他形式的资源再生，从而减少电子废弃物的处置量及电子废弃物中所含的危险物质。1996—1998 年将电子产品纳入循环经济和废物环保处理保证法的管理范围之内，并颁布了《物质封闭循环与废物管理法》，确立了电子产品生产厂家承担"生产者延伸责任制"。德国电器生产商于 2004 年组建电子旧设备登记基金会（EAR），作为管理 WEEE 回收体系的总协调机构。其具体的 WEEE 回收责任由公共废物管理组织和生产商责任组织共同承担，前者承担回收任务，即建立回收设施并组织分类回收，后者承担在回收点放置垃圾箱、协调物流运输、分类、拆解、粉碎处理等责任；费用责任则由 EAR、生产商或进口商、销售商、物流运输商、拆解商等共同承担。德国的 WEEE 回收体系属于竞争模式，即生产商委托第三方企业代为履行 WEEE 的运输和处理责任，第三方企业通过相互竞争以最大化利润。然而德国的回收和物流责任均由集体承担，各类 WEEE 不区分品牌统一回收，因而缺乏对环保设计的激励。

德国电子废弃物回收渠道如图 4-1 所示，其中单实线为废弃物或回收处理产物流向，虚线为销售量和处理量数据流向，双实线和点划线为处理资金流向。德国法律禁止私下买卖回收电子废弃物，所以德国的"四机一脑"第一级回收渠道主要有以下三种[3]：

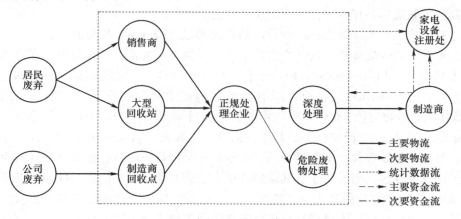

图 4-1　德国电子废弃物回收渠道示意图

（1）德国市政处理部门开设的大型回收站，居民和企业都可以免费将电器或者电脑送交回收站处理，不过需要自行装卸和运输。

（2）由生产商或受委托的专业环保公司设立的回收点，它一般针对企业和商家，回收点也设在企业或商家内部。

（3）销售电子产品的商场，商场在销售的同时也负责回收旧电器，有些产品还可以获得生产商的返点奖励。

进入回收渠道的电子废弃物基本全部由正规回收企业进行回收。正规回收企业也可以大致分为以下三类：

（1）只进行电子废弃物的初步分类、翻修或者简单的拆解服务。企业规模一般很小，属于小微型企业。企业设施和装备也比较简单，拆解以人工为主。

（2）经过初步拆解和分类的电子废弃物，运送到此进行更专业的回收处理。这种企业一般具有一定规模和技术实力，设施和装备较先进。

（3）主要处理特殊的危险废弃物，具有专业和特殊的技术和装备。

在电子废弃物管理的责任界定方面，德国贯彻了延伸生产者责任原则，按照"生产者负责、政府分担"，对电子废弃物回收、处理与处置各环节的责任主体及其内容进行了清晰的界定。责任规定的标准定量、份额清楚、衔接严谨，确保了电子废弃物的流动符合物质循环理念。

瑞典的电子废弃物管理主要涉及瑞典废物管理协会（Avfall Sverige）、瑞典环境保护署和生产者责任组织 El-Kretsen。瑞典废物管理协会拥有大量来自公共和私人废物管理和回收部门的成员，这些成员要确保所有城市的废物都能以最佳的方式被收集和回收利用[4]。瑞典环境保护署负责确保有关生产者责任的立法得到维护，并确保瑞典达到欧盟 WEEE 指令规定的最低目标，同时还要向政府和欧盟提交统计报告。El-Kretsen 的任务就是通过提供一个全国范围的收集体系以协助生产商完成他们的责任。而它与瑞典的 400 多个自治市及各回收公司的紧密合作保证了收集体系在全国范围内的高效运行。

在瑞典，绝大多数废弃的电子产品都是通过 El-Kretsen 收集的，它提供的是受国家认可的收集体系。这个收集体系分为两类：一类是收集来自私人家庭的电子废弃物，由 El-Kretsen 和各地市政府合作管理；另一类是收集来自企业的电子废弃物，由 El-Kretsen、各地市政府和承包的运输公司联合管理。瑞典大约有10000 个电池收集箱、600 个回收中心、2000 个收集站、550 个私有收集点、20个运输公司及 30 个回收公司。其中，回收中心收集来自私人家庭的废弃电子产品，收集站用以存放小型电子产品、电池和照明设备，而私有收集点是针对企业和组织所设立的。另外，还有移动的收集卡车或者某些形式的街边收集。基于欧盟 2012 年修订的 WEEE 指令，瑞典颁布了有关生产者责任的新法令。该法令增加了零售商的责任，要求所有出售电子产品的店铺于 2015 年 10 月 1 日起都必须作为废弃电子产品的收集点。它们能收集的产品的数量取决于店铺的大小。大的店铺收集所有外观尺寸小于 25cm 的电子产品，即使消费者不购买任何产品。而其他小店铺实行一对一原则，比如购买了一个产品就可以选择交还一个相同类型的旧产品[4]。

当回收中心或私人收集点向 El-Kretsen 的收集体系报告收集情况时，相关信息也会被传递到负责回收中心和回收公司之间物流的运输公司。每个运输公司都在一个特定的地理区域工作并且集中负责一个特定的回收类别。所有 El-Kretsen 的收集容器都有 ID 标签，当负责运送的车辆到达回收中心进行装车的时候，司机会对 ID 标签上的条形码进行扫描，随即收集容器的重量和容器内的物品信息就会被注册进 El-Kretsen 系统。运送车辆到达回收公司后，容器上的条形码会被再一次扫描，这使得每一个容器从收集点到回收公司都能被追踪，并且可确保所有收集的废弃电子产品都能以正确的方式处理[5]。

为了确保回收处理的质量，与 El-Kretsen 合作的回收商需拥有欧洲标准 CENELEC 或 WEEELABEX 的认证，若他们未能在与 El-Kretsen 开始合作的两年内获得认证，则合作终止。不同的电子产品有不同的回收方式，正确的分类是材料回收的关键。在瑞典，废弃的电子产品被分为五类进行回收，分别是电冰箱和冷冻机、照明设备、电池、大型家用电器及各种电子产品。

El-Kretsen 经过 10 多年的发展，不仅获得了国家认可，拥有和市政府、运输公司及回收公司的紧密合作，而且还在通过一些措施不断完善自身的收集体系。从电子废弃物的收集、运输、回收与处置来看，回收中心、收集点等分布广泛，运输记录可跟踪查询，回收进行分类处理，而高昂的填埋费用更能进一步促进回收减少填埋的废物量，另外通过数据的统计分析还可不断改善收集体系。瑞典电子废弃物的管理较为成功，截至 2019 年，接近实现回收 85% 的废旧电器电子产品的目标，为其他国家提供了丰富的经验。

日本是世界循环经济立法较早并最为完善的国家之一。在 20 世纪 90 年代，日本就制定了一系列环境方面的法律法规，其中就包含了关于电子电器废物回收利用方面的各类专项法律法规。日本在电子电器废弃物的立法主要分为三个层次：第一层是基础层次法律，即《建立循环型社会基本法》。基本法规定了社会各方应分担的责任，其核心内容主要是抑制废弃物的产生，以及促进资源的回收循环利用及处置，从而达到减少自然资源使用，减低环境负荷的目的。第二层是综合性法律，包括《废弃物管理和公共清洁法》和《促进资源有效利用法》两部法律。《促进资源有效利用法》规定企业从设计、制造等方面要综合努力，以及国家、经营者、消费者应采取的必要措施，促进产品及产品部件的回收再利用，减少废弃物的产生；其中电脑、手机、电视机等多类机电产品均为其中主要产品种类。第三层是具体产品法律法规，按不同产品的特性相对应。其中与电子电器废弃物关系较为密切的，如对应电视机、空调、冰箱、洗衣机产品废弃物的《家用电器资源回收法》，主要内容为推动对该类产品废弃物的收集、处理及利用，规定了消费者、制造者、进口商、零售商的职责，以及处置产品的目标回收率，见表4-2。日本对家电的回收利用非常成功，回收率远高于法规规定值，如2019年空调、冰箱及洗衣机的回收率分别为93%、90%、82%和90%[6]。

表 4-2　各类家电的法定回收目标

家电	法定回收目标	
	2001—2008 年	截至 2009 年
空调	60%	70%
电视（阴极射线管）	55%	55%
电视机（纯平屏幕）	—	50%
冰箱和冰柜	50%	60%
洗衣机	50%	65%

针对回收率较低的手机、游戏机、数码相机等小家电，2012年8月3日，日本参议院通过了《废小家电再生利用法》，并从2013年4月1日起实施。该法律将个人电脑、手机、游戏机、吹风机等小型家电分为96类，制定了到2015年人均年回收率1kg的目标。该法案的提出有利于提高铁、铝、稀土、稀有金属和贵金属的利用率，如2014年日本企业处理的小型电子产品数量达到4万吨左右，其中92%的废旧小家电进行了再生利用和热能回收，其余成为处理残渣。通过完善正确的回收利用体制，日本力争通过小型家电的再利用，实现有价金属的稳定供应。日本采用的EPR中的个人制造商责任延伸模式，规定了制造商对自己产品担负回收、再利用的责任，包括在商品生产、销售过程中，充分考虑回收处理的难度，以及建立再循环利用工厂等。

具体流程是：由地方政府从消费者手中回收小型家电，然后由获得资质认证的企业负责运输及中间处理，最后由金属冶炼企业重新制成原料。地方政府、企业和消费者不承担回收利用义务，也不产生费用负担。与《废家电再生利用法》不同，该法规不是"义务型"，而是地方政府和企业参加的"促进型"体系。与《废家电再生利用法》明显不同的是，它没有规定消费者的责任，即消费者无须承担必须向回收机构提交废小家电及支付相关处理费的义务。这部法律是促使消费者向法律制度靠拢、合作的制度。

这部法律申明了消费者主要以一般家庭消费者为对象，回收方是市、町、村各级政府回收（已具备再生利用处理能力的市、町、村参加）。小家电的处理企业的资格必须得到国家认可，而得到资质认可的企业不再需要废弃物处理法中所规定的回收运输许可及拆解许可。另外，新品制造企业和零售店要寻求它们起促进再生利用的作用，同时对制造企业提出要求，要进行易拆解设计并最大限度地利用再生材料。日本东京奥运会筹备委员会 2017 年开始面向全社会公开募集各类电子设备，通过两年时间，组委会共计收到了 78895t 的电子设备，其中包括 621 万部废旧手机。从这些电子设备中，提炼出了 32kg 黄金、3500kg 白银及 2200kg 青铜，用以制作奥运会的金银铜奖牌。

美国在国家层面并没有统一的法规规范电子废弃物回收利用，主要是由各州建立自己的废弃物回收立法。美国国家环保署（EPA）在 2006 年制定了约束力宽泛的"负责任的回收"（R2）规范，从 2009 年 7 月 27 日起，对保证符合 R2 标准的回收企业进行认证。但 R2 属于自愿性认证规范，约束力不强。2010 年 4 月，美国行业监管组织"巴塞尔行动网络"制定了电子废弃物回收企业"e-Stewards"标准及相关的认证程序，用于规范电子电器废物回收行业，得到了美国环保署承认；由于美国是联邦制国家，在电子电器废弃物管理方面主要由各州负责，在联邦层面上并未出台电子电器废弃物专项管理法规，最早由加利福尼亚州制定了电子废物的法律法规，即《电子废物回收利用法》，其后，缅因州、马里兰州和华盛顿州在州层面都制定了相应的电子废物回收法规。

在废弃物回收费用承担方面，除加利福尼亚州、犹他州采取消费者预付回收费用（Advanced Recycling Fee，ARF）的管理模式外，其余各州均采取延伸生产者责任制（Extended Producer Responsibility，EPR）模式中的集体制造商责任延伸（Collective Producer Responsibility，CPR）模式。在 CPR 模式下，制造商通过组建集体系统来履行制造商责任，实现规模经济，一定程度上克服了独立体系中单个制造商能力的有限性和重复组建过多设施的无效率。同时美国有些州运用税收的手段，对填埋和焚烧废弃物的行为征收填埋和焚烧税，这样可以有效地减少焚烧和填埋行为，鼓励企业对废弃物进行循环利用，减轻对环境的污染。

4.1.2 我国电子废弃物回收管理

我国作为世界最大的电子产品生产国、出口国和消费国，2019 年我国手机、计算机、彩电产量分别达到 3.89 亿部、3.5 亿台和 2 亿台，占全球总产量的 90%、90% 和 70% 以上；国内市场智能手机、PC、彩电出货量分别占全球总出货量的 27.8%、20% 和 20%。与此同时，根据国际电信联盟、联合国大学等联合发布的《2020 年全球电子废弃物监测报告》，我国已经成为全球最大的电子废弃物生产国，电子垃圾总量高达 1010 万吨，每年淘汰超过 1 亿台电脑、4000 万台电视、2000 万台空调和 1000 万台冰箱。

面临着严峻的电子废弃物问题，我国废弃电器电子产品回收处理的管理包括再生资源和环境保护两个领域，涉及电器电子产品的绿色设计与制造、再制造、回收、处理和资源综合利用和处置多个环节。从立法、国务院《废弃电器电子产品回收处理管理条例》到主管部委的管理办法和规章、标准，已经初步形成电子废弃物监管法律体系。然而，现有条文仅是原则性规定，重复立法、责任分配不科学、可操作性不强，仍存在着管理力度不足、法治化程度低等问题。完善我国电子废弃物管理法律体系显得极其重要。为此应制定电子废弃物管理专项法律，明确政府及相关部门的职责，扩大公众参与程度，促进电子废弃物处置产业化。

《中华人民共和国固体废物污染环境防治法》的颁布对电子废弃物的污染防治有指导性意义。本法原则性规定了对固体废弃物的减量化、资源化和无害化处置，以及对危险废物的相应处置办法。与此同时，该法第 18 条第 2 款"生产、销售、进口依法被列入强制回收目录的产品和包装物的企业，必须按照国家有关规定对该产品和包装物进行回收"的规定，第一次把生产者延伸责任适用在了固体废物的防治领域，虽然这只是原则性的规定，却为生产者延伸责任成为固体废弃物监督管理制度中的一项原则奠定了基础。

《中华人民共和国清洁生产促进法》的颁布，标志着我国环境保护的立法理念已经从末端治理转向了全过程控制，并第一次在立法中引入了产品生态设计义务。该法规定"产品和包装物的设计，应当考虑其在生命周期中对人类健康和环境的影响，优先选择无毒、无害、易于降解或者便于回收利用的方案"，对从初始就制造清洁的电子产品具有指导作用，为生态设计立法在电子产品领域的适用奠定了基础。但针对愈演愈烈的电子废弃物问题，仍缺乏专业的科学处理方法和循环再利用的相关规定。

《中华人民共和国循环经济促进法》对电子废弃物的回收处理做了进一步的规定。首先，确立了生产者延伸责任制度，对在拆解和处置过程中可能造成环境污染的电子产品，不得使用国家禁止使用的有毒有害物质；其次，规定了对再利用产品的标识责任，回收的电子产品经过再生产后销售的，必须严格符合再利用产品的标准，并在显著的位置标出再利用产品的标识。但该法偏重于引导性，法律强制力不足，可操作性较差，这些对电子废弃物的污染防治和循环利用无法起到根本作用。

《电子信息产品污染控制管理办法》是我国第一部专门的电子废弃物监督管理立法，被称作中国的 ROHS 指令。为了减少电子产品废弃后对环境造成的损害，促进生产和销售低污染的电子信息产品，提出了生产和设计环境友好型产品的要求，这也是生产者延伸责任制度的重要组成部分。但对电子信息产品废弃以后的回收处理等不在调整范围之内，且其属于部门规章，法律效力有限。

《废弃电器电子产品回收处理管理条例》（以下简称《条例》）的颁布标志着我国电子废弃物监管法律体系的初步形成。该条例较为全面地规定了电子废弃物监督管理的法律制度，规定了废弃电子产品处理目录、处理发展规划、基金、处理资格许可等制度。其中生产者延伸责任制度要求生产者采取有利于综合利用资源和无害化处理的方案，使用低毒低害、便于再利用的生产材料，生产者应按照规定履行电子废弃物处理基金的缴纳义务，用于电子废弃物回收处理的补贴，但对于如何推动生产者履行该项责任，并无具体的措施。

此外，为保证《条例》的有效实施，自 2009 年以来，环保部、商务部、财政部等部门相继颁布了《家电以旧换新实施办法》等规章，对进入监管范围的电子废弃物的种类、拆解处理资质的许可条件和程序、通过家电以旧换新的方式回收电子废弃物等电子废弃物监督管理的重要环节进行了规定，但因为大多数规章是近期才颁布的，相关的政府主管部门和企业尚需要时间进行学习，从而有效地贯彻实施，而现有企业要达到有关规定的要求，也同样需要一定的时间和其他方面的投入。

2016 年开始，我国工业和信息化部（以下简称工信部）大力推进绿色制造，将构建产品的全生命周期绿色供应链纳入绿色制造管理体系中。此外，我国工信部、财政部、商务部和科学技术部开展的电器电子产品生产者责任延伸试点，引导生产企业参与废弃产品处理体系的建立，探索生产者责任延伸制度的激励机制。《电器电子产品绿色供应链管理　第 5 部分：回收与综合利用》（T/CAS 311.5—2018）规定了电器电子产品生产企业开展废弃产品回收和综合利用的要求，并突出了对回收商评价指标要求。我国电子废弃物相关法律见表 4-3。

表 4-3　我国电子废弃物相关法律

名称	发布时间	生效时间	主要内容
《中华人民共和国固体废物污染环境防治法》	2004 年 12 月 29 日	2005 年 04 月 01 日	规定拆解、利用、处理废弃电器产品应当遵守有关法律、法规的规定，采取措施，防止污染环境
《电子信息产品污染控制管理办法》	2006 年 06 月 28 日	2007 年 03 月 01 日	限制在电子产品中使用有毒有害物质，要求对有毒有害物质进行标注。该管理办法于 2016 年 7 月 1 日废止
《废弃家用电器与电子产品污染防治技术政策》	2006 年 04 月 27 日		对电子产品环境设计、废弃产品的收集、运输和贮存、再利用和处置全过程的环境污染防治进行了原则性的规定
《电子废物污染环境防治管理办法》	2007 年 09 月 27 日	2008 年 02 月 01 日	对电子废弃物回收处理项目建设的环保要求进行了明确规定

名称	发布时间	生效时间	主要内容
《废弃电器电子产品回收处理管理条例》	2009 年 02 月 25 日	2011 年 01 月 01 日	确立了多渠道回收、集中处理制度，对回收处理企业实行资格许可制度，并设立处理基金补贴回收处理企业
《废弃电器电子产品处理目标（第一批）》	2010 年 09 月 08 日	2011 年 01 月 01 日	明确享受补贴的处理产品种类
《废弃电器电子产品处理发展规划编制指南》	2010 年 11 月 15 日		指导省级单位编制本地区的废弃电器电子产品处理发展规划
《废弃电器电子产品处理企业补贴审核指南》	2010 年 11 月 16 日		指导地方环保部门对处理企业上报的拆解量和补贴金额进行审核
《废弃电器电子产品处理企业资格审查和许可指南》	2010 年 12 月 09 日		对申请处理电子废弃物企业的条件和申请流程进行了详细的规定
《废弃电器电子产品处理资格许可管理办法》	2010 年 12 月 15 日	2011 年 01 月 01 日	对处理资格的申请，审批及相关监督管理工作进行了规定
《废弃电器电子产品处理基金征收使用管理办法》	2012 年 05 月 21 日	2012 年 07 月 01 日	对补贴基金的征收和使用方法进行了详细的规定
《废弃电器电子产品处理目标（2014 年版）》	2015 年 02 月 09 日	2016 年 03 月 01 日	基金补贴产品扩充到十四大类
《电器电子产品有害物质限制使用管理办法》	2016 年 01 月 06 日	2016 年 07 月 01 日	《电子信息产品污染控制管理办法》的升级版本

　　我国废弃电器电子产品回收行业的发展经历了 4 个阶段，如图 4-2 所示。第一个阶段是 2009 年之前市场经济体制下的个体回收为主的传统再生资源回收模式；第二个阶段是 2009—2011 年，在国家家电以旧换新政策下的以零售商和制造商为主的家电以旧换新回收+政府补贴回收模式；第三个阶段是 2012—2015 年，在《条例》和基金制度下，以个体回收为主的传统再生资源回收模式；第四个阶段是 2016 年后，传统回收模式与创新回收模式共存的发展阶段。

　　从 2016 年开始，商务部大力推进创新回收模式，包括互联网+回收、两网融合发展、新型交易平台、智能回收模式等。大量创新回收公司涌现，利用"互联网+"、大数据等现代信息手段，推动再生资源回收模式创新，完善废弃电器电子产品回收体系。工信部通过生产者责任延伸试点、构建绿色供应链企业示范推动生产者为主导的 EPR 回收模式。2016 年，互联网+回收模式主要以手机为主。到 2017 年，互联网+回收已经扩展到大家电产品，例如深圳的爱博绿、上海的嗨

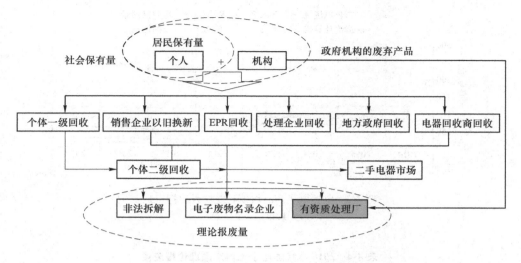

图 4-2　我国废弃电器电子产品回收处置流程图

回收、北京的有闲有品，均以废电视机、废电冰箱、废洗衣机等大家电为主要回收对象，并在全国各地广泛布局。与传统的回收模式不同，互联网+回收的产品优先再使用，不能再使用的交给有资质的处理企业进行拆解处理。

　　经过一年多的 EPR 试点，生产企业的 EPR 回收网络建设已形成一定的规模。截止到 2017 年第二季度，试点企业共建立 13486 个回收点，回收废弃电器电子产品 1793.81 万台。其中，首批目录产品 834.67 万台，占 2015 年全国废弃电器电子产品处理企业处理数量的 15.77%。电视机的返回率（回收数量与上一年销量的比值）达到 7%，电冰箱为 5.98%。

　　2018 年，处理企业的处理能力达到 1.7 亿台左右。根据生态环保部公示的 2018 年第一季度数据显示，废电冰箱、洗衣机和微型计算机的处理量占比提高，分别达到了 9.98%、18.29% 和 11.37%；废电视机的处理占比降低至 57.10%。根据《中国统计年鉴》的居民百户拥有量测算的电器电子产品居民保有量如图 4-3 所示。2018 年，彩色电视机居民保有量为 5.4 亿台，电冰箱 4.4 亿台，洗衣机 4.2 亿台，房间空调器 4.6 亿台，微型计算机 2.8 亿台，手机 11.1 亿台，吸排油烟机 2.4 亿台，热水器 3.7 亿台。

　　根据市场 A 模型（部分产品选用韦伯分布）测算废弃电器电子产品理论报废量，《废弃电器电子产品处理目录（2014 年版）》中 14 种产品 2018 年的理论报废量见表 4-4。其中，首批目录产品理论报废量约为 1.5 亿台，包括电视机 4817.6 万台、电冰箱 2064.7 万台、洗衣机 2024.8 万台、房间空调器 3149.1 万台。

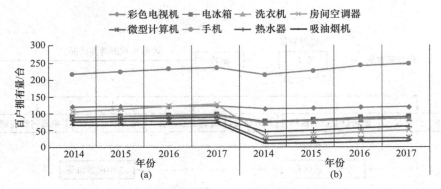

图 4-3 电器电子产品城镇和农村百户拥有量

(a) 城镇；(b) 农村

表 4-4 2018 年我国电子电器产品理论报废量

电子电器产品	2018 年		2017 年	
	报废数量/万台	报废重量/万吨	报废数量/万台	报废重量/万吨
电视机	4817.6	85.3	3065	79.7
电冰箱	2064.7	97.0	1688	60.8
洗衣机	2024.8	43.5	1699	35.6
房间空调器	3149.1	120.3	1682	57.2
微型计算机	3034.4	60.7	1893	28.4
小计	15090.6	406.8	10027	261.8
吸油烟机	3081.7	24.7	1021	17.3
电热水器	1938.4	42.6	819	16.4
燃气热水器	973.8	11.7	760	9.1
打印机	3039.7	24.3	2271	18.2
复印机	574.8	51.7	487	28.7
传真机	507.5	2.0	410	1.2
固定电话	3102.8	1.6	2919	2.2
手机	30393.3	6.1	23978	3.8
监视器	160.0	1.6	41	0.6
总计	58862.6	573.1	42733	359.3

在《条例》和配套政策的推动下，我国废弃电器电子产品处理行业稳步发展，互联网+回收等创新回收公司在绿色发展的大环境下飞速发展，推动我国多渠道回收体系的建设。我国废弃电器电子产品回收处理行业不论在管理制度方

面，还是资源回收利用、节能减排、污染预防等领域都取得了显著的效果。2017年，获得资质的废弃电器电子产品处理企业拆解处理目录产品约 7900 万台，总处理重量约 208.32 万吨。根据中国家用电器研究院测算，处理企业共回收铁53.6 万吨、铜 5.0 万吨、铝 2.6 万吨、塑料 40.6 万吨。2012—2017 年废弃电器电子产品资源回收情况如图 4-4 所示。

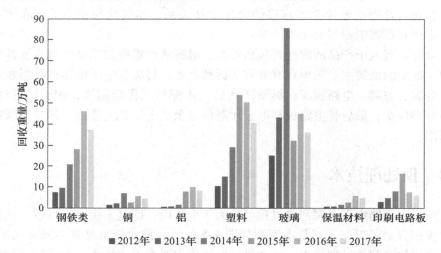

图 4-4　2012—2017 年废弃电器电子产品资源回收重量

废弃电器电子产品的规范拆解处理减少了对环境的危害，特别是对环境风险大的印刷线路板和含铅玻璃的环境效益最为显著。印刷电路板交售给有资质的下游企业进行综合利用，大大减少了不规范处理带来的环境污染。

我国电子废弃物监管立法的核心理念仍为传统的末端治理模式，重点仍是电子废弃物的拆解和处置工作，最初的产品设计生态化并没有引起立法者的足够重视。即使传统落后的拆解处理方法会对环境造成极大的危害，现行立法仍然表现出"重拆解、轻回收"的特点，侧重点也仅仅局限于电子废弃物的拆解处理，缺乏切实有效的回收再利用制度。

目前我国对于电子废弃物的监管采取的是分级与分部门监管相结合的形式。发展和改革委员会、工信部、生态环境部等部门都以自身的职责为出发点，单独或联合制定了一系列规定。

电子废弃物的回收利用和处置是一项复杂而艰巨的工作，需要政府相关部门的努力，更需要广大公众意识的提高和积极参与。在立法时可以要求政府通过媒体宣传等有效的方式加大对公众的教育力度，提高公众对正确处置电子废弃物的意识，引导和鼓励消费者优先购买环境友好型电子产品，进而通过市场的调控力量促使生产者承担更多的责任。

废弃电器电子产品回收处理是电器电子产品全生命周期的重要组成部分。废弃电器电子产品回收处理行业的规范发展，不仅可以减少环境污染，提高资源利用水平，也会为电器电子产品全生命周期绿色供应链的构建提供重要的行业支撑。随着废弃电器电子的爆发式增长及回收处理行业的发展，越来越多的处理企业参与其中，一些生产厂商也开始自建处理工厂，如长虹、格力、TCL 等；还有很多企业与处理企业建立了直接的合作伙伴关系，如美的与格力美、联想与伟翔、索伊和尊贵电器与安徽福茂等。

废弃电器电子产品回收处置包括拆解、对拆解产物深加工及稀贵金属的综合利用。拆解的处置主要集中在有资质的拆解企业，将废弃电子电器产品拆解成塑料、金属、玻璃、电路板等；拆解产物进一步深加工得到钢铁、铜、铝等资源，塑料分类外卖；最后将电路板和电子元器件送至冶金处置企业进行稀贵金属的回收利用。

4.2　预处理技术

电子废弃物中贵金属回收过程可分为 3 个阶段，即电子废弃物拆解、线路板预处理和贵金属提取，其基本流程如图 4-5 所示。预处理也是贵金属富集阶段，一般采用物理和热处理技术；贵金属提取阶段主要有火法技术、湿法技术和生物技术。

4.2.1　电子废弃物拆解

电子废弃物的拆解是资源化利用的必要工序，将整台电器设备拆解为后续处置提供基础，并按不同材质和成分分类[7]。拆解可分为分类拆解和元器件拆解。传统的拆解操作一般手工完成，在可能的情况下使用机械设备辅助。近年来，电子废弃物的机械及自动拆解技术是拆解研究发展的热点。

分类拆解线也称为整机解体，是一条输送自动化、拆解人工化的半自动流程[8]。该条线由工装板输送机、万向工作台、中央吸尘器、空气压缩机、照明装置、电动拆解工具、工作椅、物流箱等组成。此流水线适用于常规大中型电子产品整机解体，如打印机、电脑、复印机、微波炉、电视机等，拆解产物类型有塑料机壳、金属机壳、玻璃、印刷电路板、电线、显像管、其他零部件等。在分类拆解线上的主要是将整台的电脑主机、打印机、扫描仪等大件物料拆分为易于后续处理的器件，同时将物料的外壳、内部零件进行分类，并将电子废弃物中的危险废弃物拆出以降低处理过程中对环境造成污染的可能性。表4-5 列出了四种办公设备（照相机、扫描仪、硒鼓、电脑）经分类拆解后主要产物及其组分。

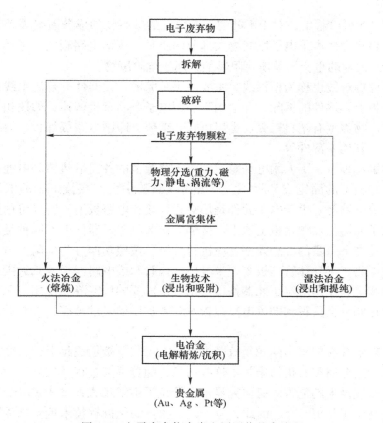

图 4-5 电子废弃物中贵金属回收基本流程

表 4-5 照相机、扫描仪、硒鼓、电脑拆解产物重量及比重

产物	照相机	扫描仪	硒鼓	电脑
总重量	200g（100%）	5000g（100%）	2362g（100%）	290000g（100%）
塑料	100g（50%）	2000g（40%）	1172g（49.6%）	6800g（23.4%）
铁	30g（15%）	500g（10%）	730g（30.6%）	9000g（31.0%）
铝	—	—	30g（1.3%）	—
铜	—	500g（10%）	5g（0.5%）	300g（1.1%）
玻璃	—	1000g（20%）	—	7000g（24.1%）
电路板	20g（10%）	500g（10%）	—	5400g（18.7%）
墨粉	—	—	425g（18.0%）	—
镜头	50g（25%）	—	—	—
风扇	—	—	—	500g（1.7%）
喇叭	—	500g（10%）	—	—

　　由表 4-5 可以看出，对于不同的设备得到的拆解物的成分有显著差异，总体而言，塑料和金属占了电子废弃物大部分的质量，废旧电路板的质量约为 10%～20%，包含大量的重金属及溴化阻燃剂，属于危险废物。

　　元器件拆解线也称为精拆线，主要由手工完成。元器件拆解流水线主要用于印刷电路板上元器件的拆除，并适用于小型电子产品整机解体，如照相机、手机等。拆解产物类型有塑料机壳、金属机壳、玻璃、印刷电路板裸板、电线、各种电子元件、其他零部件等。

　　在拆解过程中，工人用电动螺丝刀将电路板上的各类散热器和电池拆除，再将印制线路板上的固定支架拆下。接着将线路板中可直接拔下来的电子元件拆除，如集成电路等。由于电子元件是用焊锡焊接在电路板上，所以可用热风枪或锡缸将电子元器件从线路板上取下。拆解下来的电子元器件由不同种类的材料组成，为了提高下一步的处理效率，应进行分类。按照功能分为电阻、电感、电容器、集成电路、半导体管三极管、半导体二极管和废电路裸板等几大类后，通过可靠性检测重新使用的电子元器件，可销售给需要的厂家降级使用，无法降级使用的器件连同分类后得到的废电路裸板及各类扩展槽经过破碎、分选后再进一步处理。

　　人工拆解存在的突出问题是效率低下，人工成本费用逐年上升，而且电子垃圾含有多种重金属和有机污染物。这些污染物随着拆解过程释放到环境中，会对操作人员造成极大的危害。有研究显示电子垃圾拆解工人血清中 PBDEs、DPs 等含量显著高于正常值[9,10]。因此，电子废弃物自动化拆解技术近年来受到人们的关注。上海第二工业大学采用工业机器人设计出废弃 LCD 显示器自动化拆解流水线，该流水线的目的是将完整的废弃液晶显示屏拆解成液晶屏、电路板、塑料外壳、金属罩等独立部分。采用多工位流水协同工作，包括从上游到下游依次的工位为上料工位、切割工位、开孔工位、激光工位、分离工位和回收工位；上述各工位之间采用传送带连接，实现流水线工作，其结构如图 4-6 所示。该系统只需要一位操作工位操控，采用安全防护隔离罩保证安全环保的操作环境，最大程度避免了拆解过程中噪声、粉尘及有害金属对操作人员身体的伤害[11]。

4.2.2　物理技术

　　经过拆解后的废弃电器电子产品，被分成了塑料外壳类、电路板类、玻璃类、导线类等不同类型，塑料外壳类、玻璃类、导线类等拆解产物一般是作为初级产品分别送往专业工厂进行再生利用。对于含有电子元器件的电路板，一般在拆解企业内完成板器分离、光板多级破碎分选，得到混杂电器元器件、环氧树脂类非金属粉末（废线路板粉末）、以铜为主的多金属粉末等产品。

　　破碎是分割固态物质的机械操作，也就是不改变质量增加其表面积的处理过

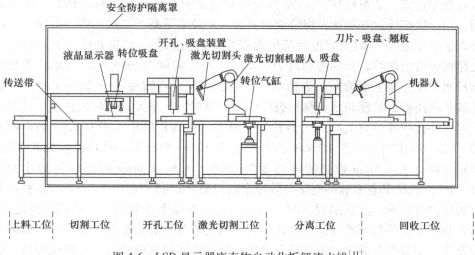

图 4-6 LCD 显示器废弃物自动化拆解流水线[11]

程，其主要目的就是实现金属与非金属完全解离[12]。所有的电路板都是金属嵌布并且与非金属密切共生，因此在进行分选之前目标金属必须被"释放"或者"解离"出来，达到目标解离度，并在后续的各种分选过程中使之有效分离。电路板破碎分为干式、湿式和半湿式破碎 3 种。广泛应用的是干式机械能破碎，它是直接从采矿工业部门借鉴而来的机械破碎方法，破碎作用包括挤压、摩擦、剪切、冲击、劈裂、弯曲等，其中具有剪切和冲击作用的破碎对电路板的破碎效果较好。破碎过程中，首先必须保证电路板能够被完全粉碎（物料粒度），其次在电路板完全粉碎的前提下寻求金属单体能够充分解离的粒度（解离度）。研究表明，物料粒度既不能过粗也不能过细，常见的干式机械能破碎中，当物料粒度小于 1.2mm 时，金属出现好的解离性，随着物料粒度的减小，解离度逐渐增加，当粒度小于 0.45mm 时，金属和非金属完全解离。但是，干式机械能破碎中常常伴随着二次污染及破碎设备功能要求高等问题，使得此破碎法逐渐失去研究主流地位。

破碎技术在一定程度上实现了破碎解离，但电子废弃物组分和矿石相比有着很大的差异，要想使破碎解离效果达到最佳，研究适合电子废弃物专用破碎设备非常必要。但是随着破碎研究不断发展，减少破碎量，增加拆解量，反而对整个机械回收更有效[13]。瑞士 Result 公司开发了一种在超音速下将涂层线路板等多层复合制件破碎的设备[14]。它利用各种层压材料的冲击和离心特性不同，将多层复合材料彼此分开。由于不同材料碰撞变形情况不同，脆性材料被碎成粉末，金属则形成多层球状物。我国对电路板破碎技术的研究较晚，但研究进展非常迅速。周翠红等[15]针对电路板特点自行研制 ZKB 剪切破碎机，破碎效率高，基本没有粉尘污染。贺靖峰等[16]以水为介质对电路板湿法破碎进行了研究，结果表明，与干法破碎过程相比，湿法破碎具有破碎效率更高、二次污染小等优点。清华大学李金惠等[17]对废弃电路板的低温粉碎进行研究，结果表明，低温冷冻使电路板表现出脆性，在预冷温度为-120℃、冷冻时间为5min时，可以获得较多细粒级产品、较平滑的颗粒表面和较高的解离度。刁智俊等[18]研究了高压电脉冲破碎电路板，发现高压电脉冲破碎产物中粗粒级产率大，细粒级产率小，且高压电脉冲破碎能够有效减少"过粉碎"现象。破碎产物中大于0.2mm的产物占63.79%～93.17%，小于0.5mm的产物占0.89%～4.85%，说明粗粒级产率大；破碎产物小于1.5mm粒级的解离度为100%，1.5～2.0mm粒级的解离度大于71.91%，该结果表明脉冲电压和脉冲个数对破碎产物中小于1.5mm的各粒级的解离度没有影响，并且细颗粒的产生过程几乎都发生在铜箔与环玻板解离之后。这说明对于铜箔与环玻板的连生体而言，高压电脉冲总是使铜箔与环玻板解离率先发生，即金属与非金属的解离在高压电脉冲破碎过程中具有一定的优先性。在高压电脉冲的作用下，铜箔与基材及阻燃剂层之间的界面受到放电通道膨胀和拉伸波的作用出现剥离现象，这种剥离是从界面的边缘开始发生的，随着脉冲个数的增加逐渐向界面内部延伸，直到实现铜箔与基材、与阻燃剂层之间完全分离。而机械破碎过程中的机械能直接作用于电路板，并以实现产物粒度逐步减小为主。机械破碎过程中，若破碎产物的粒度过大，势必导致解离不充分、分选效率低的问题；但破碎产物过细，又会产生较多的难分选细颗粒，即"过粉碎"现象，导致破碎能耗增加。

《国家危险废物名录》规定，经破碎分选工艺所得的混杂电子元器件及废线路板粉末（WPCB）属于HW49类危险废物，但国家定点拆解企业中的大多数企业目前尚未形成对上述两类危险废物进行处置的能力，也没有取得相应的危废经营许可证。WPCB粉末的出路问题已经引起国家相关部门、行业和拆解处理企业的高度关注。WPCB粉末中的各类树脂和玻璃纤维相对于金属组分而言的经济价值不大，对其再生利用的主要目的是降低其在环境中的危害和处置成本。

WPCB粉末主要通过物理处理技术主要是利用各组分的密度、磁性、导电性及表面特性等物理性质的差异而对其进行分选，重力分选[19]、磁选[20]、涡流分离[21]、静电分离[22]、空气分离[23]和跳汰[24]等技术已被广泛应用。物理处理技术通常作为化学法的预处理步骤，得到非金属和金属富集体。物理处理技术有低成本、低污染等优势，但由于贵金属在电路板中的含量占总质量的比例很低，一般方法会造成一定的贵金属损失，且各种物理处理技术获得的贵金属富集物仍需进行后续加工。

重力分选一般采用空气、水、重液或重悬浮液作为分选介质。由于设备结构简单，成本低廉，应用范围更广泛。在废旧线路板回收中最常采用摇床分选和气流分选法。摇床分水力和风力摇床两种，借助床面的不对称往复运动和薄层斜面水流的综合作用，物料按密度大小呈扇形分布。对于废旧线路板破碎物料，采用空气摇床回收，在 1.2～0.5mm 粒级分选效果最好，金属的回收率高达 94.64%[25]；采用水力摇床分选，铜在重密度组分中的回收率高达 99.67%，非金属物质在轻密度组分中的回收率为 84.88%[26]，但水力摇床会产生大量含重金属的污泥和废水。江勇等[27]采用电动水力摇床回收废旧线路板粉末中的金属，粒径在-1.00mm 时回收率最高，可以达到 98.7%；粒径在-0.50mm 时，铜的回收率为和粒径在-1.00mm 时的回收率相近，达到了 98.3%。对于粒度-0.15mm 的粉末，在分选过程中，由于粒度过小，金属粉末容易被水冲走，增加了分选难度。因此，适合水力摇床分选的粒径是 0.15～1.00mm。可以通过控制粉碎时间，防止过粉碎，减少粒径在-0.15mm 的分布。

气流分选是以空气作为介质，利用垂直上升气流或水平气流对颗粒按密度大小进行分离的一种分选方式，其原理如图 4-7 所示。传统的气流分选难以实现物料宽粒级、多组分按密度为主导的分离。为了提高分选效率，在 20 世纪 80 年代就对脉动气流分选装置和脉动气流分选原理进行了研究，图 4-8 为阻尼式/被动式脉动气流分选装置的两种结构形式。王海锋等[28]研究了脉动气流分选机理和其对废弃电路板破碎物料的分选。结果表明，在脉动气流中因密度不同，非金属颗粒受到的作用力（上升时为曳力、下降时为阻力）比对金属颗粒受到的作用力大。当气流带动破碎线路板粉末同时上升时，非金属颗粒受到更显著的作用，上升得快；而在下降时非金属粉末受到气流的阻力更显著，下降得慢。由于多数颗粒是受到脉动气流的持续作用，逐步累积实现分选，因此选择合理的脉动频率

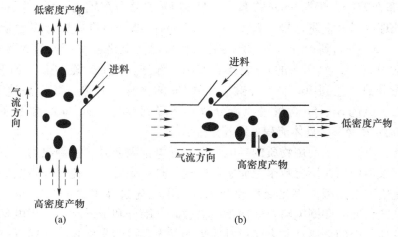

图 4-7 风力分选原理及装置

（a）垂直上升气流分选；（b）水平分流分选

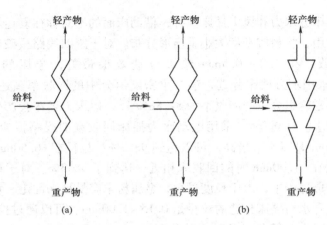

图 4-8 阻尼式脉动气流分选装置
(a) 转折式；(b) 局部收缩式

有利于提高物料的分离速度，从而避免物料在分选管内的集聚。实验结果表明，气流速度、脉动频率及两者的交互作用对 2.0~0.5mm 废弃电路板破碎物料的分选效率有显著影响。当气流速度为 6.2m/s、脉动频率为 1.69Hz 时分选效率达 89.97%，达到了金属富集的目的。

Yoo 等[29] 使用捣碎机磨碎废旧电路板，再进行粒度分级、重力分选和两步磁选来富集有价金属，并对不同粒径电路板颗粒中金属元素的分布进行了研究。将磨碎的产物用振动筛分级为小于 0.6mm、0.6~1.2mm、1.2~2.5mm、2.5~5.0mm 和大于 5.0mm 的组分。结果表明，Cu、Sn、Pb 分布在的较细部分，85% 的 Ni 分布在粒径大于 5.0mm 的部分，Al 和 Fe 的分布则较为分散。再对不同粒径进行处理以提升金属含量，粒度小于 0.6mm 的部分经重选后金属含量（质量分数）由 23% 提高到 45%。第一步磁选过程可以使电路板中 83% 的 Ni 和全部的 Fe 进入磁性部分，而 92% 的 Cu 富集在非磁性部分。其中，磁性部分 Ni 和 Fe 含量（质量分数）达到 76.5%，非磁性部分 Cu 的含量（质量分数）高达 71.6%。再经第二步磁选 Ni、Fe 含量（质量分数）下降到 56%，而 Cu 的含量（质量分数）提高到 75.4%。具体流程如图 4-9 所示。

高压静电分选是利用物质的导电特性、介电常数差异，使静电力、重力、离心力等有效地作用在所有粒子上而实现分选，具有高效、低耗、环境友好等显著优点，是废旧电路板无害化处理和资源化利用的先进技术之一。Li 等[30,31] 提出了一种工艺，废弃印刷电路板经两步机械破碎、筛分和干燥后，采用电晕静电分离技术分离其中的金属和非金属；具体步骤是先通过两步破碎，金属可以完全从印刷电路板基板剥离，最后采用电晕静电分离得到粒度为 0.6~1.2mm 的金属富集体粉末。

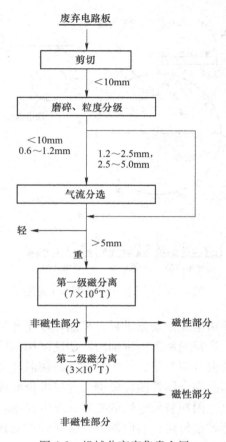

图 4-9 机械分离富集贵金属

传统辊式电晕静电分选机通常由电晕电极（corona elect rode）、静电极（electrost atic electrode）和转辊电极（roll）组成[32]。其中，电晕电极和静电极连接高压电源（high voltage），转辊电极接地，如图 4-10 所示。当高压直流电通至电晕电极和静电极后，电晕电极将周围空气电离并释放出大量电荷，辊式静电分选机施加高压负电流。大量负电荷飞向转辊（接地正极）方向，形成一个离子化区域；同时在电晕-静电联合电极和接地转辊电极间产生静电场。电晕电极和静电极的位置（α_1、α_2、S_1、S_2）可以进行调整，从而起到调节电场分布和强度的作用。电磁振动进料器（feeder）用来确保废旧电路板混合颗粒（nonconductive particle and conductive particle）能以稳定的速度进料，并以单层状态、均匀地铺在转辊电极表面。毛刷（brush）用来清除附着在转辊表面的非导体颗粒。3 个收集装置被分别用来收集导体产物（conductive products）、中间体（middling products）及非导体产物（nonconductive products）。分选时，破碎废旧电路板颗

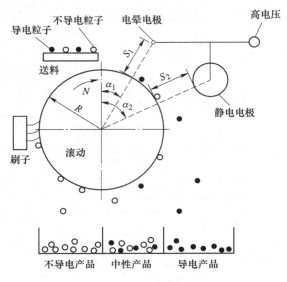

图 4-10 高压静电分选原理示意图

粒混合物以一定的速率由电磁振动器进料，平铺在以速度 N 顺时针旋转的转辊电极表面，并随其转动。进料速率需与辊轴的转动速度相匹配，以确保在转辊电极表面形成单层、均匀的混合颗粒层，从而尽可能地使混合物中各颗粒在后续过程中获得良好的荷电状态。混合颗粒随转辊进入电晕电极形成的离化区域后，导体和非导体颗粒均被荷电。因颗粒导电性的差异，介电性能较差的导体颗粒所获得的负电荷很快通过接地转辊传走；与此同时，金属颗粒受到偏极所产生的静电场的感应作用，靠近偏极的一端感应出正电荷，远离偏极的另一端感应出负电荷，负电又迅速地由辊筒传走，只剩下正电荷。对于介电性能较好的非导体颗粒，其获得的负电荷很难通过转辊传走，即使传走一部分也是极少的。当荷电过程完成以后，导体颗粒和非导体颗粒在电晕-静电极产生的静电场作用下表现出不同的运动方式。导体颗粒由于带正电荷，而静电极带负电，因此导体颗粒受到静电力的作用而被静电极吸引；导体颗粒还受到随转辊运动的离心力和自身重力切向分力的作用。在这 3 个力的作用下，导体颗粒以一定角度从转辊表面脱离。脱离后的导体颗粒受到重力、静电力和空气阻力的作用，沿一定的轨迹落入导体产物收集区。非导体颗粒由于其表面电荷与转辊表面所产生的径向"映像力"被紧紧地"别"在转辊表面并随之一起转动，带到转辊后方，最后由毛刷清除，落入非导体产物收集区。由于各种原因而无法正常进入导体或非导体产物收集区的颗粒则进入中间体收集区。

　　Li 等[33]研发出三级高压静电分选技术并应用于废旧电路板回收生产线中，如图 4-11 所示。相较于传统分选机，该三级分选机在金属纯度和产量上都有明显提高,同时显著地降低了非金属颗粒的不利影响。该生产线首次提出将高压静电分选技术与旋风分离技术相结合处理废旧破碎电路板,也为高压静电分选技术处理废旧电路板的多元化提供了启示。

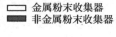

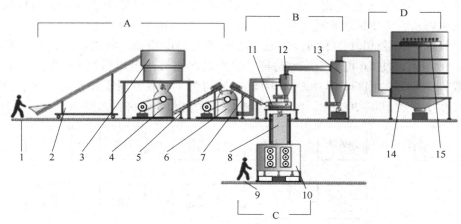

图 4-11　高压静电分选生产线处理废旧电路板

1—送料工人;2,8—带式运输机;3—破碎机;4,6—锤碎机;5,7—螺旋输送机;9—收集工人;
10—六轮静电选矿机;11—振动筛;12,13—旋风分离;14—布袋除尘器;15—脉冲泵;
A—多级破碎;B—切料筛分;C—多辊式高压电分选;D—重力除尘

表 4-6 给出了传统水力摇床与高压静电分选工艺技术参数对比,可以看出高压静电分选在能耗、金属回收率、人工成本、环境等多方面具有显著的优势,经济效益也明显优于传统水力摇床。

表 4-6　传统水力摇床与高压静电分选工艺对比

技术参数	传统水力摇床生产线	高压静电分选生产线
进料量/t·h^{-1}	0.3	0.3
功率/kW	200	130
金属回收率/%	<80	>90
操作工人/人	10	4
环境影响	排放废水	无
设备造价/万元	21	70
运行费用/元·t^{-1}	9957.15	9545.55
总利润/元·t^{-1}	122.85	1794.45

瑞典、德国、加拿大、日本等发达国家均建立了专门处置电子废弃物的工厂,采用机械物理法分离回收塑料、玻璃、金属等材料[34]。德国 Daimler Benz

Ulm Research Center 开发了四段式处理工艺，即预破碎、液氮冷冻后粉碎、分类、静电分选，如图 4-12 所示。该方法具有如下特点：

（1）液氮冷却有利于破碎；

（2）破碎时产生大量的热，在整个粉碎过程中持续通入液氮可以防止塑料氧化燃烧，从而避免有害气体生成；

（3）与传统工艺相比，该静电分选设备可以分离尺寸小于 0.1mm 的颗粒，甚至可以从粉尘中回收贵重金属。

日本 NEC 公司开发了两段式破碎法处理废旧电路板，将废旧电路板破碎成 1mm 的粉末，使 Cu 可以很好地解离，再经过两级分选可以得到 Cu 含量（质量分数）约 82% 的铜粉，其中超过 94% 的 Cu 得到了回收，树脂和玻璃纤维混合粉末尺寸主要在 $100\sim300\mu m$，可以用作油漆、涂料和建筑材料添加剂。

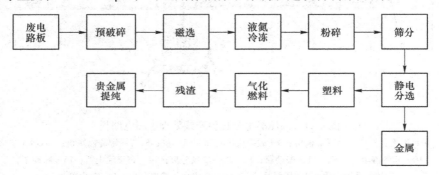

图 4-12　Daimler Benz Ulm Research Center 的四段式废旧电路板处理工艺

4.2.3　热处理技术

热处理是目前较为经济环保的一种技术。目前主要是在焚化炉中分解塑料等有机物得到富集的金属。与火法处理技术不同，热解是在无氧或缺氧的条件下利用高温加热分解有机物，生成气体、液体（油）、固体（焦）等从而与金属分离，达到回收金属富集体的目的。热处理同样作为一种较为快速的预处理，且金属损失少，热解后金属成分的分离回收仍需要采用其他方法。

孙静[35] 以废旧印刷电路板为研究对象，提出了微波诱导热解处置电子废弃物进行有价成分全面回收的技术路线。这种方法充分利用了微波直接作用物料而引发的加热效应及作用金属而引发的放电热效应和局部高温，从而实现对废弃电路板的有机成分的回收，降低废弃物的破碎难度，提高单体离解率。从能源利用角度讲，这是一种直接、高效的内部加热方式，能量利用率高，可大大提高处理效率，缩短处理时间。但是目前微波热解废弃电路板的研究还仅局限于实验室阶段，设计的连续运行生产工艺还没有实际运行和优化。

Zhou 等[36]采用"离心分离+真空热解"的新技术来处理废旧电路板。该技术将废旧电路板加热到 240℃后，1400r/min 离心 6min，使焊料完全从废旧电路板上分离，然后在 600℃下真空热解 30min，得到热解渣、热解油和热解气 3 种产物。热解渣为金属部分，用于后续回收；热解油可以用作燃料；热解气主要包括 CO、CO_2、CH_4 和 H_2 等，可以将其燃烧作为热解过程能量供应。这种方法高效环保，实现了废旧电路板的全部资源化利用。

陈斌等[37]采用热解技术使电路板金属与非金属解离，获得以 Fe、Cu 和 Pb 为主组分的混合金属。热解过程为：将废旧手机电路板剪切成 20mm×20mm 的碎片进行热解处理，热解气氛为 N_2，热解温度 773K，热解时间 60min。热解可以使电路板中的有机物环氧树脂发生裂解，转化为热解油和燃气，从而失去了黏接作用。电路板热解后得到的残留固体主要由玻璃纤维、金属和焦炭组成[38]。混合金属主要由以 Fe 为代表的黑色金属、以 Cu 为代表的有色金属及以 Pb 为代表的低熔点重金属等 10 余种元素组成。混合金属含有高品位的贵金属 Au 和 Ag 等，其含量是天然矿石的几十倍。由于 Fe、Cu、Pb 任意两组元之间的混合焓为正（$\Delta H_{Cu\text{-}Fe} = +13kJ/mol$、$\Delta H_{Cu\text{-}Pb} = +15kJ/mol$、$\Delta H_{Fe\text{-}Pb} = +29kJ/mol$），金属 Fe、Cu、Pb 原子相互之间存在排斥作用，在一定温度下可形成 3 种相互不混溶的液相。合适成分的 Fe-Cu-Pb 三元合金熔体在冷却过程中首先发生液-液相分离 L→L(Fe)+L(Cu,Pb)，待 L(Fe) 液相凝固后，剩余的液相 L(Cu，Pb) 再次发生液-液相分离 L(Cu，Pb)→L(Cu)+L(Pb)，最终主要形成富 Fe、富 Cu 和富 Pb 三区分离结构。其中 Cr、Co、Ni、Si 等富集在富 Fe 物质，Zn 和 Au、Ag 富集在富 Cu 物质，Sn、Bi、Cd、In 等富集在富 Pb 物质。贵金属 Au 和 Ag 的回收率超过92%，有毒重金属 Cd 的回收率达到81%。

热解过程是在无氧的条件下进行的，可大大减少二噁英、呋喃的产生，同时还原性焦炭的存在有利于抑制金属氧化物和卤化物的形成，整个回收过程向大气中排放的有毒有害物质明显减少，且热解过程产生的热解油、热解气经过处理后能够变成化工原料和燃料，热解渣经过处理可制得活性炭投入工业使用。

4.2.4 存在的问题

机械物理处理方法易实现工程化，且几乎不会产生二次污染，是电子废弃物最有前途的资源化处理技术，但同时存在以下问题：

（1）磁选及涡流分选基本上只能作为一种预处理技术，在实际操作中有很大的局限性；

（2）水力分选对微细级颗粒分选效果较差，产品需要脱水干燥，且存在排放污泥、废水等环境污染问题；

（3）风力分选对入料颗粒的尺寸和形状要求较高，其运转情况不稳定，当粉碎后的电路板颗粒的粒径很小时，金属品位难以保证。

但实际生产设备多采用矿料破碎设备或稍做改进的设备，破碎完成后线路板粒度大，并没有实现完全解离，且破碎过程中易产生粉尘及少量有毒气体等污染物。

4.3   贵金属火法提取技术

4.3.1   高温熔炼法

火法冶炼是最早应用于线路板提取金属的工艺，通过焚烧、等离子电弧炉或高炉熔炼、熔融等高温使线路板中的金属和非金属分离，一部分非金属如塑料分解成气体而离开，另一部分如硅酸盐则进入渣相。废旧线路板中 Cu、Pb 等金属将贵金属和某些有价金属如 Sn、Bi 等捕集在金属相中。再通过电解精炼或其他精炼方法分别提炼出其中贵金属和贱金属，适用于大批量处理电子废弃物。

在我国东部沿海地区，如广东贵屿、浙江台州，由于监管不力，一些小企业往往直接将废旧线路板露天焚烧，得到粗铜锭后销售，这给当地环境造成严重的环境污染。有研究表明，广东贵屿地区空气中二噁英含量高达 $64.9 \sim 2365.0 \mathrm{pg/m^3}$，远高于安全浓度 $0.6 \mathrm{pg/m^3}$[39]；空气中 Pb 含量是其他地区的 $2.6 \sim 2.9$ 倍，当地超过 80% 儿童 Pb 中毒。2008 年 2 月 1 日施行的《电子废物污染环境防治管理办法》，明确禁止以露天或简易冲天炉焚烧等方式从电子废物中提取金属。

实际上，目前工业上主要是通过火法冶金回收废旧线路板中的各种金属。通常采用 Cu 或 Pb 捕集贵金属，再通过电解精炼等方式将贵金属富集在阳极泥中，最后综合回收阳极泥中贵金属。比利时 Umicore 公司、瑞典 Boliden 公司及日本同和矿业等企业均采用火法冶炼的方法综合回收电子废弃物。

比利时优美科（Umicore）公司是一家全球性的材料科技集团，主营业务为从回收的电子废品中拆解提炼稀贵金属，其技术先进，产值巨大，在全球矿产与金属行业 500 强中位于第 28 名。Umicore 公司从电子废弃物中回收包括贵金属、稀散金属等 17 种金属，年处理电子废弃物 25 万吨，是欧洲最大的黄金生产商和全世界最大的贵金属精炼厂，年黄金产量超过 100t、白银 2400t、PGMs 50t。

Umicore 公司电子废弃物处理工艺主要是将 Cu 冶炼和 Pb 冶炼结合，利用 Cu 和 Pb 特有的性质，分别捕集不同元素，从源头将贵金属和贱金属分离开来。将破碎后电子废弃物与其他工业废料用艾萨炉（Isasmelt）熔炼，电子废弃物中塑料替代焦炭作为能源与还原剂，塑料在高温下燃烧避免了二噁英的生成。根据各金属间特有的作用，绝大部分贵金属进入铜液中，同时贱金属进入铅渣中。铜铸成阳极板电解精炼得到阴极铜，同时贵金属进入阳极泥得到富集，阳极泥单独处理将贵金属分离。铅渣用鼓风炉吹炼得到粗铅和黄渣，黄渣富集 As、Ni，Pb 富集其他贱金属和少量贵金属。粗铅再通过 Harris 火法精炼，一方面得到精铅，另一方面将贱金属——分离，达到回收的目的，其生产工艺如图 4-13 所示[40]。

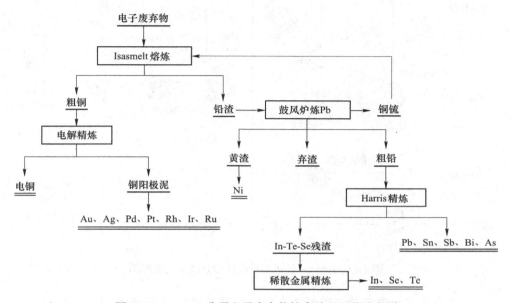

图 4-13　Umicore 公司电子废弃物综合处理工艺流程图

Boliden 公司 Rönnskär 冶炼和精炼中心从 1980 年就已经开始处理电子垃圾[41]。卡尔多炉的电子垃圾处理能力是 45000t/a，主要处理的是经预处理过的电路板和已经切碎或磨碎的计算机报废件。卡尔多炉炉体为可回转的倾斜反应器，配置有氧枪以便向炉内通入富氧空气，提供燃烧所需的氧气。由铜品位低的废料与铅精矿组成的混合物料进入炉进行反应，产出的铜合金送吹炼回收 Cu、Au、Ag、Pd、Ni 等金属，炉渣含 Pb、Fe 等需另外处理回收，含有 Pb、Sb、In 等金属的粉尘送往其他部门进行金属回收。另外，吹炼步骤产生的气体经过净化后作为制备 H_2SO_4 或 SO_2 的原料。其工艺流程如图 4-14 所示。卡尔多炉及倾动式精炼炉造价高，适于大规模生产厂家的应用，可获得良好的经济技术指标，在生产成本方面具有明显优势。但此方法基于铅冶炼工业，对于环保装备要求较高，污染控制较为严格。

日本同和公司是一家以冶炼、环境及循环再利用、电子材料、金属加工为主要研究方向的日本典型循环企业，数种循环再利用产品产量占有世界第一的市场份额，在世界循环产业领域占有重要的地位。开发的 Dowa 火法熔炼工艺回收 Cu、Au 等金属，工艺流程如图 4-15 所示[42]。使用粉碎机对基板等电子废弃物进行深度破碎预处理后投入熔炉中，富氧熔炼温度控制在 1100℃左右，熔炼过程采

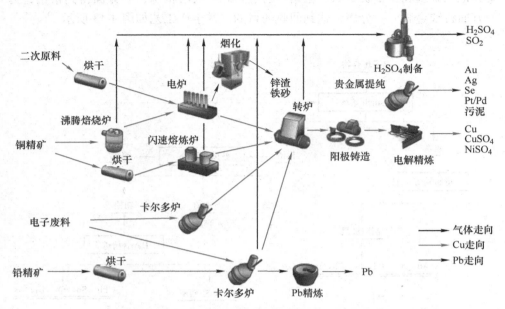

图 4-14 Boliden 公司电子废弃物处理工艺流程图

用先进滤袋式集尘器高效去除粉尘，应用急速冷却技术有效抑制了二噁英的产生，产生的有毒有害气体经喷淋塔和活性炭吸收处理后达标排出。该工艺铜回收率高达 90% 以上，流程短，环境友好，实现了电子废弃物中有价金属的高效回收，有良好的经济效益。Dowa 工艺已成功应用于旗下小坂冶炼公司，主要金属回收率达 90% 以上，年处理电子废弃物量达 5 万吨以上。

火法冶炼处理效率高，但回收过程通常会产生大量有毒有害尾渣和废气，需要做进一步处理。通过引进、消化、吸收国外先进冶炼技术和装备，并逐步研发符合我国国情的国产化技术和装备。

兰州有色冶金设计研究院有限公司自主开发了流态化焚烧炉（顶吹熔池熔炼炉）处理废旧电路板，研究了渣型、温度、风量和燃料量对 Cu 及贵金属回收的影响[43]。实验原料采用的是各类脱 Sn 后的废旧电路板，其中 Cu、Au、Ag 的含量分别为 6.54%（质量分数）、3.2g/t、32.7g/t；流态化焚烧炉为圆柱形固定式竖炉，炉体直径 1.2m、高 6m；喷枪为水冷式喷枪，水冷喷枪从炉顶插入炉内悬于熔池上方。电路板碎料从炉顶加入炉内，燃料、空气通过水冷喷枪喷入炉内。流态化焚烧炉如图 4-16 所示。

废旧电路板先撕碎至入炉粒度 20~30mm，与添加剂配料后加入流态化焚烧炉内，柴油由喷枪从炉顶喷入炉内。控制炉内温度和风量，在高温下 Cu、Au、Ag 等金属熔化成液体，形成粗铜从炉底放出，浇铸成粗铜锭；电路板中的玻璃

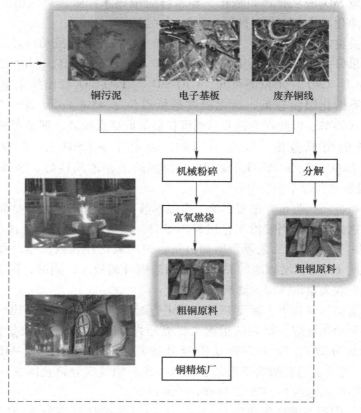

图 4-15 同和公司电子废弃物火法回收流程图

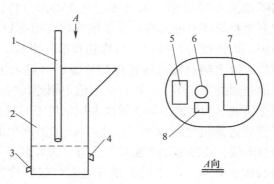

图 4-16 流态化焚烧炉示意图

1—水冷喷枪；2—炉身；3—出铜口；4—出渣口；5—进料口；
6—喷枪口；7—出烟口；8—观察口

纤维熔化形成 SiO_2 渣从排渣口放出，经水淬后形成水淬渣。烟气出炉后经过急冷、收尘和净化后排空，收集的烟尘重新返回炉内。

熔炼的关键在于渣型设计，理想的冶炼渣型应该是渣的流动性好、金属相和渣相分离效果好。废旧电路板中 CaO、SiO_2 和 Al_2O_3 含量较高，同时含有 Fe_2O_3，根据 SiO_2-Fe_2O_3-CaO 三元相图可知，CaO-SiO_2 与 FeO-SiO_2 联结线上靠近铁橄榄石，该三元系熔化温度较低，熔化温度最低点位于 45% FeO、20% CaO、35% SiO_2，约为 1093℃，以此点为核心向周围扩展的低熔点区域，都是可供选用的三元冶金炉渣的组成范围。以此为基础，确定了 $w(SiO_2)/w(FeO) = 1.3$、$w(SiO_2)/w(CaO) = 2$、$w(Al_2O_3) \leqslant 12\%$，得到的渣相流动性好、金属相分离完全、Cu 及贵金属回收率高。

鼓风量对金属回收也有重要影响，金属回收率随着风量的增加呈先升高后降低的趋势。这是因为：当喷枪工艺风量不足时，造渣反应不充分，渣含 Cu 高而 Cu 回收率低；随着喷枪工艺风量增加过量，炉内氧化性气氛强烈，容易使炉渣中 FeO 氧化为 Fe_3O_4，增加渣的黏度，影响渣铜分离效果，同时，过多的 Fe_3O_4 会导致炉内出现大量泡沫渣，影响操作安全。

在选定渣型和风量下，温度 1250℃ 下进行综合条件试验，并对出炉烟气进行急冷、收尘和净化处理。得到的粗铜主要成分为：Cu 90.25%（质量分数），Sn 4.36%（质量分数），Fe 1.74%（质量分数），Au 45.5g/t，Ag 445.6g/t，Pt 45.2g/t。Cu 与贵金属总回收率均大于 95%，出炉烟气成分符合国家标准《危险废物焚烧污染控制标准》（GB/T 18484—2001）。

2015 年，中国节能环保集团公司在广东省贵屿循环经济产业园区内首次用"熔池熔炼"技术处理废电路板。目前，该公司成功开发出年处理能力达 10000t 的示范线，工艺路线如图 4-17 所示。根据废电路板的组分特性，拆解后的废电路板，经破碎、配制辅料等环节进入核心装备顶吹熔池熔炼炉。熔炼系统设置 1 台顶吹式熔池熔炼炉，炉顶设有加料口、喷枪孔和烟气出口，炉底设有放铜口、放渣口和应急排放口。混合物料通过输送皮带从加料口进入 1250℃ 熔池熔炼炉内，在喷枪工艺风的强烈搅拌作用下，物料在熔池中剧烈反应，各种化学反应都在瞬间完成，形成金属液滴和熔渣。熔渣排放采用水淬工艺排放至水渣池，粗铜间断性排放并采用圆盘铸锭机浇筑成型[44]。熔池熔炼炉产生的高温烟气进入余热锅炉和急冷塔冷却降温，急冷塔出烟温度控制在 150℃ 以下。冷却后的烟气进入布袋除尘器，进行收尘处理。收尘后的烟气进入二级碱性吸附塔，回收其中 HBr、SO_2、HCl 和 NO_x 等酸性废气，产生的吸附液蒸发结晶产出工业盐，可进一步提取溴（Br），经综合处理的尾气通过烟囱高空排放。

熔渣温度控制在 1250~1350℃，铜液温度控制在 1200~1250℃；渣面不高于 1100mm；铜面不高于 500mm；炉渣含铜质量分数 0.2%~0.5%，主要技术指标

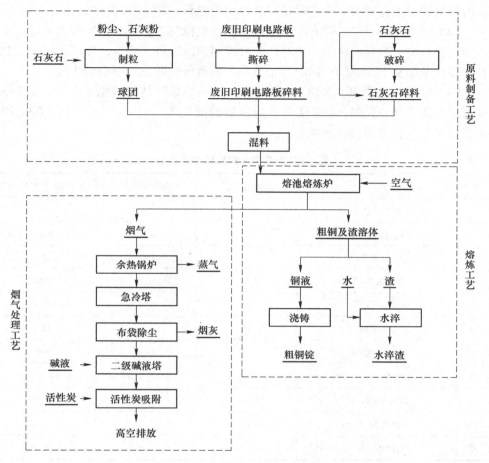

图 4-17 中节能生产工艺流程图

和工艺参数见表 4-7。粗铜合金含 Cu 85%～95%（质量分数）、Au 30～200g/t、Ag 300～3000g/t、Pd 5～38g/t、Sn 2%～4%（质量分数），金属回收率达到 95%以上。废气经处理后可达到欧盟标准要求（二噁英 0.1ngTEQ/m³）。

该火法技术具有以下优点：

（1）处理效率高、熔炼强度大。"熔池熔炼"技术最大的特点是通过喷枪搅拌形成一个剧烈反应的熔池，大大改善了传热、传质的过程，提高了反应速度。物料中的可燃物入炉后迅速氧化和燃烧，玻璃纤维及金属迅速熔化形成熔渣和铜液，各种反应过程在瞬间完成。

（2）热利用率高、生产能耗低。对比传统的顶吹熔池熔炼炉，该技术采用独特的结构设计，在烟气区采用内径依次增大的结构形式，增加用于气体反应的气相区，降低烟气流速，进而改善可燃物的反应条件使燃烧充分。反应过程中产生的热量用于维持炉温,生产时仅需补充少量燃料,即可实现连续生产。

(3) 环境污染小。"熔池熔炼"技术通过喷枪将工艺风和燃料鼓入熔池,炉内烟尘含量少、烟气流速低,生产作业时控制炉内微负压状态,即可提高烟气回收率高,基本实现无泄漏;同时采用急冷、低氧条件防止二噁英的生成。

(4) 金属回收率高、经济效益显著。"熔池熔炼"技术冶炼强度大,熔渣和铜液分离效果好,同时 Cu 是稀贵金属良好的捕集剂,对 Au、Ag、Pt、Pd、Rh 等贵金属具有良好的回收效果。

表 4-7 主要技术指标和工艺参数

序号	项 目	2016 年 2 月	2016 年 3 月	2016 年 4 月
1	月最大投料量/t·h^{-1}	1.5	2.0	3.0
2	月平均投料量/t·h^{-1}	1.1	1.55	2.5
3	生产作业率/%	55	75	85
4	熔渣温度/℃	1320	1280	1260
5	粗铜温度/℃	1280	1240	1210
6	工艺风氧浓/%	21	21	21
7	残氧含量/%	6~7	8~9	7~8
8	渣中 $w(SiO_2)/w(CaO)$	1.3~1.4	1.35~1.47	1.45~1.55
9	粗铜品位/%	87~90	88~93	92~95
10	渣含铜/%	<1.1	<0.55	<0.35
11	粗铜回收率/%	≥90	≥96	≥98.5

江西瑞林稀贵有限公司采用自主研发的"NRTC 炉工法"处置电镀污泥、废电路板、废杂铜等多金属固废,通过智能配料与协同冶炼相结合,温度场均衡和渣量少,NRTC 炉的侧吹工艺提供多元气氛控制炉内反应场,实现"一步法"协同冶炼,具有粗铜品位高和渣含铜低等优点。协同冶炼是最大限度利用电子废物与多金属固废中的造渣元素,并根据物料反应温度场、流动场等多场耦合的特点,最终实现各类物料在化学成分、燃烧热值、质量流量等方面整体均衡。NRTC 富氧侧吹炉的特点在于炉内熔池被侧吹的风分为两层。上层被气体搅拌得到紊流运动。向该熔体层加入炉料,并在其中实现熔体和加入炉料之间及熔体和吹入气体之间的传热和传质过程。当在上部搅拌层中形成所需搅拌能的均匀分布时,提高了整个熔体中反应的速度。在向熔体鼓风的标高以下,存在一个与上层相比搅拌程度很小的下层熔体。在此下部平静的区域内,在上层因强制长大的不同液相珠滴,会按相对密度的差别发生迅速分离。

综上所述，通过科学配料，控制熔炼温度、冶金氧化及还原气氛，实现金属与冶炼废渣的分离，产出的粗铜品位可达到99%，炉渣含铜品位低于0.5%，铜回收率大于98%，稀贵金属回收率大于95%。

针对废电路板熔炼过程产生二噁英的问题，该技术通过"三位一体"手段实现二噁英超低排放，即前段抑制-过程控制-末端治理实现二噁英类污染物减排。具体工艺为：电子废料在入炉初期升温过程中，有机物分解不完全在300~800℃生成二噁英。因此，通过二次燃烧使得烟气温度达到1200℃以上，二噁英被高温分解去除。经过余热锅炉后高温烟气降低至600℃，为降低二噁英在该温度段低温重新合成，通过采用雾化喷淋急冷塔等快速冷却技术，将烟气迅速从600℃冷却到200℃以下，避免二噁英重新合成。最后在布袋除尘中喷入活性炭吸附残余的二噁英，将二噁英排放浓度控制在0.1ngTEQ/m³。

尽管火法冶炼工艺具有处理量大、回收率高等优点，但该技术也有一些缺陷，这主要与电子废弃物跟传统冶金工艺处理的物料之间的巨大差异性有关。这些缺点主要有：

（1）电子废弃物含有碳氟氯化合物、溴阻燃剂及有机物，在氧化条件下易生成二噁英等有毒气体，因此必须有严格高效的废气处理设备和技术，否则会造成严重的二次污染，但是，这一点对于适用于传统冶金原料，如普通矿石、精矿、简单的富Cu废弃物等的熔炼炉来说，则是个严峻的挑战和考验。

（2）贵金属和Cu能以较高回收率实现回收，但是Al、Fe、Sn等其他金属则被氧化而进入炉渣，从而难以回收，并且这些氧化物会恶化熔炼渣的性能，如渣中氧化铁的增加会导致铜锍粒子的机械夹杂和化学溶解，Al会使熔炼渣的熔点升高，黏度增大，从而使金属量损失增加。

（3）电子废弃物中的陶瓷、玻璃纤维等也进入炉渣，这就极大增加了熔炼的出渣量，同时也增加了贵金属和其他金属的夹带损失。

（4）电子废弃物中的有机组分可以被用作还原剂从而节约能耗，但这尚且处于不成熟阶段，有待深入研究和工艺改进。

4.3.2　碱性熔炼法

碱性熔炼是一种绿色冶金方法，是以碱性熔盐为介质，在远低于传统火法冶炼温度下熔炼金属资源，得到所需金属盐或单质[45]。常见的碱和添加剂为KOH、NaOH及钾盐、钠盐等，但由于钾产品价格较高，一般选用钠系熔盐体系。在低于500℃条件下熔炼，废旧线路板中的Pb、Sn及其他两性金属在氧化条件下与熔融碱反应，形成低熔点可溶性盐存于熔体，而Cu及贵金属不与碱反应、不熔化，以固态渣形式存在。通过水浸，两性金属富集在溶液中，浸出后碱性熔体与固态物质分离，从溶液部分回收两性金属，通过萃取、旋流电积等技术回收金属；固态物质则通过高效溶出及净化除杂后，采用相应技术分步回收 Cu、贵金属及 PGMs，工艺流程如图 4-18 所示[46]。

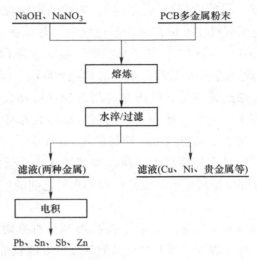

图 4-18 废弃电路板多金属粉末低温碱性熔炼流程

熔炼过程中的主要反应为：

$$5Sn + 4NaNO_3 + 6NaOH \xrightarrow{\quad} 5Na_2SnO_3 + 3H_2O + 2N_2 \uparrow$$
$$5Pb + 2NaNO_3 + 8NaOH \xrightarrow{\quad} 5Na_2PbO_2 + 4H_2O + N_2 \uparrow$$
$$2Sb + 4NaOH + 2NaNO_3 \xrightarrow{\quad} 2Na_3SbO_4 + 2H_2O + N_2 \uparrow$$
$$5Zn + 8NaOH + 2NaNO_3 \xrightarrow{\quad} 5Na_2ZnO_2 + 4H_2O + N_2 \uparrow$$
$$Al_2O_3 + 2NaOH \xrightarrow{\quad} 2NaAlO_2 + H_2O$$
$$SiO_2 + 2NaOH \xrightarrow{\quad} Na_2SiO_3 + H_2O$$

郭学益等[47]通过碱熔不仅回收了废旧线路板多金属粉末中的有价金属，还将贵金属富集在渣中，工艺流程如图4-19 所示。碱与物料比约为 3，400℃熔炼 90min、水浸，Sn 和 Pb 的浸出率分别达到 95%和 90%，Zn 和 Al 浸出率高达 98%以上，Cu 与贵金属不参与反应，富集在渣中。Sn 在熔炼条件下可较容易地与碱反应生成钠盐，进入溶液体系；Pb 及氧化产物 PbO 蒸气压高、易挥发，

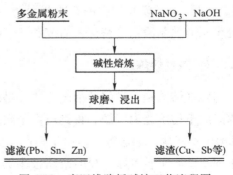

图 4-19 废旧线路板碱熔工艺流程图

熔炼温度过高或熔炼时间过长都不利于 Pb 的转化；Zn 熔炼产物易水解，溶液需维持较高的碱浓度；Sb 在强氧化性条件下与碱反应生成的五价钠盐微溶于水，也在渣中富集。此方法流程短，成本低，贵金属富集效果好。

　　Stuhlpfarrer 等通过采用 NaOH-KOH 熔融体系在 200~250℃除去废旧线路板中的有机物[48]。在该温度下，避免了二噁英等有害物质的形成。经过 15min 碱熔，有机物很快裂解并与 Cu、贵金属渣分离。另外，In、Ga、Ge 等稀散金属富集在熔融碱中，实现了资源综合回收再利用。Flandinet 等[49]利用熔融 KOH-NaOH 在 300℃处理废旧线路板，通过冷却和超声水洗，得到了金属和棕色粉状物，如图 4-20 所示。结果表明，所有贵金属以金属相存在，没有参与反应和熔化。Au 和 Ag 的品位分别为 0.725g/kg 和 0.238g/kg。而且，熔融 KOH-NaOH 可以吸收 CO、二噁英及卤化物等。

(a)   (b)

图 4-20　水洗后的反应产物

(a) 金属部分；(b) 非金属部分

　　Guo 等[50]利用 NaNO₃-NaOH 为熔剂，开发出碱熔-浸出-分离分步回收废旧线路板多金属粉末（CME）的工艺，工艺流程如图 4-21 所示。在最优条件下：$m(\text{NaNO}_3 : \text{NaOH} : \text{CME}) = 3 : 4 : 1$，碱熔温度 500℃，碱熔时间 90min，Sn、Zn、Pb、Al 和 Cu 的回收率分别为 96.85%、91.28%、78.80%、98.39% 和 97.88%；Au 和 Ag 全部富集在渣中，含量分别为 613g/t 和 2157g/t，富集比超过 10。

　　碱性熔炼流程短、温度低，有效避免了火法过程二噁英的生成；同时贵金属富集在渣相中，有利于后续分离提纯。该方法有效避免了传统电路板处理方法中二次污染严重、操作条件苛刻、经验技术要求高等缺陷，具有良好的环境效益、经济可行性、资源化效果及工业化前景。

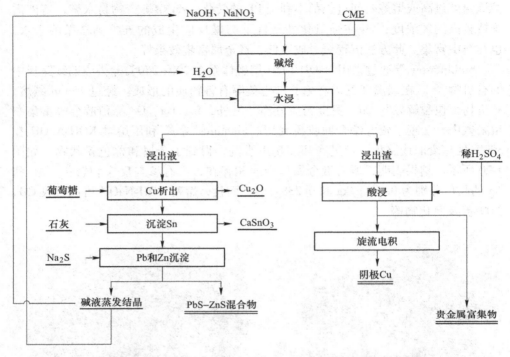

图 4-21   碱熔-浸出-分离分步回收废旧线路板多金属粉末流程图

4.4   贵金属湿法提取技术

湿法冶金技术是用酸或碱浸出固体电子废弃物中的金属，然后用各种分离、纯化方法得到金属[51,52]。电子废弃物中贵金属浸出方法主要有化学浸出、酸处理和湿法蚀刻。目前电子废弃物中贵金属提取主要是氰化法[53]、卤化法[54]、硫脲法[55]及硫代硫酸盐法[56]，分离提纯常用置换沉淀、溶剂萃取、离子交换、活性炭吸附等方法[57-59]。湿法冶金技术与传统的火法冶金方法相比，可获得高品位、高回收率的贵金属，然而在处理电子垃圾过程中会产生废液、废渣等二次污染物，因而需要研究出更多的湿法清洁工艺。

4.4.1   卤化法

卤化法是一类以卤族元素的单质或其含氧酸为浸出剂的贵金属提取方法。早在 20 世纪 70 年代初期，美国已开始利用氯化法、溴化法和碘化法提取贵金属的研究。在酸性条件下，利用卤素单质或其含氧酸的强氧化性浸出贵金属，在酸性溶液中贵金属离子可以与 Cl⁻、Br⁻、I⁻形成较稳定的络合物离子。氯化法回收率高、污染小，是一种从废 PCBs 中回收贵金属较为简单的方法。He 等[60]采用 HCl-NaCl-NaClO$_3$体系浸出废 PCBs 中的 Au，在优化条件下 Au 浸出率达 99%以上。有研究表明，球磨破碎和超临界等预处理分离有机物和金属，以及增大比表面积对 Au 的回收具有重要意义[61]。通过 10min 球磨处理，Au 浸出率从 48.25% 增加到 89.98%；但随着球磨时间提高至 60min，Au 浸出率降为 43.75%。通过合适的超临界处理（400℃，23MPa，60min），Au 的回收率能超过 99%。

通过超临界水氧化预处理，I$_2$-I$^-$体系浸出废 PCBs 中的 Au、Ag、Pd[62]。将超临界水氧化（22MPa）预处理时间从 15min 提高到 60min 后，Au、Ag 和 Pd 回收率分别从 63.3%、81.5% 和 60.5% 提高到 98.5%、97.2% 和 99.0%。I$_2$-I$^-$体系溶解贵金属原理如下：

氧化反应
$$Au + 2I^- \Longrightarrow AuI_2^- + e^-$$
$$Ag + 2I^- \Longrightarrow AgI_2^- + e^-$$
$$Pd + 3I^- \Longrightarrow PdI_3^- + 2e^-$$

还原反应
$$I_3^- + 2e^- \Longrightarrow 3I^-$$

因此，贵金属的浸出率主要由 I$^-$和 I$_2$浓度决定，其他参数如浸出时间、固液比、pH 值等对浸出率也有重要影响。

4.4.2 硫代硫酸盐法

近年来，硫代硫酸盐法引起了人们的广泛关注，被认为是氰化法浸金的重要替代方法。硫代硫酸盐法是一类以硫代硫酸根为络合剂，以铜系氧化剂包括 Cu(NH$_3$)$_4^{2+}$、Cu-EDTA、Cu-C$_2$H$_8$N（乙二胺），或铁系氧化剂包括 Fe(C$_2$O$_4$)$_2^-$、Fe-EDTA 为氧化剂的碱性浸出体系。在众多基于硫代硫酸盐的浸出体系中，S$_2$O$_3^{2-}$-Cu(NH$_3$)$_4^{2+}$浸出体系是最为常见的一种。其浸金原理如下：

$$Au + 5S_2O_3^{2-} + Cu(NH_3)_4^{2+} \Longrightarrow Au(S_2O_3)_2^{2-} + 4NH_3 + Cu(S_2O_3)_3^{5-}$$

Cu(NH$_3$)$_4^{2+}$络合物离子在体系中充当氧化剂和催化剂，可将 Au 氧化为 Au$^+$，而自身则被还原为 Cu(S$_2$O$_3$)$_3^{5-}$，通过溶液中的 O$_2$氧化再生重新得到 Cu(NH$_3$)$_4^{2+}$，Au$^+$与 S$_2$O$_3^{2-}$结合形成较为稳定的络合物离子 Au(S$_2$O$_3$)$_2^{2-}$。碱性 S$_2$O$_3^{2-}$- Cu(NH$_3$)$_4^{2+}$体系具有浸出速率快、环保绿色和原料价格低廉等优势。Tripathi 等[63]研究了（NH$_4$)$_2$S$_2$O$_3$浓度、CuSO$_4$浓度、pH 值和矿浆浓度对 Au 浸出率的影响。研究表明，在优化浸出条件下：0.1mol/L（NH$_4$)$_2$S$_2$O$_3$、40mmol/L CuSO$_4$、pH=10.0~10.5、25℃，Au 的浸出率仅 56.7%。相同浸出条件下，整块废旧 PCBs 板和破碎后的 PCBs 金的浸出率分别为 78.8% 和 30.35%，Cu 浸出率分别为 1.53g/L 和 11.8g/L。高浓度的 Cu^{2+}导致 S$_2$O$_3^{2-}$的分解损失，从而造成 Au 浸出率的下降。因此，在溶解 Au 之前，需要将 Cu 除去。Ha 等[64]发现 Au 浸出率先随 S$_2$O$_3^{2-}$浓度升高而升高，然后随之降低。这是因为金络合物种类随着 S$_2$O$_3^{2-}$浓度的变化而变化，而这又是因为 $S_2O_3^{2-}$ 浓度的变化造成 pH 值的变化。当 Cu^{2+}-$S_2O_3^{2-}$ 浸出体系电势太低时，Au 不能被溶解浸出。Ha 等[65]采用响应曲面法的中心组合设计对硫代硫酸盐法浸出 Au 工艺进行了优化，通过实验数据和方差分析建立了二次数学模型，优化条件为 72.71mmol/L $S_2O_3^{2-}$、10.0mmol/L Cu^{2+} 和 0.266mol/L NH_3，Au 的溶解浸出符合拟二级反应动力学方程，属于化学反应控速。

Oh 等[66]对废弃电脑电路板先采用 H_2SO_4-H_2O_2 浸出体系，在 85℃下浸出 12h，使 Au、Ag 和 $PbSO_4$ 沉淀进入渣中；然后再采用 $(NH_4)_2S_2O_3$-$CuSO_4$-NH_3H_2O 浸出体系溶出渣中的 Au 和 Ag，在温度为 40℃，浸出 24h 后 Ag 的浸出率接近 100%，48h 后 Au 的浸出率大于 95%。用 50%的王水处理回收完 Pb 后的渣，在室温下 3h，Pd 的浸出率接近 100%。该方法可以实现废弃电路板中金属的全组分回收，而且环境友好，回收率高，不足之处是流程过长。

4.4.3　硫脲法

根据浸出介质的酸碱性，可划分为酸性硫脲法和碱性硫脲法[67]。在水溶液中，硫脲可与亚金离子形成较为稳定的 $[AuSC(NH_2)_2]^+$，化学反应式如下：

$$Au^+ + 2SC(NH_2)_2 =\!=\!= [AuSC(NH_2)_2]^+$$

$$[AuSC(NH_2)_2]^+ + e =\!=\!= Au + 2SC(NH_2)_2$$

其中，$[AuSC(NH_2)_2]^+$/Au 的氧化还原电位为 0.352V，络合物离子的形成极大地降低了 Au 溶解所需的氧化电位，使得 Au 容易被很多氧化剂氧化。酸性硫脲法常用的氧化剂包括 Na_2O_2、H_2O_2、Fe^{3+}、O_2、O_3、MnO_2、K_2MnO_4 和 $K_2Cr_2O_7$ 等，而 Fe^{3+} 被认为是最有效的氧化剂，大量研究表明酸性硫脲-Fe^{3+} 浸出体系能高效溶解 Au。

Li 等[68]研究了硫脲浸出废手机 PCBs 中的 Au 与 Ag，在 $CS(NH_2)_2$24g/L、Fe^{3+}0.6%、25℃浸出 2h 时，Au 和 Ag 浸出率分别为 89.67% 和 48.3%。Birloaga 等[69]采用两步法回收废旧 PCBs 中的有价金属，首先用 H_2SO_4-H_2O_2 溶解 Zn、Cu、Fe、Ni 和 Sn，浸出率分别为 100%、100%、58%、81% 和 94%；在采用 $CS(NH_2)_2$ 提取 Au，其浸出率最高仅约 70%。Behnamfard 等[70]开发了多步法选择性浸出 Cu、Ag、Au 和 Pd，首先通过 H_2SO_4-H_2O_2 溶液两次连续浸出，将 Cu 全部浸出；然后用 Fe^{3+}-$CS(NH_2)_2$ 溶解了 85.76% 的 Au 和 71.36% 的 Ag，最后在 NaClO-HCl-H_2O_2 系统浸出残留的 Au 和 Pd。该连续浸出效率高，环境友好。

然而，硫代硫酸盐浸出体系不稳定，浸出过程通常伴随着很多副反应的发生，如 $S_2O_3^{2-}$ 与 $Cu(NH_3)_4^{2+}$ 之间的氧化还原反应，副产物连多硫酸根 ($S_xO_6^{2-}$) 的复杂转化反应，$S_2O_3^{2-}$ 自身的分解反应。浸出体系中副反应的发生不仅会大量消耗浸出剂，而且副反应产物如连四硫酸根 ($S_4O_6^{2-}$) 会影响 $Au(S_2O_3)_2^{3-}$ 的还原工序。

除了 $S_2O_3^{2-}$-$Cu(NH_3)_4^{2+}$ 浸出体系，其他硫代硫酸盐体系的研究也有了一定的进展。$S_2O_3^{2-}$-NO_2^--SO_3^{2-}-Cu^{2+} 体系能够原位生成铜氨络离子，在中性条件下，亚硝酸盐与 Cu^{2+} 反应生成氨，这种原位形成氨的体系避免了氨水的大量使用，同时有效降低了硫代硫酸盐的消耗。$S_2O_3^{2-}$-Cu^{2+}-EDTA 体系是一种以 Cu^{2+} 和 EDTA 形成的络合物作为氧化剂的浸出体系。与氨水相比，EDTA 能够与 Cu^{2+} 形成更加稳定的络合物。Cu^{2+}-EDTA 络合物的形成能够有效降低 Cu^{2+}/Cu^+ 氧化还原电位，Cu^{2+}-EDTA 络合物的反应活性弱于 Cu^{2+}，浸出体系的稳定性得以提高。

为了克服酸性硫脲法的上述不足，研究人员提出了碱性硫脲法。与酸性硫脲法相比，碱性硫脲法具有更好的选择性，能够选择性地溶解物料中的 Au、Ag，碱性操作条件对设备的腐蚀程度也远低于酸性环境。然而，由于硫脲仅在酸性溶液中较为稳定，当溶液的 pH>4.3 时硫脲开始变得不稳定，因此其硫脲的消耗量相比酸性硫脲法更大。研究发现，在碱性浸出体系中加入添加剂可以降低硫脲的分解。Zheng 等[71]发现加入添加剂 Na_2SO_3 和 Na_2SiO_3 可以有效抑制硫脲的分解。对比这两种添加剂对硫脲分解抑制的效果发现，Na_2SiO_3 对抑制硫脲分解的效果要强于 Na_2SO_3；当 Na_2SiO_3 浓度达到 0.30mol/L 时，硫脲的分解率可降低至 30%左右。碱性硫脲法的另一个不足之处在于浸出速率慢，由于碱性硫脲通常使用的氧化剂是空气，因此 Au 的浸出速率要低于氰化法。

4.4.4 硫氰酸盐法

硫氰酸盐法曾经受到人们短暂的关注后很快被放弃，主要原因是硫氰酸盐法通常是在酸性溶液中，以硫氰酸盐作为络合剂，以 Fe^{3+} 等作为氧化剂，而 SCN^- 较易与 Fe^{3+} 发生反应，因此该浸出体系非常不稳定。鉴于此，硫氰酸盐更多地被作为添加剂在硫代硫酸或硫脲浸出体系中使用。张潇尹等[72]首先采用 H_2SO_4 和 H_2O_2 在30℃恒温水浴锅中去除 PCB 中的 Cu 等影响 Au 浸出的金属，然后在酸性溶液（pH=1~2）中，将脱 Cu 后的 PCB 粉末中加入氧化剂 MnO_2，以硫氰酸钠溶液（0.4mol/L、固液比为1∶22）为络合剂，Au 浸出率超过96%。Yang 等[73]发现硫脲浸金过程中添加少量硫氰酸盐可以起到协同作用，生成 $Au[CS(NH_2)_2]_2SCN$ 促进 Au 的浸出。

4.4.5 电化学法

电化学由于高效、低环境影响度和化学试剂消耗少，是一种前景广阔的贵金属回收技术。Kim 等[74]采用一种新工艺对主要含 Cu、Au、Ni 的废弃手机电路板进行电氯化浸出。该工艺首先电解盐酸溶液产生氯气，然后将氯气通入含电子废弃物的溶液中，通过调节溶液酸度和氯气浓度从而实现 Au 和 Cu 的分步浸出，最后通过使用 AmberliteXAD-7HP 树脂进行离子交换提取浸出液中的 Au，可使废弃手机电路板中 Au 的回收率高达 93%。浸金过程发生的主要反应如下：

$$Cl_{2(aq)} + H_2O \rightleftharpoons HCl + HClO$$

$$Au + Cl^- + 1.5Cl_{2(aq)} \rightleftharpoons AuCl_{4(aq)}^-$$

$$Au + 1.5HClO + 1.5H^+ + 2.5Cl^- = AuCl_{4(aq)}^- + 1.5H_2O$$

Naseri 等[75]用 HNO$_3$ 浸出电路板废料中的 Ag 和 Cu，然后分别通过沉淀法和电解精炼得到超细银粉和超细铜粉。当浸出剂浓度为 4mol/L、液固比为 5∶1、反应温度 65℃、浸出 72min 时，Ag 浸出率达到最大值 98%。然后采用 NaCl 将浸出的 Ag 沉淀，加入 KOH 得到褐色氧化银，再用 H$_2$O$_2$ 还原得粒径小于 400nm 的银粉。Park 等[76]对贵金属富集体采用王水浸出，得到 Ag 和 Pd(NH$_4$)$_2$Cl$_6$ 沉淀并进一步萃取 Au，再利用十二硫醇和硼氢化钠还原得到粒度为 20nm 的 Au 以用于催化剂和传感器，Ag、Pd、Au 的回收率分别高达 98%、93% 和 97%。这两种方法同样是采用酸处理工序提取贵金属，最终将所得贵金属制成相应的材料以提高产品附加值。Fogarasi 等[77]开发了一种化学-电化学工艺从废 PCBs 中同步回收 Cu 和富集 Au。该工艺利用两个不同的连续反应器，一个旋转滚筒用于溶解贱金属，另一个是用于产生浸出液的平行电积 Cu，经溶解贱金属和回收 Cu 后的残渣中贵金属含量至少提高了 25 倍。

4.4.6 湿法蚀刻

除了上述浸出法，目前的研究重点还趋向于酸处理和湿法蚀刻及其他新工艺。Yazici 等[78]采用 H$_2$SO$_4$-CuSO$_4$-NaCl 浸出体系，研究了废旧电路板中 Ag、Au、Pd 和 Cu 等金属的浸出行为。在 Cl$^-$/Cu^{2+} 摩尔比为 21，80℃ 条件下浸出，Ag 的回收率超过 90%，Pd 的回收率为 58%。这种新的浸出方法所得贵金属回收率不够理想，有待进一步研究。周培国等[79]发明了一种从电子工业废渣中提取 Au、Ag、Pd 的工艺。首先利用盐酸除去二氧化硅和贱金属，再利用硝酸浸出 Ag 和部分 Pd，硝酸银经氯化钠沉淀还原得到 Ag。氯酸钠和盐酸浸出 Au 和 Pd，氧化亚铁还原得到 Au。金属 Pd 经氨水络合再加盐酸还原得到。该工艺 Au、Ag、Pd 的提取效率达到 92% 以上，在回收贵金属的同时解决了有机物的干扰，操作环境好，成本低廉并且提取的贵金属纯度高。该工艺简要流程如图 4-22 所示。

Barbieri 等[80]采用 FeCl$_3$ 和 CuCl$_2$ 两种蚀刻剂分别进行了从电子废弃物中回收 Au 的研究，结果表明两种蚀刻剂均可用于提取贵金属，但使用 CuCl$_2$ 可以更有效地使贵金属与塑料和陶瓷分离，而且该蚀刻液可以经空气氧化重新使用。

Zhang 等[81]采用 Cu^{2+} 溶液连续选择性回收废 PCBs 中的 Pd，工艺流程如图 4-23 所示。Pd 的浸出分为富集、溶解和萃取分离，当浸出体系中 $w(Cu)/w(Cu^{2+}) \leqslant 0.9$ 时 Pd 浸出率达到 98%；而当浸出体系中 $w(Cu)/w(Cu^{2+}) \geqslant 1.4$ 时 Pd 浸出率小于 1.5%；在优化条件下（10% S201、A/O=5、2min），Pd 萃取率为 99.4%。

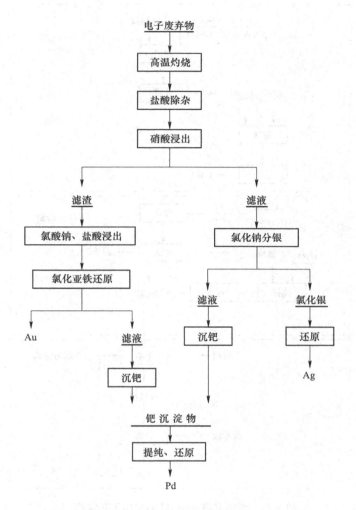

图 4-22　电子工业废渣中提取 Au、Ag、Pd 工艺

Zhang 等[82]利用层次分析法，对于采用氰化物、王水、硫脲、硫代硫酸钠、氯化物、溴化物、碘化物 7 种不同浸出剂的方法进行了经济可行性、环境影响和研究水平 3 方面的对比，传统的氰化法由于其剧毒性而导致操作环境差；硫脲的稳定性较差，在碱性溶液中易分解，酸性溶液中易氧化；硫代硫酸盐浸出虽然消耗大，但其具有高选择性、无毒性和无腐蚀性；卤化浸出具有高浸出率，虽然只有氯化物有工业应用，但碘化浸出快，对 Au 选择性好，无毒无腐蚀性且容易再生。因此，硫代硫酸盐浸出和碘浸出的研究水平和经济性虽然不如氰化浸出，但由于比氰化浸出更加环保，而更具应用前景。

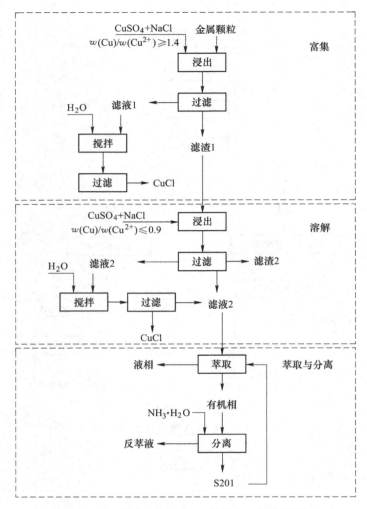

图 4-23   废旧电路板中 Pd 的浸出工艺流程图

4.5   生物法

生物法是利用细菌或真菌浸取或吸附最终回收电子废弃物中的贵金属，基本原理主要分为两种：一种是在微生物的作用下，利用 Fe^{3+} 的氧化作用，首先将电子废料中的贱金属氧化溶解，再通过其他方法回收裸露的贵金属；另一种是利用微生物体内含有的具有某种特性的配体，与金属离子之间发生配合、离子交换、络合等作用，以吸附溶液中的贵金属离子，吸附完成后回收微生物细胞，提取其中的贵金属。在微生物回收贵金属的过程中，可能会同时存在一种或多种作用方式，而且最关键的作用方式也会与菌体及外部环境和作用条件相关。与传统技术相比，生物法由于其生产成本低、投资少、工艺流程短、设备简单、能处理复杂多金属电子废弃物、环境污染小等优点，逐渐受到人们的重视。

4.5.1 生物浸出

生物浸出法利用微生物（细菌、真菌、藻类）或其代谢产物与电子废弃物中的金属相互作用，发生氧化、还原、吸附、溶解等反应，从而实现有价金属的回收。目前研究比较多的微生物包括氧化亚铁硫杆菌、氧化硫硫杆菌、钩端螺旋体杆菌、硫化叶菌等。生物浸出具有在低浓度下选择性高、运行成本低、操作方便、环境友好等优点，但该法浸出速率低，浸出时间长，而且会受到 As 等毒性元素的限制。而且在大多数情况下，仅仅依靠生物浸出难以完全回收金属。

Ilyas 等[83]研究了选择性培养的嗜热菌和嗜酸异养菌生物柱浸出含 Ag、Au、Al、Cu、Ni 等金属的电子废弃物的可行性，研究发现，通过将菌种在高浓度金属离子溶液中预培养及采用混合菌种可以大大提高金属的浸出率。Creamer 等[84]利用培养出的脱硫弧菌从电子废弃物浸出液中提取 Cu(Ⅱ)、Au(Ⅲ)、Pd(Ⅱ)，利用一种特殊的附带氢气圆柱形反应器从含 Cu 20%~25%（质量分数）、Au 35~55mg/L、Pd 30mg/L 的浸出液中有效吸附了 Pd(Ⅱ)，还原并沉积在脱硫弧菌生物质上，Pd(Ⅱ) 回收率高达 95%。

Natarajan 等[85]研究了以氢氰酸为次级代谢产物的突变紫色色杆菌提取电子废弃物中的 Au。研究发现，采用硝酸预处理方式可以减少废料中的贱金属（Cu）与 CN⁻的结合，在碱性条件下突变细菌提高了 CN⁻的浓度，从而可以增强浸出过程。料液浓度的增加则使黄金浸出率降低，这是因为较高的金属浓度抑制了细菌生长并进一步导致氰化物产生减少。进一步的研究发现，当 pH=9.5 时利用突变的紫色色杆菌可以得到较其他 pH 值下更高的 Au 回收率，此时 Au 的回收率为 22.5%。该结果表明细菌浸取线路板中 Au 的可行性，但如何提高浸出率是重点与难点。

Creamer 等[84]首先采用湿法技术去除线路板粉末中的 Cu、Pb 等贱金属，过滤后，采用电化学法回收滤液中的 Cu，滤渣用王水溶解，并且向王水中加入 NaAuCl₄ 和筛选出的去磺弧菌（desulfovibrio desulfuricans），通过收集细菌可以回收 Pd、Au 等贵金属，其回收率达到 90%以上。

4.5.2 生物吸附

众所周知，所有类型的生物质（细菌、真菌、酵母、藻类、植物、有机废弃物等）由于表面有磷酰基、羧基等官能团，可以与阴、阳离子作用（静电作用、离子交换、络合等）而具有结合金属的能力。生物吸附具有很多的优点，比如生物吸附中的非活性物质不受毒性限制，不需要在无菌条件下对生物质进行昂贵的营养物质培养；过程迅速，发酵工业废物和自然废物可成为生物质的廉价来源；生物吸附可以在宽泛的 pH 值、温度及目标物浓度下操作。用生物吸附剂选择性吸附 Au、Ag、Pd、Pt 等贵金属而实现其分离和回收，是一项非常有前景的技术。

Chen 等[86]发现用废弃生物质得到的丝胶和壳聚糖对 Au 有很好的选择性吸附。丝胶利用酰胺基团吸附 Au 而壳聚糖通过电荷及络合作用使氨基基团吸附 Au。通过实验发现，丝胶的选择性更好，其吸附 Au 的纯度可以达到 99.5%，在 Pd 的存在下也可以达到 90%。由于其高效廉价易得，因此在贵金属回收和污水处理领域具有很好的利用前景。Qu 等[87]通过在棉花纤维上包覆不同量的壳聚糖（4.49% 和 4.25%）制备出两种不同类型的棉纤维壳聚糖复合吸附剂（SCCH 和 RCCH）用来吸附溶液中的 Au（Ⅲ），SCCH 和 RCCH 吸附剂在 pH=3.0 且溶液中存在 Ni（Ⅱ）、Cd（Ⅱ）、Zn（Ⅱ）、Co（Ⅱ）和 Mn（Ⅱ）的情况下对 Au 的吸附率可以达到 100%。Xiong 等[88]利用二甲胺化学改性废弃柿子得到柿子废弃物凝胶（DMA-PW）用来吸附盐酸介质中的 Au（Ⅲ）、Pd（Ⅱ）和 Pt（Ⅳ），其对 Au（Ⅲ）、Pd（Ⅱ）和 Pt（Ⅳ）的吸附容量分别为 5.63mol/kg、0.42mol/kg 和 0.28mol/kg。而溶液中的贱金属如 Cu（Ⅱ）、Zn（Ⅱ）、Fe（Ⅲ）等几乎不被吸附。

生物法处理电子废弃物在最近十年开始研究，Cu、Cd、Zn、Ni、Co、Au、Ag 等金属的生物法提取已有相关报道。但是生物技术在贵金属方面的研究目前主要集中于 Au、Pt、Pd，在 Ag 及其他 PGMs 上的研究不足。

4.6 超临界流体技术

超临界流体是指处于临界温度和临界压力以上的无气液相区别的均相流体，它具有与气体相当的高扩散系数和低黏度，又具有与液体相近的密度和良好的溶解能力。目前常用的超临界流体见表 4-8，该过程属于前期处理及中期处理阶段。超临界法具有处理效率高、反应彻底、快速、可氧化降解绝大多数的有机有害废物、不会形成二次污染等优点。但该方法目前还没有研究到直接面对回收电路板中贵重金属的阶段，所得产物中各种重金属还需进一步处理提纯。

表 4-8 常见物质的超临界条件

物质	临界温度/℃	临界压力/MPa	密度/g·cm^{-3}
CO_2	31.1	7.37	0.468
水	374.2	22.10	0.344
乙烷	32.3	4.88	0.203
乙烯	9.9	5.12	0.200
丙烷	96.9	4.26	0.220
丙烯	92.0	4.62	0.230

超临界流体萃取技术处理废旧电路板的原理是：利用处于临界温度和压力以上的流体，具有特殊的溶解能力和高渗透性将线路板中的环氧树脂等有机物在超临界环境下分解成的小分子化合物给提取出来，使线路板中的金属和玻璃纤维分离，便于金属的回收。常用的超临界萃取流体有 CO_2、甲醇、乙醇、丙酮等。超临界 CO_2 流体萃取技术工艺路线如图 4-24 所示[89]。

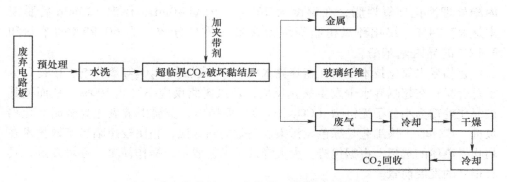

图 4-24 超临界 CO_2 流体处理线路板工艺流程

潘君齐等[90]利用正交实验考察了废旧线路板各材料层在超临界 CO_2 中的分层情况，研究了温度、压力、反应时间对线路板分层效果的影响。采用 ANSYS 8.0 软件分析了超临界流体环境下废旧线路板内部的应力分布，发现温度对线路板分层的影响最大，在最佳的工艺条件 270℃、35MPa 和 4h 下，废旧电路板中不同材料层自动离开。随着温度的提升，线路板的分层效果会越来越好，金属层和玻璃纤维层可以实现高效率回收再利用。在上述实验基础上，通过对比超临界 CO_2 流体环境下与非超临界 CO_2 环境下线路板的分层实验，分析线路板分层的实质原因，以及对超临界 CO_2 流体在线路板分层过程中所起的作用[91]。研究表明，线路板分层的实质原因是其黏接材料（环氧树脂）发生热解反应，从而丧失了黏接性能，导致线路板分层；在线路板分层的过程中，温度是最主要的影响因素，不仅因为它能够影响热解反应效果，也能使线路板的每层之间产生热应力，从而促进分层过程；在超临界 CO_2 流体环境下，尽管线路板分层的实质原因是黏接材料发生了热解反应，但超临界 CO_2 流体在整个过程中依然起到了促进反应的作用，它不仅能够很好地传热，也能将反应产物及时溶解带出，使反应能够继续顺利进行，同时减少了降温后反应产物在线路板内部的二次黏接作用，对线路板的分层效果起到了优化作用。

潘君齐等[92]研究以水作为夹带剂的超临界 CO_2 处理线路板的方法，发现在 270℃、36MPa、3.5h 和 80mL H_2O 条件下，废旧线路板中的不同材料层会自动分离开。分离的铜箔和强化材料保持各自的原始形状和性质，从而实现各自的高效回收。王世杰等[93]将乙醇作为溶剂，在反应温度为 280℃、反应压力为 7.4MPa、反应时间为 60min 的条件下对 FR-4 型溴化环氧树脂基板进行超临界乙醇抽提实验。在上述条件下，溴化环氧树脂高聚物分解成苯酚及其衍生物，同时还有微量的 Br、N、P、S 等元素的化合物。分离出的固体强化材料玻璃纤维保持各自的原始形状和性质，实现了各产物的高效回收。该过程污染小、环境友好，且可以回收重复使用。邢明飞等[94]利用超临界丙酮处理溴化环氧树脂，在温度为 260℃、丙酮 40mL、保温 120min 后脱溴率达 97.94%，溴化环氧树脂降解为含量（质量分数）为 60.99% 的苯酚和 3.12% 的异丙基苯酚。

　　超临界水氧化技术是指在超临界水中以 O_2 或加入 H_2O_2 等氧化剂，使得高分子复合材料在超临界水中发生氧化反应，环氧树脂反应率可达 100%，从而使其被氧化处理为小分子无机物（CO_2、H_2O）而排出，金属则被氧化为金属氧化物被进一步回收。该工艺是绿色无污染、高效的新方法，相比较超临界萃取技术在超临界流体的选择上占据优势，大大降低了工艺成本，操作简单、环境友好，具有很好的发展前景。

　　在 20 世纪 80 年代中期美国学者 Modell 提出了一种新型氧化技术，该技术能破坏有机结构，并应用到处理废弃印刷线路板，使其中难以处理的物质与水中的 O_2 发生反应产生 CO_2、N_2、水。同时，Xiu 等[95]利用超临界水技术处理线路板中的金属。研究表明，金属的回收率随温度的升高而逐渐增加。超临界水氧化实验中，当温度为 420℃时，Cu 和 Pb 的回收率分别为 99.8% 和 80%。而在超临界水解聚法中，当温度为 440℃ 时，Sn、Zn、Cr、Mn 的回收率为 90%。Chien 等[96]在超临界水中通入 H_2O_2 和碱液，然后将废弃线路板放入实验装置进行氧化，实验过后的固体残渣中含 CuO、Cu_2O 和 $Cu(OH)_2$，其中有 63.2% 的 Br 溶解在液体中。

　　超临界流体萃取技术处理废旧电路板已经进行了广泛的研究，许多研究机构对超临界不同流体环境下的萃取技术进行了研究，致力于发现更加高效、简单的处理工艺，为废旧电路板回收领域奠定了坚实的基础。今后，研究超临界流体萃取技术处理线路板的工业化应用是重点，为资源的可持续发展和环保领域做出贡献。

4.7　回收工艺优缺点比较

　　从电子废弃物中回收金属技术的研究和利用已经历了几十年，各种技术都得到不断的发展，这些工艺的优缺点见表 4-9。

表 4-9 不同回收方法特点比较

技术方法	机械处理技术	热处理技术		湿法冶金技术	生物技术
		火法冶金	热解技术		
工艺特点	利用废物中各组分物理性质的差异性,实现金属和非金属物质的分离回收,工艺简单,易操作,容易规模化发展	利用高温将废物熔融,使其中的非金属物质与金属物质分离从而实现金属物质的回收,工艺简单,易操作,主要用于大批量回收各种电子废弃物中的金属	利用高温将废物中的有机物汽化和液化处理,再从残渣中回收金属,既可分别回收金属物质和非金属物质,也可同时回收部分能量,工艺简单,适用于回收各种电子废弃物,但操作条件要求高,且不能得到最终较纯的金属产品	利用废物中金属能与某些化学试剂发生化学反应而将其转移进入液相,再通过电解、还原等手段回收溶液中的金属。该工艺灵活、对设备要求不高,易操作,可获得最终较纯的金属产品,但不能直接处理复杂的电子废弃物,处理工艺流程复杂,试剂耗量大	利用某种微生物或其代谢产物与废物中的金属相互作用,使目标金属从废物中分离出来或除去废物中的杂质从而实现有价金属的回收。工艺简单、易操作,可获得最终较纯的金属产品,但具有生产周期长、目前已知可利用的菌种有限、菌种既难培养又不易放大等缺点
环境影响	(1)能耗高,有噪声污染;(2)干法破碎有粉尘飞扬,且破碎撞击易使废物中有机物发生高温分解产生呋喃、多氯联苯等有毒有害气体;(3)湿法破碎和分选有大量的废水排放	(1)能耗高,熔融时产生的浮渣增加了二次固体废物量;(2)废物中有机物在高温作用下易产生有毒有害气体,另外高温也易使废物中低沸点的Pb、Sn等重金属挥发而污染环境	(1)能耗大,热解后产生的固体物质经回收其中金属后产生的余渣增加了二次固体废物量;(2)有机物热解时产生较多的遮蔽性烟雾、单质Br和溴化氢、多氯联苯等有毒有害气体;另外,高温易使废物中低沸点的Pb等重金属挥发而造成污染	浸出过程能耗低,但试剂耗量大,且在整个回收过程中会产生大量的废气、废渣、有腐蚀性和有毒有害性的废水排放	(1)能耗低;(2)清洁、安全;(3)污染小

技术方法	机械处理技术	热处理技术		湿法冶金技术	生物技术
		火法冶金	热解技术		
金属回收率	金属回收率高	（1）高温易使废物中贵金属形成氯化物挥发和低沸点金属挥发，且陶瓷等浮渣也带走部分金属，造成金属产品总体收率下降；（2）对 Cu 及贵金属的回收较高，但部分金属如 Pb、Sn 等回收率低，且目前技术还无法回收 Al 和 Zn 等金属	因高温可能会使部分低沸点金属挥发损失，造成金属富集体总收率下降	金属回收率高	金属回收率高
回收的金属产品特点	由于废物中各金属组分的不同物理特性的重叠，使各金属难以实现完全分离，因而仅能回收金属富集体	可获得各种金属元素组成的金属富集体	可获得各种金属元素组成的金属富集体	可获得纯度较高的金属单质或其化合物	可获得纯度较高的金属单质或其化合物
经济成本	机械处理设备及运行维护费用较高，但环境污染治理成本低	普通焚烧法或防氧化焙烧法处理成本低，但微波焚烧工艺处理成本相对较高，而且均需要投入较高的污染治理费用	处理设备投资、运行及维修费用较高，且需要投入一定的污染治理费用	单浸出段而言其成本低，但后续金属单质回收段若用电化学技术则因设备运行维护及耗能较大使成本增加，而且整个回收过程污染治理费用也较高	投资运行成本低，而且污染治理费用的投入少

经对上述 5 种回收技术分别从工艺特点、环境影响、金属回收率、回收的金属产品特点、经济成本等方面进行综合对比，可看出：

（1）在工艺特点方面，机械处理技术工艺简单，容易规模化，而且产生的二次污染相对较小，迎合了商业发展和环保的要求，但由于电子废弃物各组分不同物理特性的重叠（如重力分选过程中，对金属分离影响的因素除密度之外，还有颗粒尺寸）而无法实现金属之间的完全解离；热处理技术适合批量回收处理各种电子废弃物，在回收金属含量低的废物方面具有良好的效果；湿法冶金方法，工艺流程较为复杂，化学试剂耗量大且易腐蚀设备，并对操作者构成威胁，但金属回收率较高；生物技术工艺简单，而且在回收金属的过程中具有安全、清洁、高效的特点。物理处理技术在富集电子废弃物中有价金属方面起着不可替代的作用，其产生的二次污染相对较小，但需要关注粉尘和噪声问题；热处理作为一种预处理技术因满足环保和经济效益双重需求而颇具发展潜力。

（2）在环境影响方面，除了生物技术和超临界流体技术在金属回收过程中产生的负面环境影响较小外，其余技术均有能耗大、产生二次污染的问题，尤其热处理技术和湿法冶金技术为甚。

（3）在金属产品回收率方面，热处理法因在高温作用下，容易使电子废弃物中低沸点的金属挥发，或因浮渣等杂质带出金属，导致金属总体回收率较低。但总体上看，目前各种技术对废物中金属的回收率仍然较低，亟待改善。

（4）在回收的金属产品特点方面，机械处理与热处理技术，从电子废弃物中获得的不是最终的金属产品，而是两种或两种以上金属元素混合的富集体，而采用湿法冶金技术和生物技术，却可从中获得纯度较高的最终金属单质或其化合物。因此，前两者可作为电子废弃物中金属回收系统的前期处理技术，即废物的预处理技术，以提高后段回收系统的金属回收率，降低回收成本；而后两者则可作为回收系统的后期处理技术，回收最终的金属产品。

（5）在经济成本方面，机械处理、热处理及湿法冶金技术，设备购置和运行维护、污染治理等费用的投入较大，而生物技术因设备简单，且在回收过程中能耗低、二次污染小、成本低廉、环境友好，具有很大的发展潜力，但由于目前已知可利用的菌种相当有限，而且菌种既难培养又不易放大，生产周期过长，因此，该技术距离工业应用仍有一定的距离。

参 考 文 献

[1] Zhang S G, Ding Y J, Liu B, et al. Supply and demand of some critical metals and present status of their recycling in WEEE [J]. Waste Management, 2017, 65: 113-127.

[2] Widmer R, Oswald-Krapf H, Sinha-Khetriwal D, et al. Global perspectives on e-waste [J]. Environmental Impact Assessment Review, 2005, 25 (5): 436-458.

[3] 毛欣，刘菁，李彦. 德国电子废弃物循环利用体系的调查与思考 [J]. 中国环境管理干部学院学报，2016，16 (2): 64-67.

[4] Swedish waste management 2016 [R]. Stockholm, Sweden: Avfall Sverige, 2016.

[5] Our operations 2013 [R]. Stockholm, Sweden: El-Kretsen, 2013.

[6] Yoshida F, Yoshida H. Waste electrical and electronic equipment (WEEE) hand book: Chapter21 WEEE management in Japan [M]. Second edition. London: Woodhead Publishing, 2019.

[7] 孙春旭，郭杰，王建波，等．废旧印刷电路板中电子元器件回收处理技术进展 [J]．材料导报，2016，30（9）：105-109．

[8] 吴雯杰，王景伟，王亚林，等．电子废弃物中元器件的拆解与再利用 [J]．环境科学与技术，2007（9）：83-85，94，120．

[9] Die Q，Nie Z，Huang Q，et al. Concentrations and occupational exposure assessment of polybrominated diphenyl ethers in modern Chinese e-waste dismantling workshops [J]. Chemosphere，2019，214：379-388.

[10] Bi X，Thomas G O，Jones K C，et al. Exposure of electronics dismantling workers to polybrominated diphenyl ethers，polychlorinated biphenyls，and organochlorine pesticides in South China [J]. Environmental Science & Technology，2007，41（16）：5647-5653.

[11] 王素娟，秦琴，屠子美．工业机器人在 LCD 显示器废弃物自动化拆解流水线中的应用 [J]．现代电子技术，2019，42（4）：175-178．

[12] 祁正栋，刘洪军．废旧电路板中有色金属的机械物理回收技术 [J]．材料导报，2015，29（17）：122-127．

[13] Zeng X，Zheng L，Xie H，et al. Current status and future perspective of waste printed circuit boards recycling [J]. Procedia Environmental Sciences，2012，16：590-597.

[14] 唐德文，邹树梁，刘衣昌，等．废弃电路板回收技术与方法研究进展 [J]．南华大学学报（自然科学版），2014，28（1）：46-53．

[15] 周翠红，潘永泰，路迈西，等．ZKB 剪切破碎机及其性能分析 [J]．选煤技术，2004（6）：21-23．

[16] 贺靖峰，段晨龙，何亚群，等．废弃电路板湿法破碎与分选回收金属研究 [J]．环境科学与技术，2010，33（4）：112-116．

[17] 邹亮，白庆中，李金惠，等．废弃线路板的低温粉碎试验研究 [J]．中国矿业大学学报，2006（2）：220-224．

[18] 刁智俊，赵跃民，段晨龙，等．高压电脉冲破碎电路板的基础研究 [J]．中国矿业大学学报，2013，42（5）：817-823．

[19] Das A，Vidyadhar A，Mehrotra S P. A novel flowsheet for the recovery of metal values from waste printed circuit boards [J]. Resources，Conservation and Recycling，2009，53（8）：464-469.

[20] Veit H M，Diehl T R，Salami A P，et al. Utilization of magnetic and electrostatic separation in the recycling of printed circuit boards scrap [J]. Waste Management，2005，25（1）：67-74.

[21] Rem P C，Zhang S，Forssberg E，et al. The investigation of separability of particles smaller than 5mm by eddy-current separation technology-part Ⅱ：novel design concepts [J]. Physical Separation in Science and Engineering，2000，10（2）：85-105.

[22] Li J，Lu H Z，Xu Z M，et al. Critical rotational speed model of the rotating roll electrode in corona electrostatic separation for recycling waste printed circuit boards [J]. Journal of Hazardous Materials，2008，154（1）：331-336.

[23] Eswaraiah C，Kavitha T，Vidyasagar S，et al. Classification of metals and plastics from printed circuit boards（PCB）using air classifier [J]. Chemical Engineering and Processing：Process

Intensification, 2008, 47（4）：565-576.

［24］De Jong T P R, Dalmijn W L. Improving jigging results of non-ferrous car scrap by application of an intermediate layer ［J］. International Journal of Mineral Processing, 1997, 49（1）：59-72.

［25］周翠红, 路迈西. 空气摇床分选废旧电路板 ［J］. 辽宁工程技术大学学报, 2006, 25（3）：471-474.

［26］李静. 从废旧印刷电路板中回收铜并制备超细铜粉新工艺研究 ［M］. 长沙：中南大学, 2012.

［27］江勇, 谢雨衡, 卢彦越, 等. 废弃线路板分离富集金属和非金属的方法研究 ［J］. 有色金属（选矿部分）, 2017（6）：53-55, 62.

［28］王海锋, 宋树磊, 何亚群, 等. 电子废弃物脉动气流分选的实验研究 ［J］. 中国矿业大学学报, 2008, 37（3）：379-383.

［29］Yoo J M, Jeong J, Yoo K, et al. Enrichment of the metallic components from waste printed circuit boards by a mechanical separation process using a stamp mill ［J］. Waste Management, 2009, 29（3）：1132-1137.

［30］Li J, Lu H, Guo J, et al. Recycle technology for recovering resources and products from waste printed circuit boards ［J］. Environmental Science & Technology, 2007, 41（6）：1995-2000.

［31］Li J, Xu Z, Zhou Y. Application of corona discharge and electrostatic force to separate metals and nonmetals from crushed particles of waste printed circuit boards ［J］. Journal of Electrostatics, 2007, 65（4）：233-238.

［32］余璐璐, 许振明. 高压静电分选技术在回收废旧电路板中的研究进展 ［J］. 材料导报, 2011, 25（11）：139-145.

［33］Li J, Xu Z. Environmental friendly automatic line for recovering metal from waste printed circuit boards ［J］. Environmental Science & Technology, 2010, 44（4）：1418-1423.

［34］王娟, 张德华. 废旧电路板资源化研究的进展 ［J］. 化学世界, 2013, 54（12）：759-765.

［35］孙静. 微波诱导热解废旧印刷电路板（WPCB）机理研究 ［D］. 济南：山东大学, 2012.

［36］Zhou Y, Qiu K. A new technology for recycling materials from waste printed circuit boards ［J］. Journal of Hazardous Materials, 2010, 175（1）：823-828.

［37］陈斌, 何杰, 孙小钧, 等. Fe-Cu-Pb 合金液-液相分离及废旧电路板混合金属分级分离与回收 ［J］. 金属学报, 2019, 55（6）：751-761.

［38］Chen B, He J, Xi Y, et al. Liquid-liquid hierarchical separation and metal recycling of waste printed circuit boards ［J］. Journal of Hazardous Materials, 2019, 364：388-395.

［39］Tue N M, Takahashi S, Subramanian A, et al. Environmental contamination and human exposure to dioxin-related compounds in e-waste recycling sites of developing countries ［J］. Environmental Science：Processes & Impacts, 2013, 15（7）：1326-1331.

［40］Hagelueken C. Recycling of electronic scrap at Umicore precious metals ［J］. Acta Metall. Slovaca, 2006, 12：111-120.

[41] Theo L, Henrikson H. Industrial recycling of electronic scrap at Boliden's Rönnskär Smelter [C]. TMS (The Mineral, Metals and Materials Society), 2009: 1157-1158.

[42] 郭学益, 田庆华, 刘咏, 等. 有色金属资源循环研究应用进展 [J]. 中国有色金属学报, 2019, 29 (9): 1859-1901.

[43] 郭键柄, 杨冬伟, 丁志广. 顶吹炉处理废旧印刷电路板的试验研究 [J]. 有色金属 (冶炼部分), 2019 (6): 19-23.

[44] 曾磊, 刘风华, 张鹏丽. 顶吹炉处理废旧印刷电路板的生产实践 [J]. 有色金属 (冶炼部分), 2016 (12): 20-22.

[45] 张文习. 低温碱性熔炼在有色冶金中的应用研究 [J]. 世界有色金属, 2018 (2): 11-12.

[46] 刘静欣, 田庆华, 程利振, 等. 低温碱性熔炼在有色冶金中的应用 [J]. 金属材料与冶金工程, 2011, 39 (6): 26-30.

[47] 郭学益, 刘静欣, 田庆华. 废弃电路板多金属粉末低温碱性熔炼过程的元素行为 [J]. 中国有色金属学报, 2013, 23 (6): 1757-1763.

[48] Stuhlpfarrer P, Luidold S, Antrekowitsch H. Recycling of waste printed circuit boards with simultaneous enrichment of special metals by using alkaline melts: A green and strategically advantageous solution [J]. Journal of Hazardous Materials, 2016, 307: 17-25.

[49] Flandinet L, Tedjar F, Ghetta V, et al. Metals recovering from waste printed circuit boards (WPCBs) using molten salts [J]. Journal of Hazardous Materials, 2012, 213: 485-490.

[50] Guo X, Liu J, Qin H, et al. Recovery of metal values from waste printed circuit boards using an alkali fusion-leaching-separation process [J]. Hydrometallurgy, 2015, 156: 199-205.

[51] Li H, Eksteen J, Oraby E. Hydrometallurgical recovery of metals from waste printed circuit boards (WPCBs): Current status and perspectives-A review [J]. Resources, Conservation and Recycling, 2018, 139: 122-139.

[52] Liu H L, Xu H, Zhang L, et al. Economic and environmental feasibility of hydrometallurgical process for recycling waste mobile phones [J]. Waste Management, 2020, 111: 41-50.

[53] Quinet P, Proost J, Van Lierde A. Recovery of precious metals from electronic scrap by hydrometallurgical processing routes [J]. Minerals & Metallurgical Processing, 2005, 22 (1): 17-22.

[54] Hao J J, Wang Y S, Wu Y F, et al. Metal recovery from waste printed circuit boards: A review for current status and perspectives [J]. Resources Conservation and Recycling, 2020, 157.

[55] Li J, Xu X, Liu W. Thiourea leaching gold and silver from the printed circuit boards of waste mobile phones [J]. Waste Management, 2012, 32 (6): 1209-1212.

[56] Ha V H, Lee J, Jeong J, et al. Thiosulfate leaching of gold from waste mobile phones [J]. Journal of Hazardous Materials, 2010, 178 (1): 1115-1119.

[57] Choo W L, Jeffrey M I. An electrochemical study of copper cementation of gold (I) thiosulfate [J]. Hydrometallurgy, 2004, 71 (3): 351-362.

[58] Yang Z. New technology of precious metal recovery from electronic waste [J]. Functional Mate-

rials Information, 2011, 7 (5): 115-116.

[59] Zhang H, Ritchie I M, La Brooy S R. The adsorption of gold thiourea complex onto activated carbon [J]. Hydrometallurgy, 2004, 72 (3): 291-301.

[60] He Y, Xu Z. Recycling gold and copper from waste printed circuit boards using chlorination process [J]. RSC Advance, 2015, 5 (12): 8957-8964.

[61] Tan Q, Li J. Recycling metals from wastes: a novel application of mechanochemistry [J]. Environment Science Technology, 2015, 49 (10): 5849-5861.

[62] Xie F, Lu D, Yang H, et al Solvent extraction of silver and gold from alkaline cyanide solution with lix 7950 [J]. Mineral Processing and Extractive Metallurgy Review, 2014, 35 (4): 229-238.

[63] Tripathi A, Kumar M, Sau D C, et al. Leaching of gold from the waste mobile phone printed circuit boards (PCBs) with ammonium thiosulphate [J]. International Journal of Metallurgy Engeering, 2012, 1 (2): 17-21.

[64] Ha V H, Lee J, Jeong J, et al. Thiosulfate leaching of gold from waste mobile phones [J]. Journal of Hazardous Materials, 2010, 178 (1-3): 1115-1119.

[65] Ha V H, Lee J, Huynh T H, et al. Optimizing the thiosulfate leaching of gold from printed circuit boards of discarded mobile phone [J]. Hydrometallurgy, 2014, 149: 118-126.

[66] Oh C J, Lee S O, Yang H S, et al. Selective leaching of valuable metals from waste printed circuit boards [J]. Journal of the Air & Waste Management Association, 2003, 53 (7): 897-902.

[67] 肖力, 王永良, 钱鹏, 等. 非氰提金技术研究进展 [J]. 黄金科学技术, 2019, 27 (2): 292-301.

[68] Li J, Xu X, Liu W. Thiourea leaching gold and silver from the printed circuit boards of waste mobile phones [J]. Waste Management, 2012, 32 (6): 1209-1212.

[69] Birloaga I, Coman V, Kopacek B, et al. An advanced study on the hydrometallurgical processing of waste computer printed circuit boards to extract their valuable content of metals [J]. Waste Management, 2014, 34: 2581-2586.

[70] Behnamfard A, Salarirad M M, Veglio F. Process development for recovery of copper and precious metals from waste printed circuit boards with emphasize on palladium and gold leaching and precipitation [J]. Waste Management, 2013, 33 (11): 2354-2363.

[71] Zheng S, Wang Y, Chai L. Research status and prospect of gold leaching in alkaline thiourea solution [J]. Minerals Engineering, 2006, 19 (13): 1301-1306.

[72] 张潇尹, 陈亮, 陈东辉. 硫氰酸盐法浸出废印刷线路板中的金 [J]. 贵金属, 2008 (1): 11-14.

[73] Yang X, Moats M S, Miller J D, et al. Thiourea-thiocyanate leaching system for gold [J]. Hydrometallurgy, 2011, 106 (1): 58-63.

[74] Kim E, Kim M, Lee J, et al. Selective recovery of gold from waste mobile phone PCBs by hydrometallurgical process [J]. Journal of Hazardous Materials, 2011, 198: 206-215.

[75] Naseri Joda N, Rashchi F. Recovery of ultra fine grained silver and copper from PC board scraps

[J]. Separation and Purification Technology, 2012, 92: 36-42.

[76] Park Y J, Fray D J. Recovery of high purity precious metals from printed circuit boards [J]. Journal of Hazardous Materials, 2009, 164 (2): 1152-1158.

[77] Fogarasi S, Imre-Lucaci F, Imre-Lucaci Á, et al. Copper recovery and gold enrichment from waste printed circuit boards by mediated electrochemical oxidation [J]. Journal of Hazardous Materials, 2014, 273: 215-221.

[78] Yazici E Y, Deveci H. Extraction of metals from waste printed circuit boards (WPCBs) in H_2SO_4-$CuSO_4$-NaCl solutions [J]. Hydrometallurgy, 2013 (139): 30-38.

[79] 周培国, 郑正, 帖靖玺, 等. 一种从电子工业废渣中提取金、银、钯的工艺方法 [P]. 中国专利: 200410065159.8, 2005-04-06.

[80] Barbieri L, Giovanardi R, Lancellotti I, et al. A new environmentally friendly process for the recovery of gold from electronic waste [J]. Environmental Chemistry Letters, 2010, 8 (2): 171-178.

[81] Zhang Z, Zhang F S. Selective recovery of palladium from waste printed circuit boards by a novel non-acid process [J]. Journal of Hazardous Materials, 2014, 279 (1): 46-51.

[82] Zhang Y, Liu S, Xie H, et al. Current status on leaching precious metals from waste printed circuit boards [J]. Procedia Environmental Sciences, 2012, 16: 560-568.

[83] Ilyas S, Ruan C, Bhatti H N, et al. Column bioleaching of metals from electronic scrap [J]. Hydrometallurgy, 2010, 101 (3-4): 135-140.

[84] Creamer N J, Baxter-Plant V S, Henderson J, et al. Palladium and gold removal and recovery from precious metal solutions and electronic scrap leachates by desulfovibrio desulfuricans [J]. Biotechnology Letters, 2006, 28 (18): 1475-1484.

[85] Natarajan G, Ting Y P. Pretreatment of e-waste and mutation of alkali-tolerant cyanogenic bacteria promote gold biorecovery [J]. Bioresource Technology, 2014, 152: 80-85.

[86] Chen X, Lam K F, Mak S F, et al. Precious metal recovery by selective adsorption using bio-sorbents [J]. Journal of Hazardous Materials, 2011, 186 (1): 902-910.

[87] Qu R J, Sun C, Wang M, et al. Adsorption of Au(Ⅲ) from aqueous solution using cotton fiber/chitosan composite adsorbents [J]. Hydrometallurgy, 2009, 100 (1): 65-71.

[88] Xiong Y, Adhikari C R, Kawakita H, et al. Selective recovery of precious metals by persimmon waste chemically modified with dimethylamine [J]. Bioresource Technology, 2009, 100 (18): 4083-4089.

[89] 李洋, 廖传华. 废旧电子超临界流体处理技术的研究进展 [J]. 当代化工, 2018, 47 (11): 2388-2391.

[90] 潘君齐, 刘光复, 刘志峰, 等. 废弃印刷线路板超临界 CO_2 回收实验研究 [J]. 西安交通大学学报, 2007 (5): 625-627.

[91] 刘志峰, 章王生, 张洪潮, 等. 超临界 CO_2 流体环境中线路板分层实验分析 [J]. 环境工程学报, 2011, 5 (7): 1617-1622.

[92] 潘君齐, 刘志峰, 张洪潮, 等. 超临界流体废弃线路板回收工艺 [J]. 合肥工业大学学报（自然科学版）, 2007, 30 (10): 1287-1291.

［93］王世杰，郑运玲，王成，等．超临界乙醇抽提废弃线路板的实验研究［J］．武汉科技大学学报：自然科学版，2011，34（2）：111-114.

［94］邢明飞，张付申．超临界丙酮降解废弃线路板中的溴化环氧树脂［J］．环境工程学报，2014，8（1）：317-323.

［95］Xiu F R，Qi Y，Zhang F S. Recovery of metals from waste printed circuit boards by supercritical water pre-treatment combined with acid leaching process［J］. Waste Management，2013，33（5）：1251-1257.

［96］Chien Y，Wang H P，Lin K，et al. Oxidation of printed circuit board wastes in supercritical water［J］. Water Research，2000，34（17）：4279-4283.

5 报废催化剂提取贵金属

催化剂是 PGMs 最大的消费领域，随着催化剂的失效报废，将产生大量的二次资源，如废汽车尾气净化催化剂、废石化催化剂、废制药及精细化工均相催化剂等。上述废料中 PGMs 总量达 35~40t，其回收将形成百亿元以上产业链，具有显著的经济效益。

然而，催化剂在服役过程中会混入大量的有害物质，对生态环境造成严重影响。2016 年 8 月 1 日我国生态环境部颁布了《国家危险废物名录》，明确规定了废催化剂属于 HW50 类危险废物，禁止跨境转移和急需建立废催化剂绿色处置技术准则。因此，实现 PGMs 再生利用，有利于保存和节约 PGMs 原生资源，缓解我国的 PGMs 供需矛盾，满足紧缺战略储备金属需求，为高新技术产业、国防及航空航天等重要领域提供 PGMs 原料保障。本章从废催化剂的来源和特点着手，全面阐述了火法富集、湿法溶解技术的原理和应用情况，并介绍了作者在本领域的部分研究工作。

5.1 报废催化剂的来源及特点

催化剂种类繁多、载体各异、贵金属赋存状态和品位差异大。以贵金属为活性组分负载于炭、氧化铝、堇青石等载体上，含 Re、Sn、稀土及有机化合物等助剂，广泛应用于氨氧化、不饱和化合物氧化和加氢，脱除 CO、NO_x 和有机物，烷烃和烯烃加氢异构化及催化重整、脱氢等化工过程。催化剂在使用过程中会因中毒、积碳、载体结构变化、金属微晶聚集或流失等原因，导致催化活性逐渐降低，最终不能满足工艺需要而报废。催化剂使用一般为 3~5 年，有的甚至仅仅几个月。废催化剂中贵金属含量一般高于矿石中的含量，与原生矿相比品位更高、成分简单，回收工艺相对简短，投资少。因此，全球废催化剂回收 PGMs 的相关体系正在完善，高效清洁的回收技术成为研究的热点。

自 2011 年我国成为全球汽车生产第一大国，到 2020 年机动车保有量达 3.72 亿辆，2020 年理论报废量超过 1500 万辆，按每辆汽车催化剂中含 PGMs 2.0g 计算，其资源量达到 30t。另外，现有汽车报废量仅为保有量的 3%~4%，在未来一段时间内，我国汽车报废量将爆发式增长。报废汽车尾气催化剂是 PGMs 二次资源最大的市场。

石化行业也是 PGMs 重要用途之一，用于加氢、脱氢、氧化、还原、异构化、芳构化、裂化、合成等催化剂，主要有 Pt/Al_2O_3、$Pt-Re/Al_2O_3$、$Pt-Sn/Al_2O_3$、Pd/Al_2O_3 等。截至 2020 年，我国石油和化学工业规模以上企业 2.60 万家，原油加工量突破 6.74 亿吨，催化剂的用量约 6000~8000t，PGMs 用量约 20~25t，具有较大的资源储量。

贵金属催化剂的回收一般包括预处理、富集和精炼三个步骤。其中，失效催化剂中贵金属的富集是贵金属回收的关键。贵金属富集的好坏直接影响回收成本、金属回收率、环境因素等多项指标。催化剂的种类不同，富集的方法相应有所不同，主要可分为火法富集和湿法溶解[1]。

5.2　火法富集技术

火法富集技术是利用熔融态的金属，如 Pb、Cu、Fe、Ni 等对贵金属进行捕集，或者利用硫化物（硫化铜、硫化镍、硫化铁）对贵金属进行富集，然后用湿法处理含有贵金属的合金或锍，实现贵金属的回收。火法工艺中还有采用金属蒸气对失效汽车尾气催化剂中贵金属进行处理的研究。

在火法富集过程中，PGMs 与贱金属形成合金，载体造渣，达到富集 PGMs 的目的。图 5-1 为贱金属冶炼过程中各杂质元素在合金相、渣相及挥发相中的分布[2]。可以看出，Cu、Pb、Pb/Zn 冶炼过程中，贵金属（Au、Ag、Pd、Pt 等）主要进入金属相中，Ca、Mg、Al、Si、B 等活泼金属或非金属进入渣相。

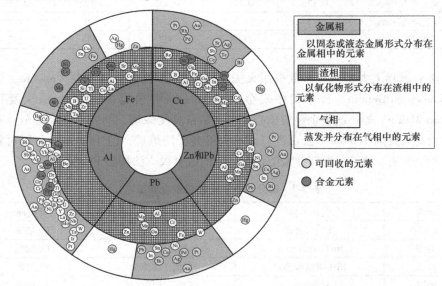

图 5-1　贱金属冶炼过程中元素在金属相、渣相和气相中的分布

Cu、Pb、Ni、Fe 等金属在火法冶炼过程中可以将 PGMs 捕集到金属相或锍相中[3]。从电负性角度，PGMs 电负性高、电极电位较正，在还原熔炼过程中，PGMs 先于贱金属还原；在氧化过程中，PGMs 后于贱金属被氧化，因此能富集并保留在金属相中。另外，PGMs 原子或 PGMs 合金的原子簇，其价电子悬挂键在熔融渣相中不会与周围的定域电子发生键合，但在熔融金属相中与周围贱金属的自由电子键合在一起，降低体系的自由焓。从晶体结构分析，PGMs 除 Ru 外，其他都是面心立方结构，Rh、Pd、Ir、Pt 原子半径接近（0.134~0.138nm），见表 5-1。常用的捕集剂 Cu、Pb、Ni 与 PGMs 具有相同的晶体结构，均为面心立方结构，Sn 为三方晶系，见表 5-2。晶体结构的相似相溶为捕集 PGMs 提供了理论基础。

表 5-1 铂族金属晶体结构及其物理参数

铂族金属	Ru	Rh	Pd	Ir	Pt
晶体结构	六方密度	面心立方	面心立方	面心立方	面心立方
原子半径/nm	0.113	0.134	0.137	0.135	0.138
金属密度/$g \cdot cm^{-3}$	12.30	12.42	12.03	22.4	21.45
熔点/℃	2400	1960	1550	2454	1769

表 5-2 常用贱金属捕集剂晶体结构及其物理参数

贱金属	Fe	Cu	Pb	Ni	Sn
晶体结构	面心立方	面心立方	面心立方	面心立方	金刚石结构
原子半径/nm	0.126	0.128	0.175	0.124	0.159
金属密度/$g \cdot cm^{-3}$	7.8	8.9	11.3	8.9	7.3
熔点/℃	1538	1083	327	1453	232

目前国际上大型企业多数采用火法熔炼捕集 PGMs，如比利时 Umicore、美国 Multimetco 和 Gemini、日本田中贵金属和 Mitsubishi 公司、德国 Hereaus 及英国 Johnson-Matthey 等。这些企业对核心技术和装备高度保密，不公布任何细节。我国贵研铂业从英国 Tereonics 公司进口了一台等离子熔炼炉，但 Tereonics 公司对相关工艺严格保密。表 5-3 为部分大型企业采用的贱金属火法捕集 PGMs 工艺。

表 5-3 部分贱金属捕集铂族金属工艺

国别	公司名称	设备	捕集剂
比利时	优美科公司	Isasmelt 炉	Cu 捕集
美国	Multimetco 公司	直流电弧炉	Cu 捕集
日本	田中贵金属公司	等离子熔炼炉	Fe 捕集
中国	贵研铂业	等离子体熔炼炉	Fe 捕集

5.2.1　等离子体熔炼

20 世纪 80 年代中期，美国开始使用等离子体熔炼失效催化剂富集回收 PGMs，1993 年在美国 TMS 会议上介绍了它在贵金属回收中的应用。美国 Multimetco 公司采用等离子体法处理了大批 PGMs 二次资源。其中，以堇青石为载体的汽车废催化剂，只需配入少量石灰和捕集剂 Fe 或 Ni，通过粉末喷射-等离子体熔炼-快速凝固过程，在铁板上收集磁性部分，即为 PGMs 富集物，结果见表 5-4。

表 5-4　等离子炉熔炼法从废汽车净化催化剂中回收 PGMs

形态	组成（质量分数）/%			配料（比例）				总回收率/%		
	Pt	Pd	Rh	催化剂	石灰	铁	炭	Pt	Pd	Rh
蜂窝状	0.122	0.017	0.014	100	10	1	1	约100	98.1	86.6
球状	0.0364	0.0145	—	100	10	1	0	96.7	95.2	—

等离子体熔炼炉利用等离子体产生的极高温度（可达 2000℃）使 Al_2O_3 和堇青石直接熔化，不需要加入其他熔剂，以 Fe 为 PGMs 捕集剂，形成 Fe-PGMs 合金，合金与渣的密度（分别约为 $6.0 \sim 7.0 g/cm^3$ 和 $3.0 \sim 3.5 g/cm^3$）相差较大，极易分离[4]，工艺流程如图 5-2 所示。富集的 PGMs 品位提高到 5% ～ 7%，Pt、Pd

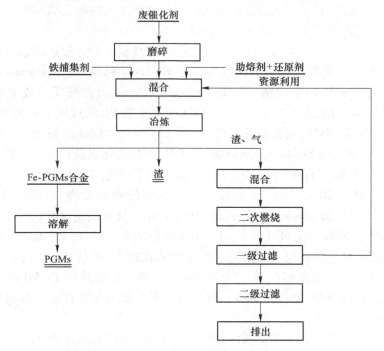

图 5-2　铁捕集回收废催化剂中 PGMs 的流程图

和 Rh 回收率达到 98%、98% 和 97%，而最终炉渣中的 Pt、Pd、Rh 总含量为 10.9~12.9g/t[5]。

等离子体熔炼回收技术的特点是富集比高、流程简短、生产效率高、无废水和废气污染，在火法处理失效汽车催化剂方面发展潜力很大。但是，由于设备特殊，需要大型等离子体熔炼设备，且等离子枪使用寿命短，限制了其实际应用。高温条件下 SiO_2 被还原成单质 Si 与 Fe 形成铁硅合金，极难溶解。采用铝碎化后溶解形成硅铝酸盐胶体，固液分离困难，造成贵金属回收的损失。此外，还需研究如何利用凝结炉渣层代替耐火材料内衬，以解决因高温引起的耐火材料磨损问题等。

5.2.2 金属捕集法

金属捕集法是将废催化剂与助熔剂（SiO_2、CaO、Fe_2O_3 等）、捕集剂和还原剂等混合，通过高温熔炼使贵金属与捕集金属形成合金，载体和熔剂形成易分离的炉渣，以达到分离目的，实现贵金属的富集回收。捕集剂的选择，一般要考虑它们与贵金属的互溶性、熔点、炉渣夹带金属损失和捕集金属的化学性质。一般来说，Pb、Cu、Ni 和 Fe 都是比较好的选择，贱金属可以捕集贵金属是因为熔炼过程形成了结构差异很大的合金相和渣相。前者的原子靠金属键结合，后者的各种原子靠共价键和离子键结合。贵金属原子从渣相进入熔融金属相时，其价电子可以与贱金属原子发生键合作用，从而降低体系的自由焓[3]。

Pb 捕集是最古老的捕集方法，20 世纪 80 年代前，西方发达国家大量使用铅捕集处理各种二次资源废渣，包括 Inco 公司 Acton 精炼厂、Johnson Matthey 的 UK 精炼厂、Impala 铂公司精炼厂等。Pb 捕集 PGMs 可在鼓风炉或电弧炉中进行，常用 C 和 CO 还原，在 Pb 从化合物还原为金属 Pb 的过程中捕集 PGMs，催化剂载体在高温下和熔剂造渣分离出去，得到捕集了 PGMs 的粗铅；灰吹除去大部分 Pb 进一步富集 PGMs。鼓风炉熔炼 PGMs 的损失比电弧炉要大一些。管有祥等[6]建立了用 Au 作保护剂，铅试金一步富集汽车催化剂中 Pt、Pd、Rh 的方法。结果表明，加入 20~40mg Au 作保护剂，试金配料硅酸度为 1.0，进炉温度 900℃，1130℃ 恒温 10min，熔炼时间 50~60min，灰吹温度 910℃，可完全富集 500μg PGMs，回收率在 98% 以上。Pb 捕集操作简单，熔炼温度低，后续精炼工艺简单，投资少、见效快。在我国，Pb 捕集在民间作坊应用广泛，但 Pb 捕集法存在许多缺点：从合金相图看，Pb 与 Rh 不互溶，需要依靠 Pt/Pd 协同铅捕集 Rh。因此，Rh 的回收率仅为 70%~80%；Pb 易形成氧化物挥发，对操作人员和周边环境的危害很大。

许多欧美发达国家的贵金属回收精炼厂采用 Cu 捕集回收 PGMs，我国 Cu 捕集研究起步比较晚。金属 Cu 捕集通常在电弧炉内进行，捕集剂为铜粉、$CuCO_3$

或 CuO，根据催化剂组成加入不同量的助熔剂 SiO_2、CaO 和 Fe_2O_3。与其他捕集剂相比，Cu 捕集法有如下优点：

（1）捕集 PGMs 效果好，渣中 PGMs 损失小；

（2）捕集的熔炼温度比 Fe 低；

（3）Cu 对人体的损害比 Pb 小，环境友好；

（4）Cu 可以循环利用[3]。

塞尔维亚采矿冶炼研究所使用金属 Cu 捕集从废汽车催化剂中回收 PGMs 已经进行了半工业化试验，提出了结合火法冶金处理和电解精炼处理废汽车催化剂的工艺流程，如图 5-3 所示。该方法包括破碎和研磨、均质、造粒、干燥、熔融、电解和精炼[7]。

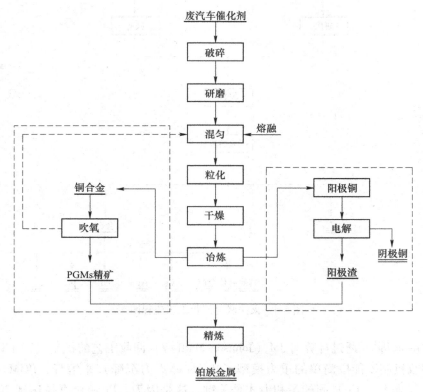

图 5-3　废汽车催化剂处理技术流程图

Kolliopoulos 等[8]研究了 PGMs 在 Cu 捕集过程中的行为，提出了包覆和沉降两种 PGMs 回收机理。包覆机理指的是在渣相中的 PGMs 宏观粒子被熔融的 Cu 包覆，形成 Cu-PGMs 合金液滴，最后从渣相中沉淀到容器底部的金属相中。沉降机理则是固态的 PGMs 粒子直接从渣相中沉降，在容器底部和 Cu 形成合金。

研究表明，密度大的 Pt 主要是通过沉降（88%），而 Pd 和 Rh 则是通过这两种机理，其中沉降居多（Pd 66%、Rh 57%）。捕集了贵金属的铜合金浇铸成阳极板进行电解，贵金属回收率能达到 99% 以上。

Kim 等[9]开发了使用废铜渣熔炼从废旧手机印刷电路板和蜂窝型汽车催化剂中同时提取贵金属的新工艺，火法联合回收工艺流程如图 5-4 所示。在此过程中，铜冶炼厂排放的废铜渣不仅可作为控制熔渣成分的助熔剂，还是贵金属的捕集剂，Au、Ag、Pt、Pd 和 Rh 回收率均超过 95%。

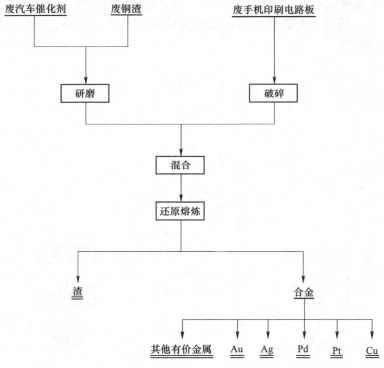

图 5-4　火法联合回收工艺流程图

Benson 等[10]通过计算对 JM（Johnson-Matthey）回收工艺的机制进行了讨论，认为回收机制不能以简单的重力模型（PGMs 靠重力沉降）来解释，PGMs 与捕集金属（如 Fe、Cu）间的亲和力才是关键。这是因为，Pt 颗粒直径达到 200μm以上才能独立沉降，而汽车催化剂中其尺寸在纳米级。PGMs 首先被熔化的捕集金属所捕获，再随其一起沉降。Benson 等[11]还对 JM 过程进行了模拟，建立了基于计算流体力学的纳米模型（粒子迁移或捕获）和浓度模型（扩散控制传质模型），计算了迁移系数，考察了温度、液滴尺、熔渣组成等的影响。Pt 颗粒被捕集金属 Fe 的液滴吸收，形成合金，然后在重力作用下沉降到炉体底部。此过程的关键是 Fe 对 PGM 的捕集。计算得到的优化结果是，Fe 液滴直径在 0.1 ~ 0.3mm，反应 1h，Pt 的回收率可达到 90%以上。

为降低等离子体铁捕集冶炼温度和成本，董海刚等[12]以磁精矿为捕集剂，开发出低温固态 Fe 捕集回收 PGMs。在铁精矿与 PGMs 废料质量比为 1.5:1、还原温度 1220℃、还原时间 6h、还原剂配比 9%、添加剂（CaO）配比 10%的条件下所得产物经湿式磁选，获得含 PGMs 铁粉，其中 Pt、Pd 和 Rh 含量分别为 110.4g/t、27.3g/t 和 52.1g/t，Pt、Pd 和 Rh 回收率分别为 98.6%、91.7% 和 97.6%。研究表明，PGMs 的回收率随磁精矿的增加而提高，当磁精矿与 PGMs 废料质量比由 0.5:1 增加到 1.5:1 时，PGMs 回收率能提高 10%左右；添加剂 CaO 对贵金属捕集影响较大，随其增加捕集率先增大后减小，这是因为适量的 CaO 有利于新生金属 Fe 迁移、扩散和聚集，但 CaO 配比过高，导致金属 Fe 晶粒之间距离变大，不利于金属 Fe 的迁移、扩散和聚集。低温 Fe 捕集的机理主要在于固态还原过程中微量 PGMs 优先转化为原子态或原子团簇，与新生金属 Fe 中自由电子键合在一起，同时，新生 γ-Fe 与 Pt、Pd 和 Rh 具有相同的晶体结构和相近的晶胞参数，从而形成合金；铁氧化物还原为 Fe，Fe 原子通过扩散方式凝聚在一起形成晶核粒子，Fe 晶粒不断聚集长大，还原产物通过球磨磁选分离，实现 PGMs 的回收。

5.2.3 锍捕集法

一般认为，锍能够捕集贵金属的原理为，重有色金属硫化物具有相似的晶体结构和相似的晶格半径。实际上，FeS 为六方晶系，晶胞参数 0.343nm；Ni_3S_2 为三方晶系，晶胞参数 0.408nm；Cu_2S 为立方晶系，晶胞参数 0.556nm。三者晶系不同，晶胞参数相差很大，不能形成固溶体。陈景院士认为，锍捕集贵金属的原理在于熔锍具有类金属的性质。对于锍的化学组成、物相组成、相平衡图，以及高温下的密度、电导率及表面张力等已有大量研究。但对锍的结构的了解仍不清楚。锍在高温下电导率可达 1500 ~ 4600S/cm，并且有较小的负温度系数，类似于金属。镍锍在 1200℃ 温度下，电导率可高达 4×10^3S/cm，而且电导率随温度的升高而明显降低，属电子导电。

Fe 的造锍熔炼主要包括两个过程，即造渣和造锍过程。其主要反应如下：

$$2FeS_{(1)} + 2O_2 \Longrightarrow 2FeO_{(1)} + SO_2 \tag{5-1}$$

$$FeO_{(1)} + SiO_{2(s)} \Longrightarrow FeO \cdot SiO_{2(1)} \tag{5-2}$$

$$xFeS_{(1)} + yMeS_{(1)} \Longrightarrow [yMeS \cdot xFeS] \tag{5-3}$$

FeS 氧化反应式（5-1）的进行，可达到部分脱硫的目的；而造渣反应（5-2）的主要作用是部分脱除炉料中的 Fe 和降低渣中 FeO 的活度，炉料中其他脉石和某些杂质也将通过造渣除去。造锍反应式（5-3）的主要作用是将炉料中待提取的有价金属富集于熔锍中。在冶炼过程中，可根据金属硫化物氧化反应的吉布斯自由能图来判断元素的分布趋势，即哪些金属与硫结合进入锍，哪些金属氧化进入渣。

高镍锍熔点约为 1000℃，一般冶炼设备易于达到。在熔融状态下，渣相不仅熔点低，而且流动性好，高镍锍密度大，易于在坩埚底部析出，炉渣和金属相分离效果好。He 等[13]使用镍锍从失效有机铑催化剂中捕集 Rh，物料配比见表 5-5。

表 5-5 镍锍捕集物料配比

配料	焚烧灰	Na_2CO_3	硼砂	石灰	氧化铁矿	山砂	高镍锍
分配比例/%	33	15	13	6	15	13	5

首先通过焚烧将大部分有机物去除得到焚烧灰，配入碳酸钠、硼砂、石灰、磁铁矿及捕集剂高镍锍冶炼，在 1200℃ 保温 30min 后，取出坩埚、自然冷却。物料与坩埚自然分离，上层为黑色玻璃的熔渣，底部为金属扣，Rh 捕集率达到 94%，最后通过王水溶解和离子交换，得到 99.95% 的铑粉，综合回收率为 92.04%，见表 5-6。

表 5-6 高镍锍火法冶金铑催化剂实验结果

编号	物料质量/kg	Rh 质量/g	冶炼炉渣			Rh 回收率/%
			总质量/kg	Rh 含量/$g \cdot t^{-1}$	Rh 质量/g	
1	16.35	24.06	50.45	29	1.47	93.89
2	17.15	30.32	53.29	37	1.97	93.50
3	14.52	45.73	44.56	43	1.92	95.80

贵研铂业股份有限公司提出了一种火法富集-湿法溶解相结合的工艺，从 Pd/Al_2O_3 废催化剂中回收 Pd，工艺流程如图 5-5 所示[14]。首先将废催化剂破碎研磨至 830μm（20 目）以下，按催化剂：添加剂 = 1:0.7 的比例配料混合，将制粒后的混合料逐步加入电弧炉坩埚内熔炼，获得捕集 Pd 的金属合金。在搪瓷釜中加入含 Pd 合金，按固液比 1:4 加入 H_2SO_4 溶解贱金属，温度 40~50℃，调节 pH 值至 1.5，将浸出液冷却至常温、静置沉淀 4~5h 后过滤得到含 Pd 富集物。用王水对富集物进行二次浸出，将含 Pd 溶液搅拌加氨水至 pH = 9，加温至 80℃ 使 Pd 全部转化为 $Pd(NH_3)_4Cl_2$，过滤去除贱金属渣。调节 pH 值沉淀 Pd，最后用水合肼还原。实验表明，采用火法-湿法联合工艺处理 Al_2O_3 载体催化剂，富集得到的锍相活性好，自然松散，不需破碎即可进行酸溶，且酸溶过程不需要加热，锍相经酸溶后，贵金属富集 100 倍以上，酸浸液中的贵金属含量小于 0.3mg/L，Pd 的直收率可达 96%。

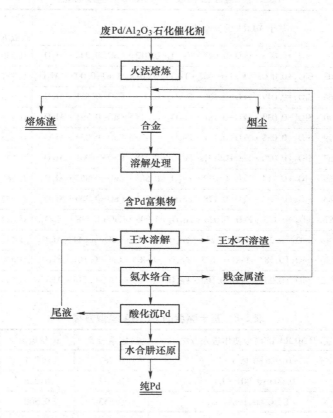

图 5-5　火法-湿法联合法回收废 Pt/Al₂O₃ 催化剂工艺流程图

贵金属的回收率由其在锍相和渣相中分配系数决定，通过分析影响分布系数的因素，优化渣型，降低渣中贵金属含量。分布系数可表示为：

$$L^{s/m} = (\mathrm{Me})/[\mathrm{Me}] \tag{5-4}$$

式中　（Me）——渣中 Me 元素的含量；

　　　[Me]——锍中 Me 元素的含量。

Avarmaa 等[15] 在 1250～1350℃ 下用铜锍捕集贵金属，并研究了渣相和锍相中贵金属的平衡分布情况。研究发现，影响平衡分布系数的最主要的因素是锍的品位，而且分布系数随着锍品位的增加而显著增加。平衡分布系数随温度的升高而减少，但是影响较小。Djordjevic 等[16] 研究了渣相成分和碱度对 Au、Ag、Cu 等元素分布系数的影响，获得了 MLRA 模型方程，见表 5-7 和表 5-8。

表 5-7 基于渣相成分的 MLRA 模型方程

$L_{Mc}^{s/m}$	基于 MLRA 的模型使用进入方法	决定系数 R^2	调整后 R^2	意义 P
Cu	$-0.214+0.005 \cdot SiO_2+0.003 \cdot FeO+0.002 \cdot Fe_3O_4-0.012 \cdot CaO-0.008 \cdot Al_2O_3$	0.930	0.895	0.001
Au	$-0.0001+0.003 \cdot SiO_2+0.0003 \cdot FeO+0.002 \cdot Fe_3O_4-0.013 \cdot CaO-0.009 \cdot Al_2O_3$	0.787	0.680	0.004
Bi	$-0.599+0.066 \cdot SiO_2+0.049 \cdot FeO-0.266 \cdot Fe_3O_4+0.053 \cdot CaO-0.561 \cdot Al_2O_3$	0.913	0.869	0.001
Se	$-5.265+0.140 \cdot SiO_2+0.039 \cdot FeO+0.181 \cdot Fe_3O_4-0.314 \cdot CaO-0.291 \cdot Al_2O_3$	0.723	0.585	0.013
Ag	$-4.485+0.079 \cdot SiO_2+0.035 \cdot FeO+0.161 \cdot Fe_3O_4-0.175 \cdot CaO+0.032 \cdot Al_2O_3$	0.824	0.736	0.002
Te	$-3.357+0.267 \cdot SiO_2+0.020 \cdot FeO+0.131 \cdot Fe_3O_4-0.718 \cdot CaO-1.061 \cdot Al_2O_3$	0.677	0.515	0.026
Ni	$-7.600+0.269 \cdot SiO_2+0.114 \cdot FeO-0.039 \cdot Fe_3O_4-0.568 \cdot CaO-0.865 \cdot Al_2O_3$	0.762	0.642	0.006
Co	$-7.925+0.183 \cdot SiO_2+0.082 \cdot FeO+0.178 \cdot Fe_3O_4-0.361 \cdot CaO-0.300 \cdot Al_2O_3$	0.752	0.752	0.001
Pb	$13.575-0.487 \cdot SiO_2-0.153 \cdot FeO-0.026 \cdot Fe_3O_4+0.906 \cdot CaO+1.538 \cdot Al_2O_3$	0.643	0.464	0.040
As	$-22.613+0.548 \cdot SiO_2+0.257 \cdot FeO+0.241 \cdot Fe_3O_4-0.281 \cdot CaO-1.844 \cdot Al_2O_3$	0.776	0.664	0.005
Sb	$-51.619+0.890 \cdot SiO_2+0.583 \cdot FeO+0.673 \cdot Fe_3O_4-1.406 \cdot CaO-0.161 \cdot Al_2O_3$	0.851	0.776	0.001
Zn	$-20.633+0.382 \cdot SiO_2+0.231 \cdot FeO+0.503 \cdot Fe_3O_4-1.438 \cdot CaO+0.715 \cdot Al_2O_3$	0.844	0.765	0.001

表 5-8 基于碱度的 MLRA 模型方程

$L_{Mc}^{s/m}$	基于 MLRA 的模型使用进入方法	决定系数 R^2	调整后 R^2	意义 P
Cu	$-0.026+0.026 \cdot Bs$	0.787	0.771	0.001
Au	$0.003-0.001 \cdot Bs$	0.091	0.026	0.256
Bi	$-0.282+0.196 \cdot Bs$	0.553	0.500	0.001
Se	$0.046+0.002 \cdot Bs$	$3.87×10^{-5}$	-0.071	0.982
Ag	$-0.082+0.082 \cdot Bs$	0.156	0.096	0.130
Te	$0.274-0.155 \cdot Bs$	0.091	0.026	0.256
Ni	$-0.656+0.479 \cdot Bs$	0.385	0.341	0.010
Co	$-0.346+0.309 \cdot Bs$	0.355	0.308	0.015
Pb	$0.626-0.023 \cdot Bs$	0.001	-0.071	0.931
As	$-0.748+0.748 \cdot Bs$	0.226	0.171	0.062
Sb	$-0.343+1.758 \cdot Bs$	0.321	0.272	0.022
Zn	$-0.335+0.965 \cdot Bs$	0.460	0.422	0.004

MLRA 模型方程可以通过控制渣型，实现元素在渣相与金属相中的定向分配，减少贵金属在渣中夹杂，提高贵金属回收率。

硫捕集具有熔炼温度低、富集比高、回收率高的优点，但熔炼过程产生 SO_2 污染严重，治理较困难，产出的合金物料采用常压或加压酸浸出，且生成的 H_2S 气体较难治理；若采用电熔或氧化浸出，流程较长，能耗高，废水量大。

5.2.4 气相挥发法

不同于上述火法捕集技术，气相挥发法是将 PGMs 在高温下与卤族元素反应形成易挥发的物质，直接与载体分离。经过低温冷凝处理达到与载体分离的目的，实现 PGMs 的富集，最常用的挥发剂为氯或氟。

氟化挥发时，可用氟或氟与氢氟酸的混合物。用此方法处理废催化剂时，PGMs 的氟化转化有以下两种方式：

（1）在 100~300℃下生成 PGMs 氟化物，然后在 90~100℃下用矿物酸溶解其氟化物；

（2）在 300~600℃下生成挥发性的 PGMs 氟化物，然后用水吸收，或者在中温下用固体氟化钠吸收。

第一种方法也称为氟化烧结法，用该方法处理废钯催化剂时，可用 90%氟和 10%氟化氢的混合物作氟化剂，在 200~500℃下进行氟化转化；然后用盐酸浸出，从浸出液中回收 Pd。氟化法耗能少，操作简便，PGMs 回收率高。

氯化法处理废催化剂的应用比氟化法更广泛。一般的操作是：把含 PGMs 的废催化剂与 K_2CO_3、Na_2CO_3、Li_2CO_3 混合，或与 KCl、NaCl、$CaCl_2$ 混合，在氯气流中加热至 600~1200℃，PGMs 挥发后，再用 H_2O 或 NH_4Cl 溶液吸收，或吸附剂吸收。此外，氯气流中也可加入 CO、CO_2、N_2、NO_2 等气体，以降低 PGMs 氯化温度，提高挥发率。图 5-6 为氯化挥发法处理废催化剂中 PGMs 工艺流程。

加入氯化反应器前，先将废催化剂破碎，然后加入 NaCl 保证生成 PGMs 的可溶性氯配合物；氯化之前进行焙烧（空气气氛）除炭，避免与氯气反应，产生氯化的碳氢化合物或光气。焙烧阶段还加入 CO，使所生成的 PGMs 氧化物还原为金属状态。氯化反应时只需供给很小的氯气流，温度维持在 600~700℃。在此氯化温度下，Pb 也被氯化，并可能消耗大量氯气。氯

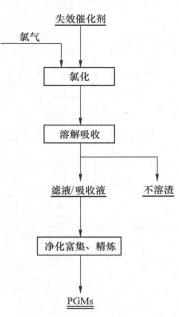

图 5-6 氯化法工艺流程图

化反应完毕，待反应器冷却后，向柱中通入蒸气或热水，冲洗两三次以充分溶解 PGMs 的盐类。用 SO_2 和 $TeCl_4$ 沉淀，过滤，即可得到含 PGMs 较高的富集物。趁热过滤可使铅盐留在溶液中，用 Na_2CO_3 将 Pb 以 $PbCO_3$ 形式沉淀出来。

戴永年等[17]报道了在 600℃下用气态 $AlCl_3$ 从氧化铝载体中挥发 Pt 的方法，

提出了在450℃下用CCl_4从氧化铝载体中挥发回收Pd，用CO_2和Cl_2气体混合物或直接用光气于350℃下挥发Pt，用CO和Cl_2混合物从氧化铝基的石油重整催化剂中挥发Pt和Pd，进入气体的PGMs氯化物，可用液体吸收，也可用吸附剂吸附。Kim等[18]报道了废汽车尾气催化剂炭热氯化过程PGMs分配行为，研究了不同温度、不同CO和Cl_2配比条件下Pt和Rh回收率。当反应温度为550℃，CO：$Cl_2 = 4 : 6$，气体流速为$100cm^3/(min \cdot 100g)$，反应1h，Pt和Rh最佳回收率分别为95.9%和92.9%。表5-9为废汽车催化剂的氯化反应、加碳氯化等反应方程式及其标准吉布斯自由等的变化。

表5-9 废汽车催化剂的氯化反应、加碳氯化反应及500℃下标准吉布斯自由能

反应式	$\Delta G^{\ominus}$ (500℃)/kJ	反应式	$\Delta G^{\ominus}$ (500℃)/kJ
$Pt + Cl_2 = PtCl_2$	−34.7	$1/2ZrO_2 + Cl_2 = 1/2ZrCl_4 + 1/2O_2$	+187.2
$PtO + Cl_2 = PtCl_2 + 1/2O_2$	−28.7	$1/2ZrO_2 + Cl_2 + CO = 1/2ZrCl_4 + CO_2$	−28.8
$PtO + Cl_2 + 1/2C = PtCl_2 + 1/2CO_2$	−227.2	$BaO + Cl_2 = BaCl_2 + 1/2O_2$	−114.7
$Pd + Cl_2 = PdCl_2$	−45.8	$BaO + Cl_2 + CO = BaCl_2 + CO_2$	−330.7
$PdO + Cl_2 = PdCl_2 + 1/2O_2$	−8.6	$FeO + Cl_2 = FeCl_2 + 1/2O_2$	−32.8
$PdO + Cl_2 + 1/2C = PdCl_2 + 1/2CO_2$	−207.2	$FeO + Cl_2 + CO = FeCl_2 + CO_2$	−248.8
$PdO + Cl_2 + CO = PdCl_2 + CO_2$	−224.7	$NiO + Cl_2 = NiCl_2 + 1/2O_2$	−20.2
$2/3Rh + Cl_2 = 2/3RhCl_3$	−25.9	$NiO + Cl_2 + CO = NiCl_2 + CO_2$	−236.2
$1/3Rh_2O_3 + Cl_2 = 2/3RhCl_3 + 1/2O_2$	+98.6	$PbO + Cl_2 = PbCl_2 + 1/2O_2$	−101.2
$1/3Rh_2O_3 + Cl_2 + 1/2C = 2/3RhCl_3 + 1/2O_2$	−99.9	$PbO + Cl_2 + CO = PbCl_2 + CO_2$	−317.2
$1/3Rh_2O_3 + Cl_2 + CO = 2/3RhCl_3 + CO_2$	−117.4	$Na_2O + Cl_2 = 2NaCl + 1/2O_2$	−180.1
$1/2SiO_2 + Cl_2 = 1/2SiCl_4 + 1/2O_2$	+113.2	$Na_2O + Cl_2 + CO = 2NaCl + CO_2$	−396.1
$1/2SiO_2 + Cl_2 + CO = 1/2SiCl_4 + CO_2$	−102.9	$ZnO + Cl_2 = ZnCl_2 + 1/2O_2$	−37.4
$1/3Al_2O_3 + Cl_2 = 2/3AlCl_3 + 1/2O_2$	+117.7	$ZnO + Cl_2 + CO = ZnCl_2 + CO_2$	−253.4
$1/3Al_2O_3 + Cl_2 + CO = 2/3AlCl_3 + CO_2$	−98.3	$1/2TiO_2 + Cl_2 = 1/2TiCl_4 + 1/2O_2$	+58.9
$MgO + Cl_2 = MgCl_2 + 1/2O_2$	+3.8	$1/2TiO_2 + Cl_2 + CO = 1/2TiCl_4 + CO_2$	−157.1
$MgO + Cl_2 + CO = MgCl_2 + CO_2$	−212.2	$CaO + Cl_2 = CaCl_2 + 1/2O_2$	−128.4
$2/3CeO_2 + Cl_2 = 2/3CeCl_3 + 2/3O_2$	+195.8	$CaO + Cl_2 + CO = CaCl_2 + CO_2$	−344.5
$2/3CeO_2 + Cl_2 + 4/3CO = 2/3CeCl_3 + 4/3CO_2$	−92.2	$1/3La_2O_3 + Cl_2 = 2/3LaCl_3 + 1/2O_2$	−39.6
		$1/3La_2O_3 + Cl_2 + CO = 2/3LaCl_3 + CO_2$	−255.6

为减小Cl_2对设备的腐蚀和环境的影响，有机氯代烃是一种良好的氯源。先将含Pd废催化剂洗涤除残炭，然后放入石英管中，使气化的有机氯代烃在N_2或空气作载气、反应温度450~500℃条件下，在管中气化的有机氯代烃类与Pd反

应，生成挥发性的含 Pd 氯化物，经冷却后得到易溶于水的棕红色粉末。反应温度在 500℃时 Pd 回收率最高，Pd 回收率 96.35%，纯度 97%以上[19]。

羰基挥发法是基于 Pt 和 Pd 与 Cl₂ 和 CO 或 COCl₂ 反应，生成挥发性的羰基氯化物。

$$Pt + Cl_2 + CO \Longrightarrow Pt(CO)Cl_2 \uparrow$$
$$Pd + Cl_2 + CO \Longrightarrow Pd(CO)Cl_2 \uparrow$$

最佳挥发温度为 150~250℃，高于 250℃后 Pt 和 Pd 的羰基氯化物将发生分解。挥发的 Pt(CO)Cl₂ 和 Pd(CO)Cl₂ 经冷凝，从气流中过滤出来，过滤后的气体可用于再生 Cl₂ 和 CO，并返回利用。用此法处理废催化剂时，有部分载体 Al₂O₃ 将发生副反应。

$$Al_2O_3 + 3Cl_2 + 3CO \Longrightarrow 2AlCl_3 + 3CO_2$$

此外，Pt 和 Pd 也会发生副反应生成 Pt(CO)₂Cl₂ 和 Pd(CO)₂Cl₄，影响 Pt 和 Pd 的回收率。采用该方法处理废汽车催化剂时，Pd 回收率近 100%，而 Pt 回收率仅为 65%~72%，且有 15%~20%的 Al₂O₃ 载体生成了 AlCl₃，因氯化过程使用 Cl₂ 和 CO，对环境和安全有一定影响。

气相挥发法具有工艺较简单、试剂消耗少、耗能低、载体可重复使用、Rh 回收率较高（85%~90%）等优点，PGMs 全部转变为相应的氯化物。但由于其在高温下操作，腐蚀性强，对设备要求高，催化剂吸附 Cl₂，进料前需用 N₂ 洗涤催化剂，还需处理有毒气体，如 Cl₂ 和光气等，从而制约了该技术的应用。

5.3 湿法富集技术

火法富集废催化剂中 PGMs 投资大、能耗高，Pb、Ni、Cu 等重金属污染严重，目前我国普遍应用的还是湿法溶解工艺。废催化剂的湿法富集主要包括溶解载体法、溶解活性组分法及全溶法。溶解载体法是用酸将载体溶解，PGMs 进入渣相富集；活性组分溶解先将废催化剂破碎后，用酸和氧化剂溶液处理，使 PGMs 溶解进入溶液与载体分离；全溶法则是将报催化剂全部溶解。与火法回收工艺相比，湿法工艺具有投资少、成本低、反应温度低等优点，适用于中小规模生产。目前，已经开发出多种浸出剂用于提取报废催化剂中的 PGMs，最常用的浸出剂包括氰化物、王水、HCl+氧化剂等。这些浸出体系较完善，已在工业上取得相关应用。

5.3.1 溶解载体法

当废催化剂载体为易溶解材料时，常采用通过溶解载体富集贵金属。该方法可以避免多孔载体对溶解后的贵金属离子再吸附；并通过还原、沉淀等方法，尽可能减少溶液中的贵金属。除去载体后的高品位物料，再进一步处理，具有比直接溶解活性组分更高的贵金属回收率。如以 γ-Al_2O_3 为载体的废催化剂，利用 γ-Al_2O_3 易溶于酸或碱的特性，使贵金属不溶而富集在渣中，然后通过溶解、精炼回收贵金属。载体溶解法可分为碱法和酸法。

5.3.1.1 酸性溶解载体

硫酸的沸点高，挥发性小，与 γ-Al_2O_3 作用强，生产中常用来处理废催化剂。报废催化剂首先在球磨机或棒磨机中湿磨，然后用硫酸溶解，过滤，滤液用铝屑置换溶解的贵金属。硫酸铝溶液经过蒸发浓缩制取水处理厂用的明矾。滤渣与置换物用盐酸和氯气浸出提取 PGMs。浸出液中的 PGMs 络合物用 SO_2 还原沉淀回收。Lee 等[20]研究了不同类型氧化铝载体的溶解条件对 Pt 和 $Al_2(SO_4)_3$ 回收影响，发现在 6.0mol/L H_2SO_4、温度 100℃ 条件下，当催化剂载体为 γ-Al_2O_3 时，2h 约溶解 95% Al_2O_3；当载体为 γ-Al_2O_3 和 α-Al_2O_3 的混合物时，4h 约溶解 92% Al_2O_3。由于 α-Al_2O_3 比 γ-Al_2O_3 更难溶解，为保证载体的溶出率，需用浓硫酸对残渣进行二次溶解，Pt 最终回收率可达 99%，同时获得 $Al_2(SO_4)_3$ 产品。Kim 等[21]研究了不同种类催化剂载体溶解的最佳工艺，确定了废 AR-405 和 R-134 催化剂回收的最佳工艺条件为：硫酸浓度 6.0mol/L，浸出温度 100℃，浸出时间 2~4h，浆液密度为 220g/L，在优化的工艺条件下，Al_2O_3 载体的溶解分数分别达到 92% 和 98%。美国加州的贺利氏精炼厂采用硫酸溶解 Al_2O_3 载体，每年处理 5000~6000t 石油化工废催化剂，其工艺流程如图 5-7 所示[22]。

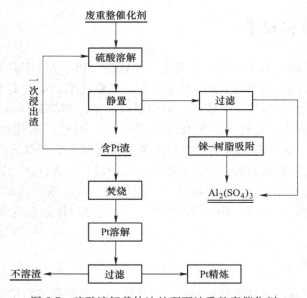

图 5-7 硫酸溶解载体法处理石油重整废催化剂

常压下硫酸能溶解报废催化剂中 γ-Al$_2$O$_3$ 载体，但溶解效率低，时间长，且酸消耗量大，生产成本高。硫酸加压溶解载体法可加快溶解速度，减少溶解时间和不溶物的质量。赵雨等[23]研究了采用硫酸加压溶解法从氧化铝基含 Pt 废催化剂中回收 Pt。在高压釜中，反应温度 130℃、压力 0.45MPa、时间 4h，氧化铝载体的溶解效率较好。添加 TiCl$_3$ 溶液可将分散到溶液中的 Pt 浓度降低至 0.0005g/L以下；富集物经溶解-精炼得到纯度大于 99.98% 的海绵 Pt，直收率为 98.71%。图 5-8 为含铂废催化剂回收 Pt 的工艺流程图。

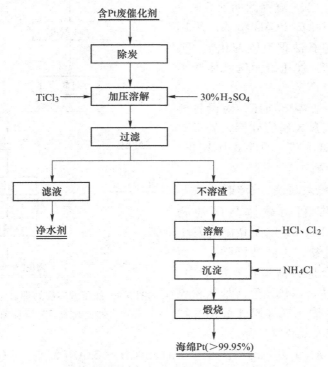

图 5-8　硫酸溶解载体法处理石油重整废催化剂

Pinheiro 等[24]利用氟离子与载体结合形成配合物的原理，在添加过氧化氢和无机酸溶液的条件下溶解废催化剂载体，用此方法处理 Pt/Al$_2$O$_3$ 和 PtSn/Al$_2$O$_3$ 废催化剂，载体的浸出率达到 99% 以上，Pt 富集在浸出渣中。

5.3.1.2　碱性溶解载体

NaOH 溶液能溶解 γ-Al$_2$O$_3$，在一定的温度和压力下能够加速 Al$_2$O$_3$ 载体的溶解速度，减少不溶渣的质量，提高 PGMs 的回收率，缩短生产周期，减少资金积压。反应方程式如下：

$$Al_2O_3 + 2OH^- === 2AlO_2^- + H_2O$$

赵雨等[25]研究了加压碱溶含 Pd 废催化剂载体富集 Pd，在高压釜中，反应温度 200℃、压力 1.2MPa、时间 6h，氧化铝载体的溶解率大于 95%；选择甲酸钠作为抑制剂，将 Pd 在溶液中的浓度降低至 0.0005g/L 以下；富集物经溶解-精炼得到纯度大于 99.98% 的海绵 Pd，直收率为 99.02%，工艺流程图如图 5-9 所示。贺利氏德国总部 PGMs 精炼厂采用加压碱溶法处理石油重整废催化剂[26]，并实现工业应用，加压碱溶解载体法工艺流程如图 5-10 所示。

碱溶解法一般需要加压，对设备要求较高；水洗液含大量的硅铝，易形成胶体，固液分离困难，且 NaOH 较贵，生产成本相对较高。

5.3.1.3 碱式焙烧-酸溶载体

碱式焙烧是利用载体与碱性物质（如 NaOH、Na_2CO_3）在高温下发生反应生成可溶性盐，再经酸浸除去，而贵金属不参与反应，富集在不溶渣中。碱性焙烧-酸浸法可以快速经济地从粉煤灰、氧化铝基废催化剂等铝硅类化合物中制备出氧化铝及氧化硅产品。

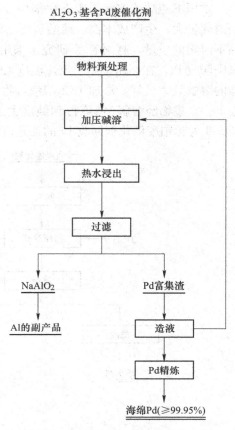

图 5-9 加压碱溶法处理氧化铝基废催化剂的工艺流程图

$$2SiO_2 + Al_2O_3 + Na_2CO_3 = Na_2O \cdot Al_2O_3 \cdot 2SiO_2(霞石) + CO_2 \quad (5-5)$$
$$Na_2O \cdot Al_2O_3 \cdot 2SiO_2 + 4H_2SO_4 + (2n-4)H_2O =$$
$$2Na^+ + 2Al^{3+} + 4SO_4^{2-} + 2(SiO_2 \cdot nH_2O) \quad (5-6)$$

曲志平等[27]采用碱式焙烧-酸溶工艺对原料进行溶解富集试验研究，优化后的工艺条件为：碱料比 0.8，温度焙烧 800℃，时间 2h；经焙烧-酸溶处理后催化剂总失重 90.0%，富集渣贵金属含量（质量分数）达 1.42%，富集效果较好。昆明贵金属研究所采用碱熔融载体 Al_2O_3，生成可溶于水的 $NaAlO_2$，而 Pt 不参与碱熔反应，实现与载体分离、富集。高温碱熔融法从含 Pt 废催化剂回收 Pt、Al 的工艺流程如图 5-11 所示。

选择性溶解载体具有贵金属回收率高、成本低、副产品硫酸铝得到综合利用等优点。但载体溶解只适用于处理载体为 γ-Al_2O_3 的催化剂。若载体是 α-Al_2O_3

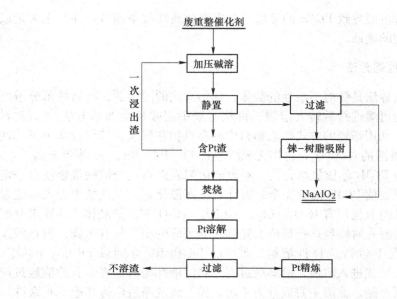

图 5-10　贺利氏精炼厂加压碱溶解载体法处理石油重整废催化剂

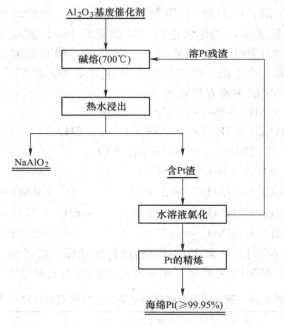

图 5-11　高温碱熔融法处理石油重整废催化剂

时，酸溶和碱溶的溶解率都不高，载体溶解效率也不高。此外，碱溶法需耐压设备及高压蒸汽或特殊加热方式，生成的偏铝酸钠溶液黏度大，固液分离比较困难；酸溶法则有可能导致 PGMs 的分散，造成贵金属回收率偏低，并产生大量成分复杂的难处理的废液。

5.3.2　溶解活性组分法

溶解活性组分法是针对不溶性的载体，选用适当的浸出剂，将活性组分溶出或者将其转变为可溶性盐后转入溶液，再从溶液中回收贵金属的方法[28]。物料经预处理，通常采用焙烧的方式除去物料中的有机物和积碳，且使载体中可溶性 γ-Al_2O_3 转变成难溶的 α-Al_2O_3，再用无机酸溶解 Pt、Pd、Ru、Au 等贵金属。

盐酸容易与 PGMs 形成氯络合物，对废催化剂表面高度分散的贵金属有一定的溶解能力，但要使 PGMs 溶解完全，需针对不同催化剂，在盐酸中加入一定量的氧化剂。常见的氧化剂有 H_2O_2、Cl_2、$NaClO_3$、HNO_3 等。盐酸体系活性组分溶出法工艺中，需要先对物料进行焙烧去除催化剂表面的积炭与有机物，再在酸及有氧化剂的情况下进行选择性溶解，使 Pt、Pd 和 Rh 分别以 $PtCl_6^{2-}$、$PdCl_4^{2-}$、$RhCl_6^{3-}$ 氯配离子形式进入溶液，溶解后过滤得到滤液和滤渣，贵金属滤液通过精炼制备成贵金属产品，滤渣主要成分为不溶载体，经洗涤后作为其他工业原料。

5.3.2.1　王水溶解

以王水为浸出剂，产生的 Cl_2 和 NOCl 不仅提供了很强的氧化能力，而且高 Cl^- 浓度能显著降低贵金属的电极电位，从而提高 PGMs 的浸出效果。然而，由于王水的强氧化性往往也能将杂质元素一起溶解，使其后的分离、提纯工序复杂。而且浸出过程中产生的一些氮氧化物（主要是 NO_x 和 Cl_2）有严重的环境风险。王水浸出 PGMs 的主要方程式如下：

$$NO_3^- + 4H^+ + 3e^- \Longrightarrow NO + 2H_2O \tag{5-7}$$

$$HNO_3 + 3HCl \Longrightarrow NOCl + Cl_2 + 2H_2O \tag{5-8}$$

$$2NOCl_{(g)} \Longrightarrow 2NO_{(g)} + Cl_{2(g)} \tag{5-9}$$

$$NOCl + H_2O \Longrightarrow HNO_2 + HCl \tag{5-10}$$

$$3Pt + 18HCl + 4HNO_3 \Longrightarrow 3[PtCl_6]^{2-} + 6H^+ + 4NO + 8H_2O \tag{5-11}$$

$$3Pd + 12HCl + 2HNO_3 \Longrightarrow 3[PdCl_4]^{2-} + 6H^+ + 2NO + 4H_2O \tag{5-12}$$

$$2Rh + 12HCl + 2HNO_3 \Longrightarrow 3[RhCl_6]^{3-} + 6H^+ + 2NO + 4H_2O \tag{5-13}$$

对于一些难溶物料，通常需要对原料进行预处理，或者通过强化反应条件提高 PGMs 浸出率。表 5-10 为列举了王水浸出废催化剂的典型工艺及其浸出效果。

表 5-10　王水浸出废催化剂中铂族金属的相关研究[29~32]

原料	处理工艺	浸出效果
NIST SRM 2557	王水微波浸出（90~210℃）	Pd>80%；Pt>90%；Rh：70%~ 100%；Ru：28%~97%
模拟催化剂	锌热合金预处理（600℃）+王水浸出（60℃）	Pt：100%；Pd>96%；Rh：60%

原料	处理工艺	浸出效果
Pt/Al₂O₃球形催化剂	焙烧+王水浸出（100℃、2h、L/S=10、HNO₃/HCl=1:3）	Pt: 98%
Pt/Al₂O₃圆柱形催化剂	王水浸出（100℃、2h、L/S=10、HNO₃/HCl=1:3）	Pt: 95%
陶瓷-蜂窝式汽车催化转化器	王水浸出（100℃、200min、400r/min、HCl: 12.0mol/L、HNO₃: 9.5mol/L、L/S=20）	Pt: 91%

5.3.2.2 氰化法

氰化法自 19 世纪就被用于处理金矿，迄今为止，氰化提 Au 仍是矿山提取贵金属最主要的方法。氰化法是在碱性介质中借助空气中的氧选择性络合溶解 Au 和 Ag，不与矿石中的其他成分发生化学反应，试剂消耗小且对设备的腐蚀性小。同时，通过活性炭吸附、Zn 粉置换、阴离子交换树脂吸附等方法能有效从氰化液中回收 Au，很少受其他元素的干扰。氰化钠是最常用的浸出剂，CN^- 在 pH=10.2 时稳定存在，当 pH<8.2 时，形成易挥发的 HCN，造成 CN^- 的损失和对环境的污染，因此浸出体系 pH 值控制在 10.0~10.5[33]。氰化物溶解 PGMs 反应方程式如下：

$$2Pt + 8NaCN + O_2 + 2H_2O \Longrightarrow 2Na_2[Pt(CN)_4] + 4NaOH \qquad (5\text{-}14)$$

$$2Pd + 8NaCN + O_2 + 2H_2O \Longrightarrow 2Na_2[Pd(CN)_4] + 4NaOH \qquad (5\text{-}15)$$

$$4Rh + 24NaCN + 3O_2 + 6H_2O \Longrightarrow 4Na_3[Rh(CN)_6] + 12NaOH \qquad (5\text{-}16)$$

Shams 等[34]研究了脱氢铂催化剂氰化，Pt 浸出率达到 85%。同时，他们研究发现去碳预处理对 Pt 的浸出没有显著影响。Kuczynski 等[35]比较了 NaCN-NaOH 对新的与报废的石化催化剂 PGMs 浸出行为。研究发现，在 1% NaCN（质量分数）和 0.1mol/L NaOH 混合溶液、160℃反应条件下，新的与报废的催化剂 PGMs 回收率分别为 95% 和 90%。这是因为废催化剂中有机物和积炭等杂质及载体的烧结，减小了反应接触面积且降低了反应活度。通过该工艺，报废石化催化剂 Pt 回收率达 95%~97%，报废汽车尾气催化剂 Pd 和 Rh 回收率分别为 94%~95% 和 64%~81%[36]。

黄昆等[37]提出了汽车尾气催化剂加压碱浸预处理和加压氰化浸出 PGMs 工艺。汽车尾气催化剂经使用报废后，其载体表面积碳、油污等对氰化反应有严重影响，而且高温使用过程中 PGMs 颗粒被烧结或热扩散进入表层载体内。因此采用 NaOH-O₂ 对破碎后的报废催化剂（粒度小于 150μm）进行预处理，去除表面的有害物质和打开载体对 PGMs 的包裹，提高氰化浸出率。需要注意的是，如果物料粒度过细或反应碱用量过大、温度过高、时间过长均容易形成新相重新包裹，阻碍氰化反应进行。当加压氰化条件为 NaCN 浓度 10g/L、固液比 1：4、反应温度 160℃、时间 1h、空气气氛、压强 2.0MPa 时，Pt、Pd 和 Rh 浸出率分别为 96%、98% 和 92%。Naghavi 等[38]通过研究反应温度，起始 NaCN 浓度和固液比研究了报废催化剂 Pt 高压氰化浸出动力学。实验结果表明，Pt 浸出动力学在 100~180℃ 范围内符合经验的幂律速率方程，在高压氰化液中 Pt 的浸出活化能为 39.54kJ/mol，表明该过程是 Pt 溶解的化学反应控速。表 5-11 为部分氰化法回收废催化剂中 PGMs 结果。

表 5-11 典型氰化法回收报废催化剂中铂族金属浸出结果

样 品	处理方法	处理效果
Pt-Pd-Rh 废汽车催化剂[39]	加压碱性浸出（预处理）→两步氰化（160℃，6.25g/L NaCN，1h，1.5MPa，L/s=4：1）→Zn 还原	Pt、Pd 和 Rh 的回收率分别为 95%~96%、97%~98% 和 90%~92%
Pt-Pd-Rh 蜂窝状结构废汽车尾气催化剂[40]	研磨至 150μm → 生物氰化液浸出（1000mgCN/L，150℃，1h 和 200r/min）	Pt、Pd 和 Rh 的浸出率分别为 92.1%、99.5% 和 96.5%
废汽车尾气催化剂[41]	氰化浸出（5% NaCN、160℃、1h）→液固分离→含 PGMs 的氰化液在高压釜内于 250~270℃ 温度下破坏氰化物，回收 PGMs	PGMs 回收率大于 98%
Pt/Al$_2$O$_3$ 脱氢废催化剂[34]	氰化浸出（1% NaCN，160~180℃，618~1002kPa，1h，L/s=2：1）→树脂离子交换（AMBERTJET 4200 Cl）→800~850℃ 焙烧	Pt 的回收率为 95%

由于氰化物提取 PGMs 存在严重的环境风险，且世界各地出现了很多安全事故，因此，氰化物的应用也受到了限制。

5.3.2.3 HCl+氧化剂

H$_2$O$_2$ 的标准电极电位为 1.77V，具有很强的氧化性，与王水相比，H$_2$O$_2$ 自身污染较小，且浸出过程避免了有毒气体的排放，是一种常用替代王水的氧化剂。此外，H$_2$O$_2$ 氧化浸出贵金属不需要加热赶硝，降低了成本与能耗。H$_2$O$_2$ 浸出 PGMs 的主要方程式如下：

$$H_2O_2 + 2H^+ + 2e^- \Longrightarrow 2H_2O$$

$$Pt + 2H_2O_2 + 4HCl \Longrightarrow PtCl_4 + 4H_2O$$

$$Pt + 6HCl + 2H_2O_2 \Longrightarrow [PtCl_6]^{2-} + 2H^+ + 4H_2O$$

$$Pd + 4HCl + H_2O_2 \Longrightarrow [PtCl_4]^{2-} + 2H^+ + 2H_2O$$

$$2Rh + 12HCl + 3H_2O_2 \Longrightarrow 2[PtCl_6]^{3-} + 6H^+ + 6H_2O$$

Duclos 等[42]采用 H_2O_2/HCl 和 HNO_3/HCl 两种浸出剂对质子交换膜燃料电池催化剂中 Pt 的提取进行了研究，并通过 Cyanex 923 液液萃取和 Lewatit-MP-62 离子交换分离 $(NH_4)_2PtCl_6$，研究发现，添加 3.0%（质量分数）的 H_2O_2 Pt 浸出率达到 89%，而 HNO_3 质量分数在 25% 时才能达到最大浸出率。由于 NO_3^- 与 $PtCl_6^{2-}$ 之间存在竞争，降低了分离过程中的萃取效率或阴离子树脂吸附效率。Kizilaslan 等[43]研究比较了 Pd 在 $HCl+H_2O_2$ 体系与王水中的浸出效果，发现 Pd 在王水中更容易浸出。在这两种浸出剂中，温度是溶解 Pd 最重要的影响因子，室温下 Pd 在王水和 $HCl+H_2O_2$ 溶液中浸出率分别为 67% 和 52%；而在 80℃ 下反应 2h，在两种浸出剂中 Pd 的浸出率均达到 95% 以上。反应流程如图 5-12 所示，其中 Pd 浸出和还原机理如下：

$$Pd/AC + 4HCl_{(aq)} + H_2O_{2(aq)} = H_2PdCl_4 + AC + 2H_2O$$

$$NaBH_4 + 2H_2O + 4H_2PdCl_4 = NaBO_2 + 4Pd\downarrow + 16HCl$$

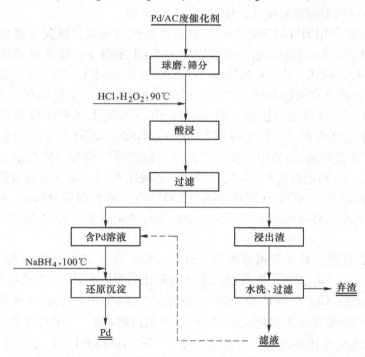

图 5-12 从钯碳催化剂中回收 Pd 工艺流程图

Barakat 等[44]用 7% HCl 和 5% H_2O_2 混合溶液溶解 Al_2O_3 基钯催化剂，在 60℃ 反应 2h 其浸出率达到 99%，用甲酸将 Pd 从溶液中还原，还原反应方程式如下：

$$H_2PdCl_4 + HCOOH = Pd\downarrow + 4HCl + CO_2\uparrow$$

$NaClO_3$ 为浸出废催化剂中的 PGMs 的常用氧化剂，反应方程式如下：

$$3Pd + 11Cl^- + ClO_3^- + 6H^+ === 3PdCl_4^{2-} + 3H_2O$$

$$3Pt + 16Cl^- + 2ClO_3^- + 12H^+ === 3PdCl_6^{2-} + 6H_2O$$

$$2Rh + 11Cl^- + ClO_3^- + 6H^+ === 2RhCl_6^{3-} + 3H_2O$$

影响 $NaClO_3$ 选择溶解法的浸出速度和浸出率的因素主要有：

（1）在高温处理过程中氧化铝载体中的铂金属微粒处于内外移动的动态平衡状态，一些颗粒温度可达到 1150℃以上，使其周围的 $\gamma\text{-}Al_2O_3$ 转变成 $\alpha\text{-}Al_2O_3$，冷却后，原 $\gamma\text{-}Al_2O_3$ 周围的铂金属微粒被包裹在难溶的 $\alpha\text{-}Al_2O_3$ 中间。

（2）浸取时贵金属虽被转化为离子态，但载体结构并未被破坏，仍具有巨大的内表面积，在通常条件下会重新吸附部分金属离子，从而降低浸出率。

（3）外部体系对载体内部毛细管内扰动较小，离子扩散速度较慢，影响整个反应的效率。

（4）由于采用强酸体系浸取，部分载体溶解，洗涤时介质酸度降低，Si、Al 发生水解而影响毛细管的畅通，使 $PtCl_6^{2-}$ 扩散受阻。

李耀威等[45]用 $HCl\text{-}H_2SO_4\text{-}NaClO_3$ 混合体系作浸出剂，研究了浸出过程中各种因素对 PGMs 浸出率的影响。在液固比为 5：1 条件下，优选出最佳的浸出条件为：HCl 4.0mol/L、H_2SO_4 6.0mol/L、$NaClO_3$ 0.3mol/L、95℃下反应 2h，Pd、Pt 和 Rh 浸出率分别可达 99%、97% 和 85%。李骞等[46]对 Pd/Al_2O_3 先在 575℃下焙烧 2h，使用水合肼进行还原，用 5mol/L HCl+3.0g/L $NaClO_3$ 体系浸出，最终 Pd 总回收率达 99% 以上。胡定益等[47]用 $HCl\text{-}H_2SO_4\text{-}NaClO$ 体系浸出 Rh 催化剂，发现浸出过程遵循液-固多相反应的"未反应核缩减"模型。优选出最优的浸出工艺条件是：H^+ 初始浓度 9.0mol/L，盐酸/硫酸比 4：1，氧化剂氯酸钠为原料量的 5%，浸出温度为 105℃，搅拌速率为 250r/min，浸出时间 90min，液固比 5：1。在上述浸出条件下连续两次浸出，Pt、Pd、Rh 浸出率分别为 90%、96.3% 和 81.2%。

Cl_2 氧化性强，是贵金属溶解常见试剂。Kim 等[48]和 Upadhyay 等[49]开发出环保型电解产生 Cl_2 工艺提取报废汽车尾气催化剂中的 PGMs，生成的 Cl_2 进入盐酸溶液中形成了 $Cl_{2(aq)}$、Cl_3^- 和 HClO。在所有产物中，Cl_3^- 溶解 Pt 效果最好，因此可以在特定盐酸浓度下通过增加 Cl_3^- 提高 Pt 的溶解效率。氯水体系各成分的分布不会随着温度的变化而改变。在最佳条件下，HCl 6.0mol/L，电流密度 714A/m²，反应温度 90℃，矿浆密度 20g/L，Pt、Pd 和 Rh 的浸出率分别为 71%、68% 和 60%。在 25～90℃ 范围内，Pt、Pd 和 Rh 的反应活化能分别为 29.6kJ/mol、26.4kJ/mol、20.6kJ/mol，遵循表面反应控速。而且，通过用 20% 甲酸将被氧化的 PGMs 还原，Pt、Pd 和 Rh 的浸出率提高至 97%、94% 和 90%。

报废催化剂表面积炭和硫化物杂质阻碍 PGMs 的浸出，同时 Rh 的氧化也降低其在王水和 HCl/Cl_2 体系中的溶解浸出。通过热力学计算分析，单质 Rh 更容易与氯络合形成稳定络合物进入溶液[50]。Chen 等[51]研究了 O_2、H_2 和 CO 预处理对报废汽车尾气催化剂 Rh 回收的影响，其中 O_2 用于氧化除去表面有机物等杂质，H_2 和 CO 则用于还原 PGMs。预处理过后，在 3mol/L 的 HCl 和 5mol/L 的 H_2SO_4 混合液中加入 2mol/L 的 $NaClO_3$ 氧化。未预处理 Rh 的浸出率仅为 56%，通过 O_2 氧化除炭（300℃，3h，流速 150~200mL/min），Rh 的浸出率提高到 69%；而经过 O_2 氧化除炭和 H_2 还原（300℃，3h，流速 150~200mL/min）预处理，Rh 浸出率达到 82%；CO 还原预处理效果与 H_2 效果类似，Rh 浸出率为 80%。仅用 H_2 和 CO 对报废汽车尾气催化剂进行还原预处理，Rh 浸出率分别为 59.6% 和 62%，效果低于仅用 O_2 除炭预处理。

5.3.2.4 其他氧化剂

由于贵金属溶解往往需要较强的氧化剂，Cl_2 使用需要特别注意其对环境的影响。因此，急需开发环境友好型氧化剂。Nogueira 等[52]在盐酸溶液中，以 Cu^{2+} 为氧化剂回收报废催化剂中的 Pd 和 Rh。Pd 和 Rh 氧化成离子态后与氯离子络合稳定存在于溶液中，氧化反应如下：

$$Pt + 4Cu^{2+} + 14Cl^- \longrightarrow PtCl_6^{2-} + 4CuCl_2^-$$

$$Pd + 2Cu^{2+} + 8Cl^- \longrightarrow PdCl_4^{2-} + 2CuCl_2^-$$

$$Rh + 3Cu^{2+} + 12Cl^- \longrightarrow RhCl_6^{3-} + 3CuCl_2^-$$

在该过程中，Pd 比 Rh 更容易、更快浸出。在最优条件下（HCl 6mol/L，Cu^{2+} 0.3mol/L，温度 80℃，时间 4h），Pd 和 Rh 浸出率分别达到 95% 和 86%。盐酸浓度与 Cu^{2+} 浓度是最重要的影响因子，如当盐酸 2mol/L、Cu^{2+} 0.05mol/L 时，Pd、Rh 浸出率仅为 70%~80% 和 35%~40%。反应温度对贵金属浸出率影响也很大，当温度从 20℃ 升高至 100℃ 时，贵金属浸出率从 10%~40% 增加到 60%~95%。Pd 和 Rh 的浸出反应活化能分别为（60.1±4.1）kJ/mol 和（44.3±7.3）kJ/mol，氧化溶解由化学反应控速[53]。

针对溶解活性组分法提取 PGMs 浸出渣贵金属含量高、回收率低的问题，吴晓峰等[54]提出了湿-火联合处理废汽车尾气催化剂。首先将废汽车尾气催化剂破碎，用盐酸+氧化剂进行选择性浸出，浸出液置换获得 PGMs 精矿，浸出渣通常还含 100~200g/t 的 PGMs。将浸出渣与捕集剂、造渣剂、还原剂等混合进行熔炼，富集浸出渣中的 PGMs，对得到的捕集物进行贵贱金属分离后获得 PGMs 精矿。将火法得到的 PGMs 精矿与湿法得到的贵金属精矿合并，贵金属精矿经溶解、PGMs 相互分离、精炼，得到 Pt、Pd、Rh 产品，工艺流程如图 5-13 所示。

余建尼等[55]对汽车尾气催化剂提出了"双湿法"工艺，工艺流程如图 5-14 所示。"双湿法"处理工艺与常规湿法浸出的不同在于预处理的对象是湿法浸出渣而不是汽车失效催化剂，这样处理规模、试剂消耗量、能耗、生产成本显著降低。预处理的原理是：在高温氧化条件下，包裹 PGMs 的载体被氧化分解；通过

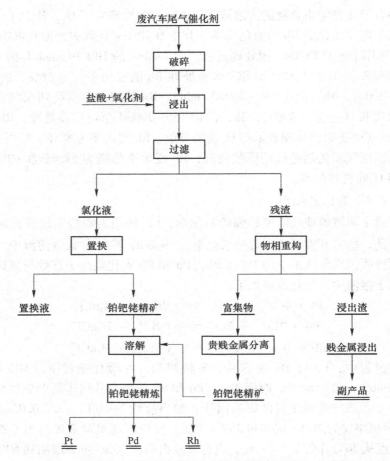

图 5-13 废汽车尾气催化剂湿-火联合提取贵金属工艺流程

预处理剂使浸出渣中的 Ce、Zr、Al 等转化为可溶性的盐，用水浸出预处理后的物料使 Ce、Zr、La 等有价金属转入溶液；再用硫酸钠与溶液中的 Ce 等有价金属离子反应结合为不溶性的硫酸复盐，从溶液中沉淀析出与其他成分分离；该复盐再经碱转化为不溶性的氢氧化铈，并经过滤、洗涤除去钠离子和硫酸根后得到提纯；浸出有价金属后的水浸渣再返回浸出 PGMs。从而达到将浸出残渣中的 PGMs 及有价金属综合回收的目的。利用"双湿法"工艺回收报废汽车尾气催化剂中的 PGMs，使 Pt、Pd 及 Rh 的浸出率分别达 98.12%、99.33% 和 90.79%，比目前普遍使用的常规湿法工艺浸出率分别提高了 7% ~ 30%、2% 及 18% ~ 21%。"双湿法"工艺可同时回收 La、Ce、Zr，工业试验 Ce、Zr 的浸出率均大于 92%，沉淀率均大于 95%，Ce、Zr 的回收工艺已经稳定。该工艺环境污染小、浸出效率高、富集效果较理想，具有较好的应用前景。

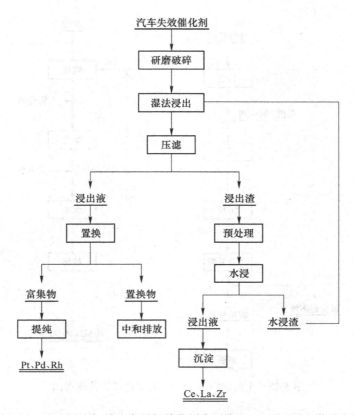

图 5-14 "双湿法" 从汽车尾气催化剂中回收 PGMs 及 RE 工艺流程图

溶解活性组分法可实现大批量处理和连续处理废催化剂，但是在使用活性组分溶解法时，为提高 PGMs 浸出回收率，需采用不同预处理措施及强化溶解过程，如细磨、溶浸打开包裹、氧化焙烧、硫酸化焙烧、还原焙烧、还原、高温加压浸出等，存在酸耗大、二次产物多等问题。而且由于 Rh 活性低，回收率一般较低。

5.3.3 全溶法

全溶法实质上是选择性浸出废催化剂中的 PGMs 和溶解载体两种方法的结合。图 5-15 为全溶法回收 Pt/Al_2O_3 催化剂中 Pt 的工艺流程图。将 γ-Al_2O_3 与 Pt 全部溶解，以离子交换树脂吸附 Pt，分别得到 Pt 的碱性解吸液与 $Al_2(SO_4)_3$ 或 $AlCl_3$ 溶液。Pt 的解吸液经酸化、沉 Pt 及精制后得到纯 Pt 产品，$AlCl_3$ 溶液即水合聚合氯化铝产品液，可作为净水剂用于环保行业。

该工艺流程可以处理任何 Al_2O_3 载体含 Pt 废催化剂，工艺流程简单，易于工业化，Pt 回收率和产品纯度均较高，且能综合回收 Al_2O_3 载体。工艺流程中除焙

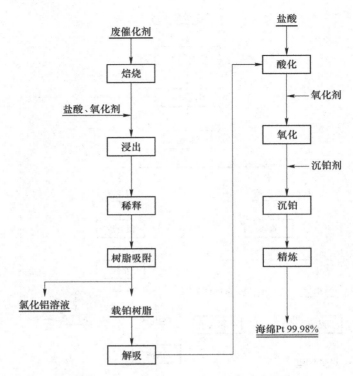

图 5-15 全溶法回收 Pt/Al$_2$O$_3$ 催化剂工艺流程图

烧工序外,其他操作都为全封闭湿法冶金过程,无废液外排,浸出渣主要为 SiO$_2$ 及 Al$_2$O$_3$,可作为建筑材料利用。生产过程中产出的微量含酸雾废气,经吸收处理后可达标排放,环境影响度小。但载体和活性组分全部溶解,试剂消耗量大,处理成本相对较高,且溶液的后续处理复杂。

用 H$_2$SO$_4$+HCl+氧化剂体系处理含 Pt 石油化工废催化剂,活性组分 Pt、Re 和载体 Al$_2$O$_3$ 全部被溶解,浸出液中含贱金属阳离子 Al^{3+}、Fe^{3+},阴离子包括 Cl$^-$、SO$_4^{2-}$ 和稀贵金属络合成配阴离子。阴离子树脂只吸附稀贵金属配阴离子 PtCl$_6^{2-}$、ReO$_4^-$,实现 Pt、Re 与贱金属的分离和富集。现阶段全溶解法在我国应用非常广泛,是石油重整催化剂 Pt、Re 回收的主要方法,其工艺流程如图 5-16 所示。

报废过氧化氢废催化剂其含有大量的有机物,一般占 30%~60%,这些有机物多数是在氢化过程中夹带、包裹的氢化工作液,以蒽醌为主,部分有机物还会凝结成块。由于有机物含量高,如果直接溶解,反应过程容易起泡造成冒釜,而且得到的溶液不易澄清,不利于后序处理。因此,必须先将有机物除去。王欢等[56]提出采用湿法工艺分两步实现 Pd 的高效富集,此工艺首先通过高温煅烧除去有机物,避免了有机物对 Pd 富集和精炼的影响,处理过程中,Pd 基本不分

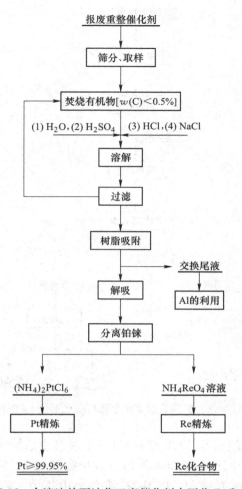

图 5-16 全溶法从石油化工废催化剂中回收 Pt 和 Re

散，渣中残留的 Pd 得到了较好的处理。富集物精炼得到 99.95% 的 Pd 粉，全流程 Pd 的回收率为 98.66%，工艺流程如图 5-17 所示。然而，高温焚烧产生的氮氧化物、硫化物，甚至二噁英，严重污染环境。

5.3.4 其他溶解方法

5.3.4.1 超临界流体萃取

超临界流体萃取具有独特的优点，如选择性好、反应温度低、易回收、表面张力小、能耗低和无毒等，广泛应用于从各种原料中提取金属与有机物。通过控制压力和温度，金属很容易溶解，根据金属粒子大小、沸点、极性和分子量很容易从超临界流体中高效分离。

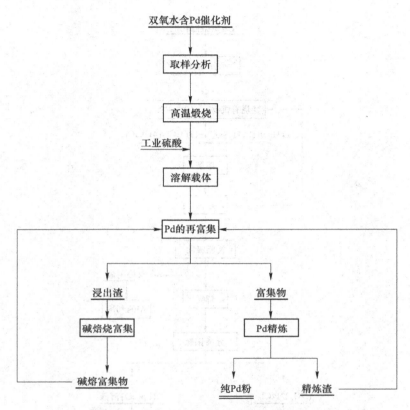

图 5-17　湿法工艺回收过氧化氢用废催化剂中 Pd 的优化流程

　　Faisal 等[57]利用超临界二氧化碳（SCCO$_2$）流体中添加磷酸三丁酯（TBP）从报废汽车尾气催化剂中回收 Pt、Pd 和 Rh。发现提取 PGMs 必须要加入螯合剂，纯 SCCO$_2$对 PGMs 萃取没有作用。PGMs 萃取效率由压力、温度和反应时间决定。SCCO$_2$添加 TBP-HNO$_3$对 Pt 和 Rh 的萃取效果不好，金属萃取率低于 3%；在 60℃、20MPa 下反应 2h，Pd 的萃取率超过 96%。Iwao 等[58]研究比较了不同螯合剂（Cyanex 302、乙酰丙酮和 TBP/HNO$_3$/H$_2$O）在 SCCO$_2$萃取 Pd 的作用。在这三种不同螯合剂中，Cyanex 302 效果最好，在压力 8~20MPa、温度 40~80℃范围内反应 10min，Pd 的萃取率高达 99% 以上。当压力为 15MPa、温度 40℃时，反应 1h，Pd 在乙酰丙酮和 TBP/HNO$_3$/H$_2$O 添加剂中最高萃取率分别为 80% 和 60%，这是由于 Pd 与乙酰丙酮和 TBP/HNO$_3$/H$_2$O 形成配合物能力减弱。Wang 等[59]利用硝酸做氧化剂、氟化 β-二酮为螯合剂，经过 30s 反应后，99% Pd 溶解在 SCCO$_2$中。经过 4min 后，能谱分析表明载体上没有 Pd。Collard 等[60]采用超临界水从有机物（如钯碳催化剂、均相有机催化剂）中回收贵金属。当温度为 500~600℃、压强 25~30MPa，通入氧气（0%~15%）条件下，Pt、Pd 和 Rh 的浸出率均能超过 95%。

　　然而，超临界萃取技术成本高，设备投资大，在高压下反应，且萃取后试剂不能直接再利用，不能实现规模化生产。目前超临界流体萃取提取 PGMs 还在实验室探索阶段，没有工程化的应用示范。

5.3.4.2 微波辅助浸出法

　　微波辅助浸出用来提高金属回收率和缩短工艺流程时间，是一种环境友好型工艺。Jafarifar 等[61]研究了王水和微波辐射两种方法浸出报废催化剂中的 PGMs，王水浸出固液比为 1∶5，反应 2h，Pt 最高浸出率达 96.5%；微波辐射法固液比为 1∶2，反应 5min，浸出率为 98.3%。因此，微波辅助浸出能大幅度缩短浸出时间，提高浸出效率和减少试剂消耗。

　　姚现召等[62]采用微波碱熔-酸浸富集工艺回收玻纤工业废耐火砖料中的 Pt 和 Rh。微波碱熔将催化剂载体中硅铝氧化物在高温下与碱充分反应，转化为可溶于酸的硅铝酸盐，经酸浸后除去从而使 Pt、Rh 富集。常规碱熔由于物料分布松散，热量传输受阻，传热性差，导致热效率低，碱熔不均匀。当微波碱熔条件为温度 800℃、保温时间 30min、NaOH 为物料的 1.4 倍时，在 3.0mol/L 盐酸、固液比 1∶15 的条件下浸出 5min，Pt、Rh 可富集约 33 倍。该方法虽能显著富集 PGMs，但酸浸过程消耗大量的盐酸且废水排放过高。

　　Suoranta 等[63]通过微波辅助浊点萃取从报废汽车催化剂中的 Pt、Pd 和 Rh，结果表明温度超过 150℃时，在王水和盐酸溶液中 Pt、Pd 和 Rh 浸出率均高于 90%；同时 95% 以上基体材料（Al、Ce 和 Zr 等）也溶解浸出。浊点萃取用来分离浸出的 Pt、Pd 和 Rh，能用少量试剂回收 1.0mol/L HCl 的浸出液中 PGMs，最终回收率分别为 Pd 91%±6%、Pt 91%±5% 和 Rh 85%±6%。Niemelä 等[64]采用微波辅助浸出三元催化剂中 Pt、Pd、Rh，比较了 HCl+HNO₃ 和 HCl+HNO₃+HF 作为浸出液的效果，发现在 210℃ 条件，Pt、Pd 和 Rh 浸出率均高于 98%，没有显著区别。因此，在微波辅助浸出过程中，不需要添加 HF 来提高 PGMs 浸出率。提高反应温度能明显提高 PGMs 的溶解能力，当温度从 100℃ 提高到 160℃ 时，Pt、Pd、Rh 浸出率分别从 90%、96% 和 70% 提高到 99.5%、99.8% 和 99%。当温度提高到 180℃ 时，载体元素（Al、Ce、Fe 和 Mg）溶解率大大提高。当温度低于 140℃ 时，Al_2O_3 溶解量有限；SiO_2 浸出率随温度变化不大，当温度提高到 280℃ 时，其浸出率仅为 0.8%；在较低温度下（低于 120℃），载体几乎不溶解。

　　尽管微波辅助浸出法具有提取时间缩短、能耗低、效率高等优点，但该方法处理的样品量有限及仪器太贵，限制了其在工业上的应用。

5.4　制药及精细化工报废催化剂回收贵金属

　　精细化工行业使用的催化剂种类繁多，常用的 PGMs 催化剂包括：

（1）乙烯氧化制乙醛所用 $PdCl_2$-$CuCl_2$ 催化剂；

（2）醋酸、醋酐、醋酸纤维工业甲醇低压羰基合成用的 RhI_3 催化剂，每年 Rh 的使用量达数百公斤；

（3）低压铑法丙烯羰基合工艺使用的铑派克（ROPAC）或三苯基膦羰基氢化铑 $[HRhCO(PPh_3)_3]$；

（4）歧化松香用的 Pd/C 催化剂；

（5）精对苯二甲酸（PTA）精制用的椰壳 Pd/C 催化剂，约 1000t，含 Pd 约 5t；

（6）蒽醌法合成 H_2O_2 所用的 Pd/Al_2O_3，每年需要更换的催化剂约 1000t，含 Pd 约 3t。

制药行业以炭载体催化剂为主，如 Pd/C、Pt/C、Ru/C、Pt-Pd/C、Rh/C 等及辛酸铑、醋酸铑等均相催化剂。

制药及精细化工领域，以 Pd/C 系催化剂用量最大，含 Rh 均相催化剂的应用也比较多。下面分别介绍两类催化剂的回收方法。

5.4.1　废 Pd/C 催化剂

废 Pd/C 催化剂的最大特点为基体是炭和各种有机溶剂，可以通过焚烧去除。常用的处理方法是将废 Pd/C 催化剂先点火自燃，放入马弗炉焚烧。但该方法焚烧处理量少，焚烧过程产生的 CO、CO_2、有机溶剂直接排放到空气中，给环境带来污染。潘剑明等[65]采用富氧焚烧炉对废 Pd/C 催化剂进行焚烧处理，考虑到对空气的污染问题，采用盐酸加双氧水体系溶解 Pd，二氯二氨配亚钯法提纯 Pd，可以制备含量（质量分数）大于 99.98% 的高纯 Pd，回收率可达 99.6% 以上。整个过程的废水废气排放达到国家标准，能批量处理废 Pd/C 催化剂。张世金[66]采用湿法回收化工医药行业废钯炭催化剂，回收工艺流程如图 5-18 所示。该过程产生的废气主要有富集工序王水溶解、赶硝、精炼过程产生的含酸雾废气（NO_x、HCl、Cl_2、NH_3），

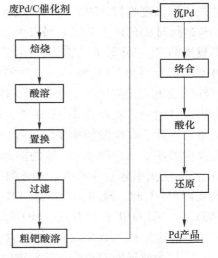

图 5-18　废 Pd/C 催化剂回收工艺流程图

采取集气+水喷淋+碱喷淋处理后排放，满足《大气污染物综合排放标准》（GB 16297—1996）二级标准的要求。焙烧烟气经水喷淋吸收净化后的烟气再经排气筒排放，排放浓度达到《工业炉窑大气污染物排放标准》（GB 9078—1996）中的二级标准。

5.4.2　废均相催化剂

均相催化是 20 世纪 70 年代新兴的一个化学催化领域。PGMs 均相催化剂是一类特殊结构的金属配合物，以低价态 Rh 的有机羧酸、有机膦、羰基配合物为主。Rh 均相催化剂主要用于医药化工催化反应过程中，使用后变性失活，需要更换，成为重要的 Rh 二次资源。Rh 均相催化剂的回收主要的问题是：

（1）催化剂中的有机物含量（质量分数）高达 95%，其中有机膦化合物易与 Rh 结合，常规方法去除有机物容易产生污染；

（2）Rh 相对于其他 PGMs 而言更难溶解；

（3）Rh 与其他 PGMs 分离困难；

（4）在氯化物介质中，Rh 的化学形态十分复杂，随氯离子浓度、酸度和放置时间的不同而发生水合、羟合、离解等反应，Rh(Ⅲ) 可生成一系列的氯水配合物 $[Rh(H_2O)nCl_{6-n}]^{n-3}$，抑制了有机试剂萃取。

报废均相催化剂中 Rh 的回收方法可分为湿法和燃烧法两大类。湿法回收包括萃取法、沉淀法、氧化蒸馏法、洗涤法、吸附分离、化学活化法、还原和电解等。尽管湿法回收方法多样，但各种方法各有所长，对不同原因导致 Rh 催化剂活性下降而采用不同的方法进行处理，或将几种工艺方法联合起来进行回收，从经济效益和社会效益是可行的。

杜继山[67] 以医药化工反应失活的 Rh 催化剂为原料，采用焚烧富集、铝碎、除铝、浸出的工艺流程回收 Rh，回收率可达 98% 以上。将原料含 Rh 废有机液体于不锈钢盒中加入活性炭搅拌均匀，进行焚烧（由于含有有机物较易燃烧）去除有机物。收集 Rh 灰，加入 Al 粉进行焙烧活化，后盐酸除 Al，将除 Al 后的富集渣用王水溶解，再提纯成 RhCl_3，实验工艺流程如下所示：废催化剂→焚烧→铝碎→王水浸出→过滤→滤液→pH 值调节→NaNO_2 络合→氯化铵沉淀→酸溶→赶硝→浓缩结晶→烘干。在该流程中，物料中的 Rh 经王水溶出后，贱金属也同时溶解，增加了回收和精炼难度。通过调节 pH 值，除去大量的贱金属，再通过亚硝酸钠络合后加入氯化铵提纯，最终得到纯度为 99.90%~99.99% 的 RhCl_3。

对于含 Rh 均相催化剂中大部分低沸点的有机挥发成分，采用蒸馏的方式分离出来。姜东等[68] 通过蒸馏、分段焙烧和烟气干式净化对铑膦类均相催化剂进行资源化利用。采用强酸性阳离子交换树脂除去 Rh 溶液中的 Fe、Cu、Ni 等贱金属杂质，彻底分离贵贱金属，Rh 基本不分散，工艺流程如图 5-19 所示。该工艺流程长、成本高、效率低，Rh 直收率在 95% 以上，RhCl_3 是制备其他铑化合物的重要原料。相关反应方程式如下：

$$丁醛聚合物（高沸点）\longrightarrow CO_2 + H_2O$$
$$C_{18}H_{15}P + O_2 \longrightarrow CO_2 + P_2O_5$$

$$HRhCO(PPh_3)_3 + O_2 \longrightarrow CO_2 + P_2O_5 + Rh$$
$$2Rh + 2NaCl + 3Cl_2 \longrightarrow 2Na_3RhCl_6$$
$$nR - SO_3Na + Me^{n+} \longrightarrow (R - SO_3)_nMe + nNa^+$$
$$Na_3RhCl_6 + 3NaOH + H_2O =\!=\!= Rh(OH)_3 \cdot H_2O + 6NaCl$$

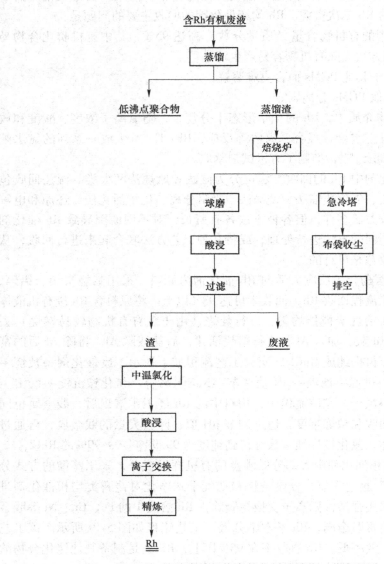

图 5-19 铑膦类均相络合催化剂的回收工艺流程图

北京科技大学张深根课题组针对目前均相催化剂蒸馏-焚烧过程环境污染大、

流程长的问题，开发出低温蒸馏-氧化浸出工艺回收 Rh。对均相失活催化剂进行红外光谱分析，确定其有机物结构组成，为蒸馏温度的确定提供理论依据。红外光谱结果如图 5-20（a）所示。

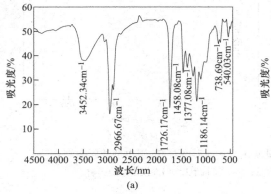
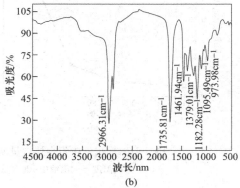

图 5-20　红外光谱分析结果

（a）均相失活催化剂；（b）馏出液

由图 5-20（a）可知，在 3452.34cm^{-1} 和 1186.14cm^{-1} 处的特征峰表明可能存在游离的醇类；在 2966.67cm^{-1}、1458.08cm^{-1} 和 1377.08cm^{-1} 处的特征峰可能对应烷烃基团；在 738.69cm^{-1} 处的特征带可能与苯的弯曲振动有关；在 540.03cm^{-1} 处的特征峰可能是由乙酰丙酮引起的。通过上述结果及该废料的来源信息可以确定均相失活催化剂中含有正丁醇、异丁醇、正丁醛、异丁醛、戊烯醛、辛烯醛、乙酰丙酮、三苯基膦、三苯基氧膦等。

5.4.2.1　蒸馏工艺

考察不同蒸馏温度下馏出液中贵金属含量变化及蒸馏温度对 Rh 浸出率的影响，结果如图 5-21 所示。

由图 5-21 可知，240~320℃之间馏出液中 Rh 含量呈现逐渐增加的趋势，而 Rh 的浸出效率增加不明显。在 240~270℃之间馏出液中 Rh 含量增加缓慢，在 270℃以后迅速增加。虽然 240℃馏出液中 Rh 的含量低于 270℃的馏出液，但是 270℃馏出液的体积大于 240℃的馏出液。因此，为了减少蒸馏过程中 Rh 的损失并获得更多馏出液，减少化学药品的消耗，270℃是较合适的蒸馏温度。收集蒸馏后的馏出液进行红外光谱分析，结果如图 5-20（b）所示。在 2966.31cm^{-1}、1461.94cm^{-1} 和 1379.01cm^{-1} 处的强吸收可能与烷烃基团相对应；在 973.98cm^{-1}、1735.81cm^{-1} 处的特征带可能与烯醛有关。1182.28cm^{-1} 和 1095.49cm^{-1} 处的振动峰可能与醇的羟基基团有关。通过比较，馏出液中有机物的结构与原均相失活催化剂结构相似，表明馏出液可以作为化学原料进行重复利用。

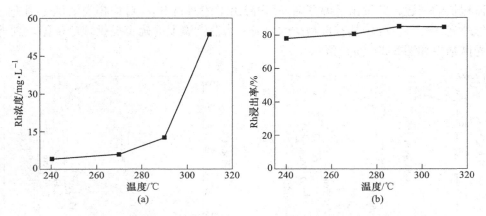

图 5-21　馏出液中贵金属含量变化及蒸馏温度对 Rh 浸出率的影响
（a）不同温度下馏出液中 Rh 含量；（b）蒸馏温度对 Rh 浸出率的影响

5.4.2.2　Rh 的氧化浸出

浸出实验在 250mL 三口烧瓶中进行，将反应器置于水浴中，通过带有磁力搅拌的恒温水浴（350r/min）控制反应温度。三口烧瓶均用活塞盖住，以防溶液蒸发和气味逸出。将 20mL 报废均相催化剂蒸馏后的浓缩液及 HCl、NaCl、H_2O_2 和乙醇的混合溶液放入三口烧瓶中，相比固定为 1∶1，研究温度 40~80℃、反应时间 1.0~6.0h、Cl^- 浓度 1.0~5.0mol/L、H_2O_2 浓度 1.0~4.5mol/L 等因素对浸出率的影响。其中，无水乙醇的作用是利用相似相容性使无机相的 H_2O_2 和 Cl^- 更容易进入有机相与 Rh 发生反应。HCl 用于提高 H_2O_2 的氧化性。反应结束后通过 ICP-OES 测量水相中 Rh 的浓度。Rh 的浸出率由下式计算：

$$\text{Rh 浸出率} = \frac{C_1 V_1}{C_0 V_0} \times 100\%$$

式中　C_1——浸出液中 Rh 的浓度；

　　　V_1——浸出液的体积；

　　　C_0——原液中 Rh 的浓度；

　　　V_0——原液的浓度。

所有实验重复 3 次，使用平均值。

在固定 $V(H_2O_2)=3mL$、浸出时间 4h 不变的条件下研究了不同 Cl^- 浓度对浸出率的影响，结果如图 5-22 所示。在 1~2mol/L 区间内浸出率由 23.0% 迅速增加到 45.6%，在 2~5mol/L 区间内浸出率从 45.6% 缓慢增加到 62.9%。Rh 与氯络合物之间的平衡可由以下反应表示：

$$Rh^+ + 6Cl^- - 2e^- \Longrightarrow RhCl_6^{3-}$$

根据能斯特方程

$$E = E^0 + \frac{0.0592}{2}\ln\frac{c(\mathrm{RhCl_6^{3-}})}{c(\mathrm{Rh^+}) \cdot c(\mathrm{Cl^-})^6}$$

可知 Cl^- 浓度增加时，浸出反应的平衡电位降低，更有利于反应的进行。Cl^- 浓度不低于 2mol/L，随着氯离子浓度增加，浸出率的增速变缓。可能原因是 $\mathrm{RhCl_6^{3-}}$ 的含量迅速增加后有部分络合物开始与体系残留的三苯基膦反应回到有机相中，其化学方程式如下：

$$\mathrm{RhCl_6^{3-}} + 4\mathrm{Ph_3P} \Longrightarrow \mathrm{RhCl(Ph_3P)_3} + \mathrm{Ph_3PCl_2} + 3\mathrm{Cl^-}$$

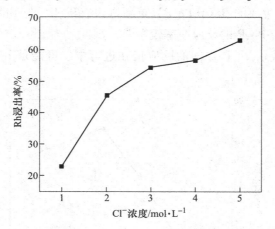

图 5-22　Cl^- 浓度对浸出率的影响

图 5-23 为 $c(\mathrm{Cl^-}) = 5$mol/L、浸出时间 4h 下的 $\mathrm{H_2O_2}$ 加入量对浸出率的影响。结果表明，$\mathrm{H_2O_2}$ 加入量为 1mL 时，浸出率仅为 10.8%，然后随着 $\mathrm{H_2O_2}$ 加入量增加到 3mL，Rh 浸出率迅速升高到 80.7%，然后趋于平缓。前期浸出率的明显增

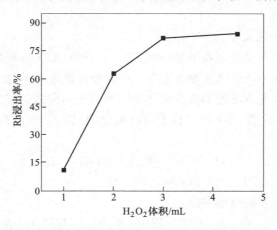

图 5-23　$\mathrm{H_2O_2}$ 加入量对 Rh 浸出率的影响

加是因为增加 H_2O_2 用量可以在低浓度时促进强氧化自由基·OH 的生成,从而更容易破坏络合物结构,有利于反应的进行。然而,高浓度的 H_2O_2 对·OH 有猝灭作用,从而生成·OH_2,使氧化效率降低,使浸出效率趋于平缓。考虑到生产成本等因素,H_2O_2 的最佳用量为 3mL。

在保持 $c(Cl^-) = 5mol/L$、$V(H_2O_2) = 3mL$ 不变的情况下,反应时间对 Rh 浸出率的影响如图 5-24 所示。随着浸出时间的增加,Rh 的浸出率呈现先升高后降低的趋势。如前所述,Rh 的浸取过程主要包括三步:$RhCl_6^{3-}$ 的形成,$RhCl_6^{3-}$ 与残留 Ph_3P 的反应,生成的 $RhCl(Ph_3P)_3$ 重新进入有机相。与 $RhCl_6^{3-}$ 的形成速率相比,$RhCl_6^{3-}$ 和残余 Ph_3P 的反应速率较慢[4]。因此,当 $RhCl_6^{3-}$ 的生成反应接近完成时,$RhCl_6^{3-}$ 与残余 Ph_3P 之间的反应仍在进行中,可能是 Rh 浸出率先升高后降低的原因。

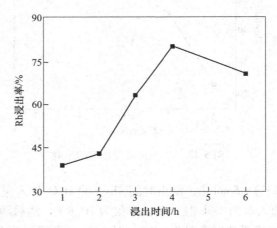

图 5-24 反应时间对 Rh 浸出率的影响

5.4.2.3 Rh 浸出动力学

采用分光光度计检测溶液中 Rh 的浓度,在 300~850nm 范围内将不同波长的光照射到不同浓度的铑氯络合物溶液中,最高吸光强度对应的波长即为最大吸收波长。根据不同温度下溶液的吸光度 A 随时间的变化曲线,整理数据后分析反应动力学规律。在准一级反应条件下 [即 $c(氧化剂)_0 \gg c(还原剂)_0$],根据反应动力学方程式:

$$\ln(A_\infty - A_t) = k_{obs}t + \ln(A_\infty - A_0)$$

式中 A_t,A_∞——在时间为 t 和 ∞ 时的吸光度;

  k_{obs}——表观速率常数。

取反应过程中的 15~20 个 A_t,以 $\ln(A_\infty - A_t)$ 对时间 t 作图得到一条直线,通过其斜率即可求出 k_{obs}(3 次实验的平均值)。根据表观反应速率常数和温度之间的关系可以用 Arrhenius 公式表示：

$$k = Ae^{-E_a/RT}$$

将公式两边取对数变形为：

$$-\ln k = E_a/RT - \ln A$$

式中　　A——指数前因子；

　　　　E_a——表观活化能，kJ/mol；

　　　　R——理想气体常数，取 8.314 J/mol；

　　　　T——绝对温度，K。

根据求得的表观速率常数 k_{obs} 计算 Rh 浸出反应的表观活化能。

浸出反应结束后，将得到的铑氯络合物溶液在 300~850nm 范围内通过不同波长的光照射并观察吸光度变化，其结果见表 5-12。

表 5-12　不同浓度溶液的吸光度值随波长的变化

波长/nm	0.105g/L Rh 溶液吸光度	0.137g/L Rh 溶液吸光度	0.166g/L Rh 溶液吸光度	0.206g/L Rh 溶液吸光度	0.291g/L Rh 溶液吸光度	0.313g/L Rh 溶液吸光度
850	0.000	0.000	0.000	0.000	0.000	0.000
820	0.001	0.002	0.001	0.002	0.001	0.004
780	0.002	0.003	0.001	0.002	0.001	0.005
750	0.003	0.003	0.002	0.002	0.003	0.008
720	0.004	0.004	0.003	0.003	0.007	0.02
680	0.007	0.007	0.005	0.006	0.024	0.031
630	0.011	0.011	0.010	0.012	0.031	0.052
600	0.016	0.016	0.016	0.019	0.039	0.073
580	0.024	0.026	0.028	0.033	0.053	0.106
540	0.074	0.081	0.091	0.108	0.133	0.228
530	0.092	0.101	0.112	0.135	0.161	0.258
520	0.109	0.119	0.130	0.159	0.187	0.278
515	0.116	0.126	0.138	0.170	0.198	0.305
510	0.122	0.131	0.142	0.177	0.207	0.310
509	0.123	0.132	0.143	0.179	0.208	0.311
508	0.124	0.133	0.144	0.180	0.210	0.312
507	0.124	0.134	0.145	0.181	0.211	0.313
506	0.125	0.135	0.146	0.182	0.212	0.314
505	0.125	0.135	0.146	0.183	0.213	0.315
501	0.127	0.137	0.148	0.186	0.215	0.317

续表 5-12

波长 /nm	0.105g/L Rh 溶液吸光度	0.137g/L Rh 溶液吸光度	0.166g/L Rh 溶液吸光度	0.206g/L Rh 溶液吸光度	0.291g/L Rh 溶液吸光度	0.313g/L Rh 溶液吸光度
498	0.128	0.138	0.148	0.186	0.216	0.318
496	0.127	0.138	0.148	0.186	0.215	0.317
450	0.061	0.070	0.084	0.103	0.148	0.223
420	0.026	0.029	0.035	0.042	0.084	0.151
390	0.014	0.015	0.015	0.019	0.045	0.061
370	0.011	0.011	0.011	0.014	0.035	0.050
330	0.008	0.008	0.007	0.008	0.028	0.034
300	0.006	0.006	0.004	0.005	0.024	0.027

通过在 300~850nm 波谱分析，发现所有铑氯络合物溶液整体呈现先增加后降低的趋势，如图 5-25 所示。结合表 5-12 和图 5-25，溶液在 720~850nm 范围内吸光度的变化不明显，小于 720nm 后溶液的吸光度开始变化明显，而且高浓度的铑氯络合物溶液吸光度的变化越明显。同一波长下铑氯络合物溶液的浓度越高，吸光度也越高。最终在 498nm 处，所有铑氯络合物溶液均达到最大吸光度，498nm 后所有铑氯络合物溶液呈现下降的趋势。因此，498nm 为铑氯络合物溶液的最大吸收波长。

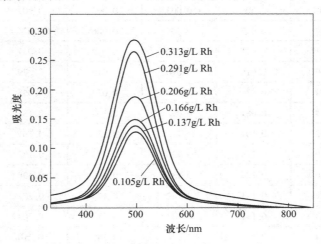

图 5-25　不同浓度铑氯络合物溶液的紫外光谱

确认铑氯络合物溶液的最大吸收波长后，在不同反应温度下进行报废铑均相催化剂的氧化浸出实验，在不同时间取样测定其在最大吸收波长的吸光度，测量的数据见表 5-13。

表 5-13 不同温度下溶液的吸光度随时间的变化

45℃		60℃		75℃		90℃	
时间/min	吸光度	时间/min	吸光度	时间/min	吸光度	时间/min	吸光度
0	0.000	0	0.014	0	0.029	0	0.091
5	0.001	5	0.026	5	0.061	5	0.117
10	0.003	10	0.04	10	0.073	10	0.179
15	0.006	15	0.041	15	0.082	15	0.202
20	0.012	20	0.058	20	0.093	20	0.216
30	0.023	30	0.072	25	0.122	25	0.271
35	0.03	40	0.075	30	0.144	40	0.299
55	0.043	50	0.082	50	0.17	45	0.334
75	0.047	60	0.085	60	0.186	50	0.369
80	0.051	70	0.093	70	0.205	70	0.427
95	0.066	75	0.097	80	0.209	90	0.448
105	0.078	80	0.098	90	0.239	100	0.457
115	0.091	90	0.105	100	0.274	105	0.481
130	0.12	95	0.116	110	0.28	115	0.485
140	0.137	110	0.129	115	0.323	130	0.496
160	0.141	115	0.138	120	0.335	180	0.547
170	0.15	130	0.144	130	0.349	210	0.576
180	0.152	160	0.163	140	0.373	222	0.615
200	0.16	170	0.17	150	0.376	230	0.651
210	0.171	200	0.183	160	0.379	240	0.667
220	0.18	220	0.207	180	0.404		

根据表 5-13，45℃、60℃、75℃、90℃下铑氯络合物溶液的吸光度在 0~240min 内呈现逐步增加的趋势，而且温度越高，溶液吸光度变化越明显，所达到的吸光度值越大。其中，45℃下反应的铑氯络合物溶液在反应 10min 内吸光度变化不明显，在 30min 后吸光度值增长明显，说明低温下报废均相催化剂的氧化浸出实验反应速度缓慢，为获得高浓度的铑氯络合物溶液将需要更长的时间。通过表 5-13 还仍可以发现在前 240min 内，铑氯络合物溶液的吸光度一直处于增加的趋势，但增加的速度减缓，说明氧化反应虽并未停止但已接近反应完全。

根据 Arrhenius 公式，以 $\ln(A_\infty - A_t)$ 对反应时间 t 作图得到不同直线（见图 5-26），通过求其斜率即可得出不同温度下的表观速率常数 k_{obs}。

由图 5-26 可知在不同温度下 $\ln(A_\infty - A_t)$ 均呈下降趋势，而且温度越高，直

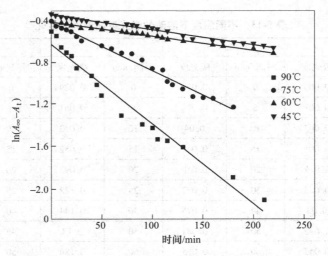

图 5-26　$\ln(A_\infty - A_t)$ 与反应时间的关系

线的斜率越大。根据表 5-14，在 45℃ 和 60℃ 下直线的斜率相差不大，四条直线的拟合优度均大于 0.96，表明在 45℃、60℃、75℃、90℃ 温度下得到的四条拟合直线可以解释大于 96% 的数据，准确度高。

表 5-14　不同温度下 **Rh** 浸出反应的动力学参数

T	45℃	60℃	75℃	90℃
k	0.00146	0.00140	0.00467	0.00762
R^2	0.9818	0.9864	0.9821	0.9663

将表 5-14 中得到的不同温度下的 k_{obs} 值代入公式：$-\ln k = E_a/RT - \ln A$，得到 $-\ln k_{obs}$ 对 $1/T$ 的关系图，如图 5-27 所示。对图上各点进行直线拟合得到拟合直

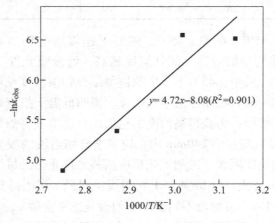

$y = 4.72x - 8.08 (R^2 = 0.901)$

图 5-27　$-\ln k_{obs}$ 与 $1/T$ 的关系

线的方程为 $y = 4.72x - 8.08$，方程的拟合优度 $R^2 = 0.901$，表明该直线可以解释大于 90.1% 的数据。根据斜率求得表观活化能 E_a 为 39.24kJ/mol，表明该氧化浸出反应受化学反应控制。

5.4.2.4　动力学模型

由于该反应为液液非均相反应，根据双膜理论，液液非均相反应主要包括无机离子、有机物分子分别通过液膜扩散到相界面的扩散过程及界面化学反应。由于该反应为准一级反应，温度的升高和时间的延长加快了反应分子克服传质阻力向相界面扩散。通过响应面法分析可知，高温下 H_2O_2 加入量和 Cl^- 浓度对浸出率的相关性大于反应时间，表明高温体系反应分子的扩散速率加快，界面化学反应为速度控制步骤。因此，溶液中过氧化氢氧化浸出失活铑均相催化剂的反应过程可以叙述为以下五步（见图 5-28）：

（1）组元 $[H_2O_2 + H^+ + Cl^-]$ 由水相穿过水相侧边界层向水相/有机相界面迁移；

（2）组元 $[Rh-C_nH_m]$ 由有机相穿过有机相一侧向有机相/水相界面迁移；

（3）在相界面上发生化学反应：$Rh-C_nH_m + 3H^+ + 6Cl^- + H_2O_2 \rightleftharpoons RhCl_6^{3-} + H-C_nH_m + 2H_2O$；

（4）反应产物 $[RhCl_6^{3-} + H_2O]$ 由有机相/水相界面向水相迁移；

（5）反应产物 $[H-C_nH_m]$ 由水相/有机相界面向有机相迁移。

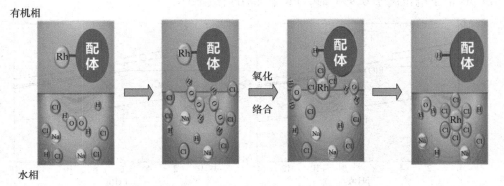

图 5-28　报废均相催化剂浸出铑的反应示意图

5.5　报废石化催化剂 Pt 提取机理及工艺

5.5.1　Pt 的氧化-络合溶解机理

Pt 的金属键强、电负性高、氧化电位高（1.28V），导致很难失去外层电子，溶解困难。在氯离子介质中，通过形成配合物大幅降低氧化电位，且络合物稳定性随氯离子浓度的升高而增强，$PtCl_4^{2-}/Pt$ 的标准电位降低到 0.74V，$PtCl_6^{2-}/Pt$ 的标准电极电位为 0.76V。Pt(Ⅳ) 具有 d^2sp^3 六配位稳定结构，稳定性强于 Pt(Ⅱ)，在溶解过程中，$PtCl_4^{2-}$ 很容易氧化形成 $PtCl_6^{2-}$。$PtCl_6^{2-}$ 与 $PtCl_4^{2-}$ 吉布斯自由能分别为 $-111.41kJ/mol$ 和 $-84.31kJ/mol$，表明氧化富集时 $PtCl_6^{2-}$ 更容易生成。

$$Pt^{2+} + 2e \Longrightarrow Pt \qquad\qquad \varepsilon^0 = 1.28V$$

$$PtCl_6^{2-} + 4e \Longrightarrow Pt + 6Cl^- \qquad\qquad \varepsilon^0 = 0.74V$$

$$PtCl_4^{2-} + 2e \Longrightarrow Pt + 4Cl^- \qquad\qquad \varepsilon^0 = 0.76V$$

$$PtCl_6^{2-} + 2e \Longrightarrow PtCl_4^{2-} + 2Cl^- \qquad\qquad \varepsilon^0 = 0.73V$$

图 5-29（a）为 25℃、Pt 浓度为 $10^{-3}mol/L$、Cl^- 浓度为 $1.0mol/L$ 时，Pt-Cl-H_2O 的电位-pH 图。可以看出，氧化络合过程中 Pt 的稳定络合物只有 $PtCl_6^{2-}$，其稳定性随 pH 值的升高而降低。当 pH=0 时，$PtCl_6^{2-}$ 稳定区电位为 0.76~1.41V；而当 pH>4.23 时，$PtCl_6^{2-}$ 则分解成 PtO_2 或 PtO。根据实际浸出条件，将体系 Cl^- 浓度升高到 6.0mol/L、设置 pH 范围为 -1 ~ 14，发现 $PtCl_6^{2-}$ 稳定区明显增大，pH=-1 时，$PtCl_6^{2-}$ 稳定区电位为 0.68~1.48V；与此同时，$PtCl_6^{2-}$ 的稳定区边界扩展到 pH<5.52，临界 pH 值下电位为 0.68~1.04V。同时，$PtCl_4^{2-}$ 的稳定区几乎在一条直线上，表明其很不稳定，容易氧化成 $PtCl_6^{2-}$ 或还原为单质 Pt。随着温度的升高，$PtCl_6^{2-}$ 稳定区将有所缩小，当温度升高到 90℃ 时，pH 值高于 5.11 或在该 pH 值下电位高于 0.99V 时，$PtCl_6^{2-}$ 将分解成 PtO_2。

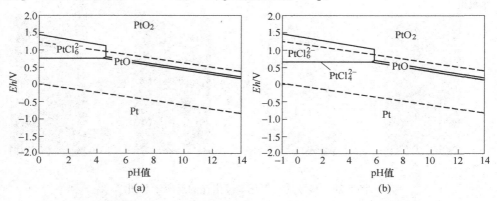

图 5-29　25℃时 Pt-Cl-H_2O 体系电位-pH 图

（a）Pt 浓度为 $1\times10^{-3}mol/L$，Cl^- 浓度为 1.0mol/L；（b）Pt 浓度为 $1\times10^{-3}mol/L$，Cl^- 浓度为 6.0mol/L

采用 H_2O_2 为氧化剂，Pt 的氧化-络合原理如下：

$$Pt + 2H_2O_2 + 4H^+ + 6Cl^- \Longrightarrow PtCl_6^{2-} + 4H_2O$$

其中阴极反应为 H_2O_2 的还原，即 $H_2O_2 + 2H^+ + 2e = 2H_2O$，标准电位为 1.76V。在酸性 Cl^- 介质中，H_2O_2 很容易将 Cl^- 氧化生成 Cl_2，Cl_2 的强氧化性也能将 Pt 氧

化。因此，该过程可能存在的化学反应如下：

$$H_2O_2 + 2HCl \rightleftharpoons Cl_2 + 2H_2O \qquad \Delta E = 0.51V$$

$$Pt + 2Cl^- + 2Cl_{2(aq)} \rightleftharpoons PtCl_6^{2-} \qquad \Delta E = 0.60V$$

从上述反应式可以看出，H_2O_2 氧化-络合 Pt 过程中，H_2O_2 一方面起氧化剂作用氧化 Pt，消耗体系中的 H^+；另一方面与盐酸反应生成 Cl_2，造成体系 pH 值升高和有毒气体的产生。因此，为减少 Cl_2 生成，浸出体系 H^+ 浓度越低越好。另外，$PtCl_6^{2-}/Pt$ 稳定性边界随 pH 值的升高的降低，当 H_2O_2 还原电位高于边界时，$PtCl_6^{2-}$ 将被分解为 PtO_2。因此，需要控制 H_2O_2 浓度调节其还原电位和体系中 H^+ 浓度，避免形成 PtO_2。

图 5-30 为 $PtCl_6^{2-}/Pt$ 电极电位随 $PtCl_6^{2-}$ 与 Cl^- 浓度关系。

$$\varepsilon = \varepsilon^0 + \frac{0.0592}{2} \lg \frac{c(PtCl_6^{2-})}{c^6(Cl^-)}$$

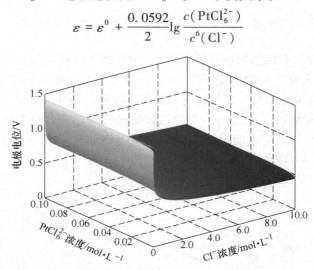

图 5-30　$PtCl_6^{2-}/Pt$ 电极电位随 $PtCl_6^{2-}$ 与 Cl^- 浓度关系

可以明显看出，Cl^- 介质提供了 $PtCl_6^{2-}$ 配合物的配体 Cl^-，极大降低了 Pt 的氧化电位。该电位值随 Cl^- 浓度的升高、$PtCl_6^{2-}$ 浓度的降低而降低，当 Cl^- 浓度为 10mol/L、$PtCl_6^{2-}$ 浓度为 0.001mol/L 时，电位降低至 0.47V。图 5-31 为 $PtCl_6^{2-}/Pt$ 电极电位随 Cl^- 浓度变化，当 $PtCl_6^{2-}$ 含量固定时，其电极电位与 Cl^- 浓度的对数呈一次线性关系。该结果为低酸条件 Pt 高效富集提供了理论依据。

5.5.2　废催化剂表征与浸出

以报废 Al_2O_3 基石化催化剂为原料，通过电感耦合等离子体发射光谱仪（ICP-OES）化学分析，Pt 含量为 2117.5g/t。图 5-32 是废催化剂在空气气氛下的 DSC-TG 曲线，从图中可看出，504℃出现明显放热峰是有机物分解和碳化造成，

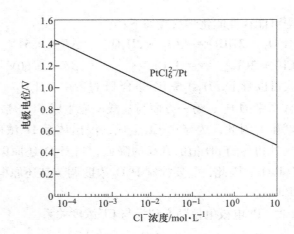

图 5-31 $c(PtCl_6^{2-}) = 10^{-3}mol/L$ 时，$PtCl_6^{2-}/Pt$ 电极电位与 Cl^- 浓度关系

分解产生的小分子有机物燃烧导致放热；860℃出现的放热峰则为炭燃烧放热导致。TG 曲线表明室温~400℃之间样品有持续缓慢的失重，失重率约为 5%，这主要是报废催化剂中水分与挥发性有机物蒸发导致。在 400~560℃之间样品急剧失重，失重率约为 7%，大部分有机物在该阶段分解燃烧，与 DSC 曲线相互呼应。560~1000℃样品失重缓慢，为残余积炭燃烧导致。结合上述分析，将焙烧温度确定在 600~1000℃之间。

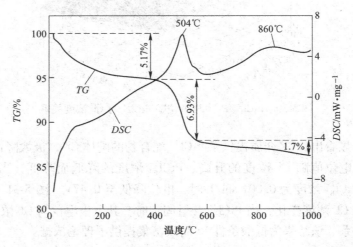

图 5-32 空气环境下报废石化催化剂 TG/DSC 曲线

图 5-33 为废催化剂在空气气氛下经不同焙烧温度后的 XRD 图谱，从图中可知，焙烧前废催化剂主要为无定型 Al_2O_3；经 600℃和 800℃焙烧处理后，Al_2O_3 载体的晶体结构变化不大，但温度为 800℃时单质 Pt 的衍射峰强度明显增强。当

焙烧温度为 1000℃ 时，无定型 Al_2O_3 几乎全部转变为 $\alpha\text{-}Al_2O_3$。在该温度下，能明显观测到金属 Pt 特征峰，说明 Pt 晶粒经再结晶长大。

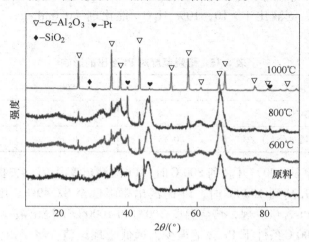

图 5-33 空气气氛下不同焙烧温度下报废石化催化剂的 XRD 图谱

实验步骤为：首先，将报废石化催化剂破碎成粉末，然后在 600~1000℃ 温度下焙烧除去积炭等有机物，无定型 Al_2O_3 载体通过高温焙烧降低溶解活性。为减少氯气和酸雾的生成，以及进一步降低载体的溶解，用 NaCl 替代部分 HCl，降低浸出液中 Cl^- 浓度，同时 Cl^- 提高 PGMs 的氧化络合能力，以 H_2O_2 为氧化剂氧化浸出 Pt。先将 50g 焙烧后的催化剂放入烧杯中，然后加入不同浓度的 $HCl_{(aq)}$ 与 NaCl 混合溶液（Cl^- 总浓度 6.0mol/L），H_2O_2 与报废催化剂比在 0.3~1.2mL/g 之间。将烧杯放在磁力搅拌水浴加热器中，在 30~90℃ 下反应 2h。反应结束后，经过滤得到滤渣和含 Pt 的溶液。将溶液加热至 90℃，用 Fe 粉还原得到单质 Pt 粉，工艺流程如图 5-34 所示。

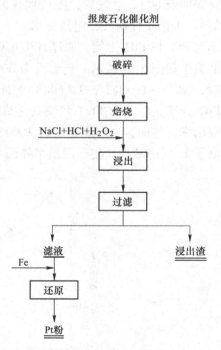

图 5-34 报废石化催化剂 Pt 提取工艺流程图

5.5.3 预处理对 Pt 富集规律影响

报废石化催化剂在服役过程会吸附积炭和有机物，在湿法浸出过程可能吸附 Pt 离子，造成铂浸出率降低，需通过焙烧预处理除去。在焙烧过程中也能降低氧化铝的活性，从而降低其溶解性能。表5-15是在不同焙烧温度下 Pt 的浸出率及浸出渣 Pt 含量，浸出条件如下：HCl 浓度为 6.0mol/L，固液比 1:10，10% H_2O_2/催化剂 = 0.6mL/g，反应温度 90℃，时间 2h。

表 5-15　焙烧温度对 Pt 浸出的影响

焙烧温度/℃	600	800	1000
浸出率/%	77.4	99.95	82.49
渣中 Pt 含量（质量分数）/%	0.18	0.03	17.35

当焙烧温度从 600℃ 升高到 800℃ 时，Pt 的浸出率从 77.4% 提高到 99.95%；而当焙烧温度升高到 1000℃ 时，Pt 的浸出率降低至 82.49%。用王水消解浸出渣，测量渣中 Pt 含量发现，焙烧温度 800℃ 和 1000℃ 下浸出液中和渣中 Pt 总量为 100%。而 600℃ 条件下 Pt 含量很少，远低于理论值。将浸出渣在 800℃ 下焙烧 2h 后，再次检测渣中 Pt 含量为 604.5g/t，约为报废催化剂 Pt 总量的 22.3%。这表明经 600℃ 焙烧后，报废催化剂中仍含有铂惰性化合物（氧化铂、硫化铂等），不溶于任何酸，包括王水。一方面造成浸出率低，另一方面造成渣中检测不到 Pt。以 PtO_2 为例，通过 HSC 6.0 计算，PtO_2 分解反应的吉布斯自由能与温度的关系如图 5-35 所示。当温度为 600℃ 时，$\Delta G^0 = -3.44$kJ/mol；当温度为 800℃ 时，$\Delta G^0 = -6.73$kJ/mol。600℃ 条件下由于吉布斯自由能低，反应驱动力弱，PtO_2 分解缓慢。经 800℃ 焙烧氧化铂彻底分解生成单质 Pt 和 O_2，从而提高 Pt 的浸出率。然而，当焙烧温度为 1000℃ 时，Pt 晶粒结晶长大，比表面积变小，降低了 Pt 反应活性，使其浸出率降低。

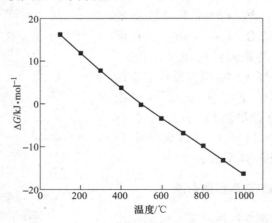

图 5-35　氧化铂分解吉布斯自由能与温度的关系

5.5.4 盐酸浓度和固液比对 Pt 富集影响

为了提高 $PtCl_6^{2-}$ 稳定性，减少反应过程 Cl_2 的生成，改善操作环境及减少后续还原沉淀试剂的消耗，采用 NaCl 部分替代 HCl，降低反应体系的酸度。固定 Cl^- 浓度为 6.0mol/L，研究了不同 HCl 浓度在不同固液比条件下 Pt 的浸出规律，结果如图 5-36（a）所示。NACl 替代 HCl 对 Pt 浸出规律影响较大，尤其当固液比为 1∶10 和 1∶20。Pt 氧化浸出主要由 H_2O_2 浓度和反应生成的 Cl_2 在溶液中含量决定。在低酸环境下 $[c(H^+) \leqslant 2.0mol/L]$，$H_2O_2$ 主要用于氧化溶解 Pt，固液比的升高导致 H_2O_2 浓度降低，从而降低了 Pt 浸出率；当 HCl 浓度大于 2.0mol/L 时，H_2O_2 与 HCl 反应生成大量的 Cl_2，生成的 Cl_2 部分溶解在溶液中，起到氧化 Pt 作用，部分逸出造成环境污染。溶液的 Cl_2 随固液比升高而提高，有利于 Pt 的氧化浸出。因此，当固液比 1∶5 时，Pt 浸出率随 H^+ 浓度的增大而略有下降，这是因为在高浓度 H^+ 下生成大量 Cl_2，而溶液溶解量有限，造成氧化剂利用率不高，H^+ 为 1.0mol/L 时浸出率达到 95.72%。当固液比增加到 1∶20 时，Pt 的浸出率随 H^+ 浓度的升高从 29.96% 提高到 99.5%；从当 H^+ 浓度超过 4.0mol/L 时，Pt 浸出率达到 99% 以上，高于固液比为 1∶5 和 1∶10 时的浸出率。

在 Pt 湿法提取过程中，要求催化剂载体溶解量越少越好。因为载体的溶解一方面消耗大量的试剂，另一方面载体主要成分为 Al_2O_3，溶解后容易形成胶体，造成 PGMs 的吸附及固液分离困难。图 5-36（b）为不同浸出条件下催化剂的失重率。总体而言，废催化剂的失重率随浸出液酸浓度增大而增加，随固液比的提高而增加。当 H^+ 浓度 1.0mol/L、固液比为 1∶5 时，失重率仅为 9.31%；固液比为 1∶20 时，失重率提高至 17.6%。而 H^+ 浓度为 6.0mol/L、固液比为 1∶5、1∶10、

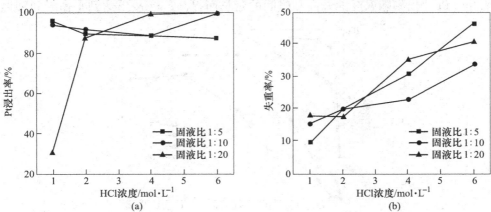

图 5-36 HCl 浓度和固液比对 Pt 浸出率和载体溶解量的影响
（a）Pt 浸出液；（b）载体溶解量

1：20 时，失重率分别为 45.92%、33.46%、40.05%。综合考虑 Pt 浸出率、试剂消耗及载体溶解量，较佳的浸出液成分为 1.0mol/L HCl、5.0mol/L NaCl 混合溶液，固液比为 1：5。

5.5.5　Pt 浸出动力学

报废石化含 Pt 催化剂湿法浸出过程属于固/液多相化学反应，包括浸出剂与 Pt 发生的界面化学反应、浸出剂向载体渗透及反应产物由载体向外扩散过程。其典型化学反应如下：

$$a A_{(s)} + b B_{(l)} = c C_{(s)} + d D_{(l)}$$

其中，A、B 分别为固相反应物和浸出剂，C、D 分别为生成的固相与液相产物。破碎后的报废催化剂粒度小于 100μm，可以近似为球形，湿法浸出过程可用"未反应核收缩模型"描述。该模型主要有以下三种控速模型，即外扩散控速、界面化学反应控速和内扩散控速，原理分别如下：

$$x = k_1 \cdot t$$
$$1 - (1 - x)^{1/3} = k_2 \cdot t$$
$$1 - 3(1 - x)^{2/3} + 2(1 - x) = k_3 \cdot t$$

式中　　x——Pt 浸出率；

　　　　t——反应时间；

k_1，k_2，k_3——分别为不同步骤反应速率常数。

根据浸出实验结果，选取较佳实验条件下，即 HCl 浓度为 1.0mol/L、NaCl 浓度为 5.0mol/L、10% H_2O_2/报废催化剂 = 0.6mL/g、固液比 1：5、反应温度 90℃、反应 2h，在不同温度下不同时间 Pt 的浸出率，结果如图 5-37 所示。可以看出，Pt 浸出率随温度的升高和时间的延长而提高；Pt 浸出达到平衡时间随温

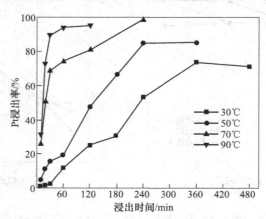

图 5-37　不同温度下不同时间对 Pt 浸出率影响规律

度升高而缩短。当温度为 30℃ 时，反应时间从 10min 提高到 360min 时，Pt 浸出率从 1.1% 提高到 73.97%，继续延伸时间 Pt 浸出率没有明显变化；当温度 50℃ 时，Pt 浸出平衡时间为 240min，此时浸出率约为 85%；当反应温度 70℃ 时，反应 240min，Pt 浸出率达到 98.92%；当反应温度 90℃ 时，Pt 在 30min 内浸出率达到 90%，在 60min 达到 94.02%，由于 H_2O_2 在 90℃ 自身分解加速，随着时间延长浸出率并没有显著增加。

从图 5-37 可知，由于 Pt 浸出率与反应时间不呈线性关系，可排除外扩散控速。分别用界面反应控速和内扩散扩散模型对不同温度下反应时间 t 和对应 Pt 浸出率 x 作图，结果如图 5-38 和图 5-39 所示。可以发现，反应时间 t 与 $1-(1-x)^{1/3}$ 及 $1-3(1-x)^{2/3}+2(1-x)$ 均不呈线性关系，表明报废催化剂 Pt 浸出过程不符合"未反应核收缩模型"。

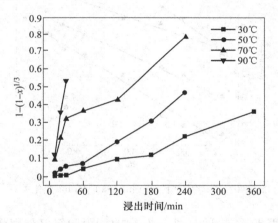

图 5-38　不同温度下 Pt 浸出过程 $1-(1-x)^{1/3}$ 与浸出时间 t 的关系

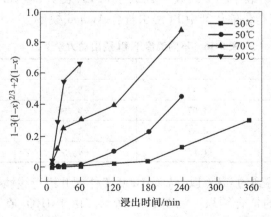

图 5-39　不同温度下 Pt 浸出过程 $1-3(1-x)^{2/3}+2(1-x)$ 与浸出时间 t 的关系

Avrami 方程最早应用于晶核长大的动力学，近年来也用于金属的提取过程，能对浸出反应动力学进行很好的拟合，该溶解过程类似于晶体生长的逆向过程。Avrami 方程如下：

$$\ln[-\ln(1-x)] = \ln k + n\ln t$$

式中　x——反应浸出率；

　　　k——反应速率常数；

　　　n——反应物晶粒性质和几何形状的函数；

　　　t——反应时间。

将图 5-37 中数据代入 Avrami 方程后得到图 5-40。

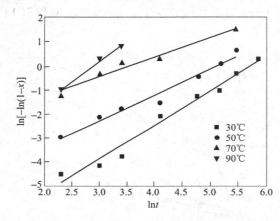

图 5-40　不同温度下 $\ln[-\ln(1-x)]$ 随 $\ln t$ 变化关系

由 Avrami 方程表达式可知，图 5-40 中的截距和斜率分别代表相应温度下的 $\ln k$ 和 n，见表 5-16。表中相关系数 R^2 均大于 0.95，表明 $\ln[-\ln(1-x)]$ 与 $\ln t$ 线性拟合度良好，报废石化催化剂中 Pt 浸出符合 Avrami 模型。

表 5-16　不同温度下 Pt 浸出动力学参数

$T/℃$	n	$\ln k$	R^2
30	1.43	-8.20	0.97
50	1.07	-5.49	0.97
70	0.81	-2.88	0.95
90	1.65	-4.75	0.99

根据表 5-16 得到的 $\ln k$，以 $\ln k$ 对 $1000/T$ 作图并进行线性拟合，可得到相关系数 $R^2 = 0.9987$ 的拟合结果，如图 5-41 所示。由于 H_2O_2 在 90℃ 下分解较快，导致浸出体系 H_2O_2 浓度降低，随着时间的延长反应速率急剧降低，造成实验偏差极大。因此，在计算反应活化能时，舍弃 90℃ 下得到的反应速率常数。根据

拟合直线结果，Pt 浸出表观活化能为 114.86kJ/mol，表明该反应过程为界面化学反应控速。

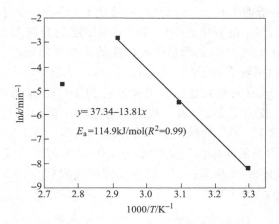

图 5-41　30~90℃浸出条件下阿伦尼乌斯方程关系图

5.5.6　还原沉淀 Pt

通过上述实验，Pt 溶解在 HCl-NaCl-H$_2$O$_2$ 浸出液中，过滤得到滤液和滤渣。为考察固液比和酸浓度对还原剂用量的影响，将滤液加热至 90℃，采用 Fe 粉还原沉淀 Pt，原理如下：

$$PtCl_6^{2-} + 2Fe = Pt + 2Fe^{2+} + 6Cl^-$$

在还原过程中，反应终点的判断是关键问题。将 5.0mL 的 4.0mol/L HCl、3.0mL 的 0.4mol/L SnCl$_2$ 和 5.0mL 的乙酸乙酯加入 5.0mL 的滤液中，其原理为在酸性条件中，SnCl$_2$ 与氯铂酸生成黄色的氯铂酸锡络合物，并溶解于乙酸乙酯，与水相分层。若滤液中含有 Pt，乙酸乙酯有机相为黄色；若 Pt 全部被还原，则有机相为无色透明。图 5-42 为缓慢添加 Fe 粉检测结果，当有机相为无色时，对

扫一扫看彩图

图 5-42　还原反应终点判断

滤液中 Pt 进行 ICP-OES 分析，Pt 含量为 0.45~1.03mg/L，还原率达到 99.5% 以上，可认为达到还原终点。

图 5-43 为盐酸浓度 1.0~6.0mol/L、固液比 1∶5~1∶20 时还原沉淀 Pt 的 Fe 粉用量。可以看出，Fe 粉消耗量随固液比与酸浓度的升高而显著增加；当盐酸浓度不大于 4.0mol/L 时，Fe 粉用量随酸浓度的提高增幅较大；当盐酸浓度大于 4.0mol/L 时，Fe 粉用量增加缓慢。这是因为大量 Fe 粉与浸出液中的酸反应，浸出液中酸量越大，还原剂消耗越多。当固液比为 1∶5、盐酸浓度 1.0mol/L 时，Fe 粉消耗量最少，仅为 1.38g；当盐酸浓度增加到 6.0mol/L 时，Fe 粉消耗量达 2.35g。当固液比为 1∶20、盐酸浓度 1.0mol/L 时，Fe 粉用量为 5.16g，接近固液比 1∶5 时铁粉用量的 4 倍；当酸浓度为 6.0mol/L 时，Fe 粉用量高达 9.43g。因此，为减少后续还原 Pt 所需试剂，优化的浸出液成分为 HCl 1.0mol/L 和 NaCl 5.0mol/L，固液比 1∶5。

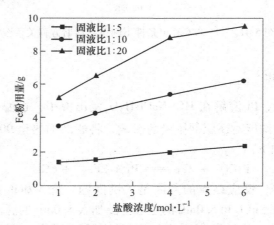

图 5-43 不同盐酸浓度和固液比还原剂 Fe 粉用量

通过 SEM 和能谱分析对还原得到的 Pt 粉进行了形貌和成分表征，如图 5-44

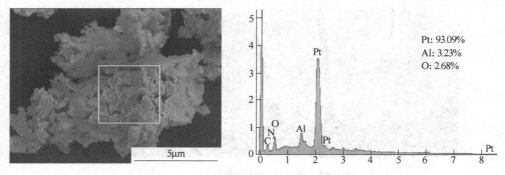

图 5-44 还原得到的 Pt 粉 SEM 照片和 EDS 能谱图

所示。从 SEM 中可清晰看出 Pt 粉结晶度良好，呈不规则形状。EDS 能谱分析表明其主要成分为 Pt，占总质量的93%以上，表明附着少量的氧化铝，可能是由于在过滤过程中没有冲洗干净。

5.6 低温铁捕集废汽车尾气催化剂 PGMs

目前，常用的捕集剂有铅捕集、铜捕集、铁捕集、镍锍捕集等。铅捕集最常用于贵金属火试金分析，由于操作时间长、铅尘污染严重及 Rh 回收率低等缺点，现在已经很少用于工业生产中。铜捕集具有捕集率高、熔炼温度低、环境污染比 Pb 小等优点，但技术难度高，国外相关企业高度保密，另外运行成本较高。镍锍捕集常用于 PGMs 原矿富集，利用矿相中的 S 与 Ni 造锍富集，冶炼过程产生的 SO_2 需要治理，同时也要处理溶解富集产生的 Ni^{2+} 重金属污染问题。目前采用等离子体铁捕集工艺已经实现了较高的富集率，但等离子体设备昂贵、熔炼温度高（高于1600℃），容易形成 $FeSi_2$、$FeSi$ 等难溶的硅铁合金相，后续 PGMs 与 Fe 分离困难。

为解决上述问题，北京科技大学张深根课题组以 Fe 粉为捕集剂，通过优化渣型，加入氟化钙、碳酸钠、硼砂等助熔剂降低渣相熔点，实现在低温（低于1400℃）下捕集 Fe 与 PGMs，具有捕集效率高，避免了硅铁合金的形成。

5.6.1 铁捕集 PGMs 可行性分析

常用的 Cu、Pb、Ni 捕集剂均为有毒重金属，且 Pb 与 Rh 不互溶，造成 Rh 的回收率低。Fe 在不同温度范围有不同的晶体结构。在液态铁结晶后形成体心立方晶体结构，为 δ-Fe；当温度降低至1394℃后，δ-Fe 转变为面心立方结构，为 γ-Fe；温度降至912℃以下发生晶型转变生成 α-Fe。Pt、Pd 和 Rh 等 γ-Fe 具有相同的晶体结构和相近的晶胞参数，是良好的 PGMs 捕集剂[3]。

5.6.1.1 热力学分析

尽管 PGMs 抗氧化性强，但由于表面吸附氧气能力强，在一定条件下会被氧化。图5-45 为 Pt、Pd 和 Rh 氧化物吉布斯自由能随温度关系，表明 PGMs 氧化物在低温容易生成，高温分解。有研究表明，PdO 和 Rh_2O_3 的生成温度分别为800~840℃和600℃。汽车尾气催化剂服役温度达到1150℃，超过其氧化温度。因此，报废催化剂中部分 PGMs 会因为氧化、硫化作用生成惰性化合物，不仅不溶于王水等强氧化剂，而且在火法冶炼过程不能与 Fe 形成合金相，必须将其转化为金属态。

铁熔融捕集过程中，PGMs 氧化物或硫化物可能发生的化学反应如下：

$$PtO_2 + C \Longrightarrow Pt + CO_2$$

$$2PdO + C \Longrightarrow 2Pd + CO_2$$

$$Rh_2O_3 + 1.5C \Longrightarrow 2Rh + 1.5CO_2$$

$$PtO_2 + 2CO \Longrightarrow Pt + 2CO_2$$

$$PdO + CO \Longrightarrow Pd + CO_2$$

$$Rh_2O_3 + 3CO \Longrightarrow 2Rh + 3CO_2$$

$$PtO_2 + 4FeO \Longrightarrow Pt + 2Fe_2O_3$$

$$PdO + 2FeO \Longrightarrow Pd + Fe_2O_3$$

$$PdO + Fe \Longrightarrow Pd + FeO$$

$$Rh_2O_3 + 3Fe \Longrightarrow 2Rh + 3FeO$$

$$PtS_2 + 2O_2 \Longrightarrow Pt + 2SO_2$$

$$PtS + O_2 \Longrightarrow Pt + SO_2$$

$$PtS_2 + C + 3O_2 \Longrightarrow Pt + 2SO_2 + CO_2$$

$$PtS + 2CO + 2O_2 \Longrightarrow Pt + SO_2 + 2CO_2$$

$$PdS + O_2 \Longrightarrow Pd + SO_2$$

$$PdS + C + 2O_2 \Longrightarrow Pd + SO_2 + CO_2$$

$$PdS + 2CO + 2O_2 \Longrightarrow Pd + SO_2 + 2CO_2$$

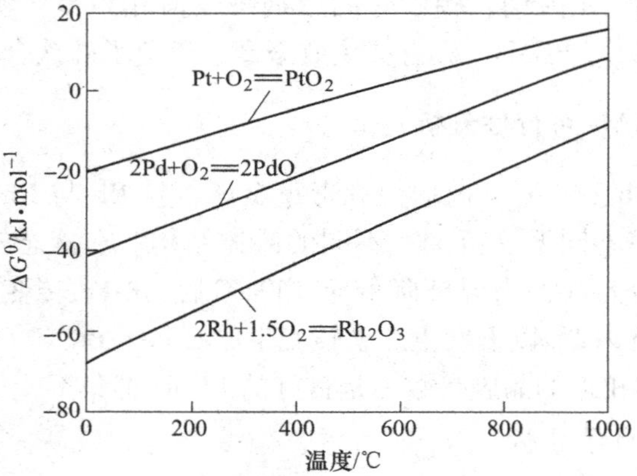

图 5-45 PGMs 氧化物标准吉布斯自由能与温度关系

通过热力学软件进行反应过程的热力学计算，根据不同温度下的 $\Delta_r G_T$ 绘制 $\Delta_r G_T$-T 图。反应的 $\Delta_r G_T$ 越小，越容易进行；当 $\Delta_r G_T > 0$ 时，反应在标准状态下不能进行。

图 5-46（a）为 PGMs 氧化物分解反应吉布斯自由能随温度变化关系。结合图 5-46 可知，PGMs 氧化物趋于在低温下合成，高温下分解，其反应吉布斯自由能随温度的升高而降低。Pt、Pd 和 Rh 的氧化物稳定性为：$Rh_2O_3 > PdO > PtO_2$，PtO_2、PdO 和 Rh_2O_3 分解温度分别约为 600℃、800℃ 和 1200℃。图 5-46（b）为

PGMs 氧化物碳还原反应吉布斯自由能与温度的关系，该反应是自发进行的，且 ΔG 随温度的升高而降低。在 $200 \sim 1500℃$ 范围内，Rh_2O_3 还原反应 ΔG 最小，表明最易还原；同理，PdO 在相同温度下最难还原。

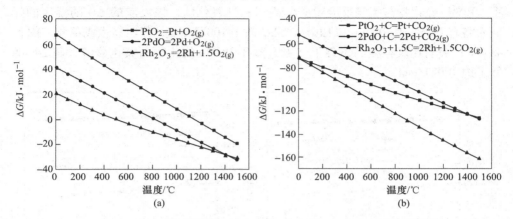

图 5-46 PGMs 氧化物分解和炭还原反应吉布斯自由能随温度变化关系

（a）PGMs 氧化物分解；（b）碳还原

在铁捕集 PGMs 过程中，捕集剂 Fe 粉与 PGMs 氧化物接触并还原，其反应的吉布斯自由能如图 5-47（a）所示。PtO_2、PdO 和 Rh_2O_3 均容易能被 Fe 还原，与碳还原类似，还原顺序为 $Rh_2O_3 > PtO_2 > PdO$，这是由 Pt、Pd 和 Rh 的化学活性决定的。在高温体系中，单质 Fe 可能被部分氧化为 FeO，化学反应过程中 FeO 与 PGMs 氧化物反应并将其还原为单质状态，反应原理如图 5-47（b）所示，该类反应较容易进行。PtO_2、PdO 和 Rh_2O_3 还原反应自由能均随温度的升高而升高，

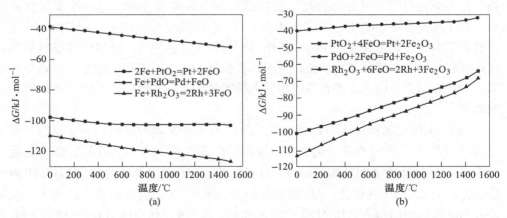

图 5-47 PGMs 氧化物铁还原和亚铁还原反应吉布斯自由能随温度变化关系

（a）PGMs 氧化物铁还原；（b）亚铁还原

表明该反应为放热反应。综上，PGMs 氧化物在捕集过程中会通过自分解、碳还原、铁还原等多种途径转变为单质态，有利于被铁捕集进入铁相中。

图 5-48 为 PGMs 硫化物在捕集过程可能发生的反应吉布斯自由能随温度的关系。PGMs 硫化物与氧气反应生成单质态和二氧化硫，该反应的 ΔG 随温度的降低而略有下降，其中 PtS_2 和 Rh_2S_3 的 ΔG 低于 100kJ/mol，很容易生成单质。图 5-48（b）表明在炭存在的条件下，更有益于 PGMs 硫化物的氧化分解，其 ΔG 降低了约 100kJ/mol。

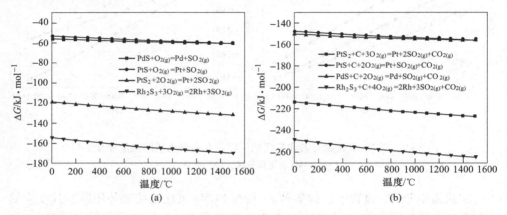

图 5-48　PGMs 硫化物氧化分解和炭还原反应吉布斯自由能与温度关系
（a）PGMs 硫化物氧化分解；（b）碳还原

5.6.1.2　渣型设计原则

为提高 PGMs 的回收率，必须降低渣相中 PGMs 含量、避免 Si 进入铁合金相、提高渣相与铁相易分离程度。优选助熔剂及其配比，在较低温度实现铁捕集，避免高温冶炼 SiO_2 被还原进入铁合金相。影响渣相与铁相高效分离的因素主要有渣的密度、黏度和表面张力。渣相与铁相密度差异越大，金属熔体越容易沉降在反应炉底部，实现渣相和铁相分离；渣相黏度越小，流动性越好，越容易分离；渣相表面张力越大，渣相与铁相分离越容易。渣相主要成分对渣相性能的影响如下：

（1）Al_2O_3 对渣相性能的影响。Al_2O_3 在渣相中存在两种形式，含量较低时主要以 O^{2-} 和 Al^{3+} 的形式存在，而在含量较高时以 AlO_2^- 阴离子形式存在。在一定范围内，Al_2O_3 能增大渣相的表面张力。这是因为 Al_2O_3 含量较低时，Al^{3+} 有较大的静电势，与 O^{2-} 形成共价键。Al^{3+} 增加会使 O^{2-} 和 Al^{3+} 之间的作用力不断增大，从而提高渣相的表面张力。但 Al_2O_3 含量较高时，Al^{3+} 极化作用吸引 O^{2-} 形成的 AlO_2^- 被排斥到熔渣表面，与金属阳离子间的作用力较弱。

另外，当 Al_2O_3 含量较高时，渣相会生成黄石和霞石，大幅增大渣相黏度，容易卷渣和不利于与金属熔体的分离。Al_2O_3 作为中间氧化物，在熔渣中通常会以 AlO_4^{5-} 四面体形式存在，与 SiO_4^{4-} 四面体形成网络结构，增大渣相黏度。

（2）MgO 对渣相性能的影响。MgO 可降低渣相的黏度、凝固点和活化能，改善渣的流动性。当 MgO 含量较低时，渣的黏度随其含量的增加而降低；当达到一定含量后，MgO 的增加会提高渣的黏度。这是因为 MgO 加入后提供了大量的 O^{2-}，破坏渣相中的玻璃网络结构，降低黏度；由于周围 O^{2-} 被 Mg^{2+} 吸引，导致渣相表面聚集的 O^{2-} 减小，降低了渣相表面张力。但继续增加 MgO，大量的 Mg^{2+} 会增加渣相的聚合度，并且该作用大于 O^{2-} 的作用，因此会提高渣的黏度，同时会形成较大的络合离子从而使表面张力增大。

（3）CaO/SiO_2 对渣相性能的影响。CaO 与 SiO_2 是渣的基本成分，钙硅比直接影响渣相的黏度和表面张力。在熔融状态下，渣中 SiO_2 与 O^{2-} 反应生成 SiO_4^{4-} 结构，若渣相的碱度低，则使 Si/O 升高，抑制 SiO_4^{4-} 的生成和促进 SiO_4^{4-} 聚合以满足 Si^{4+} 与 O^{2-} 的结合，生成长链网络体结构 $Si_xO_y^{n-}$。该网络体结构难以在渣相中自由流动，增大了渣相内部摩擦力，提高了渣的黏度。同理，当碱度升高时，自由 O^{2-} 数量增加会抑制 SiO_4^{4-} 生成，促进玻璃网络体的解聚，从而降低渣的黏度。

碱度对渣黏度的影响有限，随着碱度的提高对渣相黏度的影响会逐渐减弱。当碱度较高时，自由 O^{2-} 的数量足够多，此时 SiO_4^{4-} 是渣中主要离子团，增加 O^{2-} 不能增大硅氧网络体的解聚。同时，高碱度意味着高含量的 CaO，容易生成高熔点中间产物，导致渣的黏度升高，流动性变差。

当碱度较低时促进 SiO_4^{4-} 聚合成为网络体，由于粒径大电荷少会被排斥到渣的表面从而降低了渣相的表面张力。提高碱度使渣中 O^{2-} 数量上升。O^{2-} 与金属阳离子的结合力远高于 SiO_4^{4-}，提高了渣相的表面张力；同时 O^{2-} 也会抑制 SiO_4^{4-} 的聚合，进一步增大渣相的表面张力。

（4）碱金属氧化物（Na_2O、K_2O、Li_2O）对渣相性能的影响。碱金属氧化物（Na_2O、K_2O、Li_2O）通常具有较低的熔点，常用作助熔剂。由于碱金属氧化物具有较强的极化作用，对熔渣中硅氧网络结构破坏力较强。以 Na_2O 为例，随着 Na_2O 含量的增加，Na_2O 的解聚作用逐步增强，渣中硅氧四面体间的连接方式从架状、层状、带状、链状、环状直至孤岛状。这是因为 Na^+ 与 O^{2-} 间的作用力比 Si^{4+} 与 O^{2-} 低得多，在渣相中可以提供非桥氧原子，破坏熔渣中的硅氧链结构，促进离子的迁移、扩散，在一定程度上增强熔渣的流动性，使黏度降低。同时 Na_2O 的添加虽然减小了渣相内部的粒子粒径，但其作用远小于离子间强度的减弱，因此会降低渣相的表面张力。但如果 Na_2O 含量过高，渣在降温过程中会析出熔点较高的霞石，急剧升高渣相黏度。

（5）CaF_2 对渣相性能的影响。CaF_2 能显著降低渣相黏度，F 是电极电位正值最大的元素，得到电子的倾向最强，2 个氟离子可以取代一个网状结构的 -O- 位置，而造成断口生成的自由 O^{2-} 又可以去破坏另一个 -O- 键。但当氟离子含量较高时，渣相中会生成大量的枪晶石，提高渣的黏度。另外，氟离子的引入会急剧减小渣相的表面张力。相对 O^{2-}，氟离子的静电势较小会被排斥到熔渣表面，且氟离子与金属离子间的作用力小于 O^{2-}，会降低渣的表面张力。另一方面，虽然氧离子与氟离子粒径与化学性质相似，但氟离子能解体硅氧网络结构，被排斥到渣表面的复合离子数量增加，会进一步降低渣相表面张力。

（6）B_2O_3 对渣相性能的影响。硼砂与许多金属氧化物形成硼酸盐，其熔点比相应的硅酸盐低。如 $CaSiO_3$ 熔点 1540℃，Ca_2SiO_4 熔点 2130℃，而 $CaO \cdot B_2O_3$ 的熔点只有 1154℃，配料中加入硼砂后，可显著降低渣的熔点。

当 B_2O_3 含量较低时，硼离子处于四面体 $[BO_4]$ 状态，使结构网络聚集紧密，黏度随含量的升高而升高。当 B_2O_3 含量和 Na_2O 含量比例约为 1% 时趋于最高点。当硼含量继续增至 $w(Na_2O)/w(B_2O_3) < 1$ 时，黏度逐渐下降，这是因为过多的 B_2O_3 引入使部分 $[BO_4]$ 变为 $[BO_3]$ 三面体，使结构疏松，黏度下降。

B_2O_3 质量分数的增加可以使熔渣黏度大幅降低。主要原因是 B_2O_3 属酸性氧化物，其"网络"形成体的作用较 SiO_2 弱，因此它的增加就降低了 SiO_2 的作用，使得熔渣"网络"程度减弱，再加上熔渣的流动性增强，这两方面的共同作用降低了熔渣的黏度。

综上所述，渣相各组分对其性能有重要影响。以报废汽车尾气催化剂为原料，Fe 粉为捕集剂，采用中频炉熔炼富集 PGMs，实验用的中频炉工作温度约 1300~1400℃。XRF 分析表明（见表 5-17），原料中铝硅含量占总含量的 71.13%，且 $w(Al_2O_3)/w(SiO_2)$ 约为 1.5。在捕集过程中，遵循物耗能耗最低原则，尽可能减少渣量的产生，选用 CaO-Al_2O_3-SiO_2 三元相图作为渣型设计依据。图 5-49 为 CaO-Al_2O_3-SiO_2 相图，可以看出当 $w(Al_2O_3)/w(SiO_2)$ 为 1.5 时，渣相温度均在 1400℃ 以上。采用 HSC Chemistry 6.0 软件计算 $SiO_2 + 2C = Si + 2CO_{(g)}$ 反应吉布斯自由能（ΔG），结果表明：反应温度为 1600℃ 时，ΔG 为 25.213kJ/mol（6.022kcal/mol）；1700℃ 时 ΔG 为 -11.313kJ/mol（-2.702kcal/mol）。为降低渣相熔点，通过添加 Na_2O、硼砂、氟化钙等助熔剂，与 CaO-Al_2O_3-SiO_2 形成低熔点（约 1280℃）渣相，降低熔炼温度，避免硅铁合金的生成，为后续 PGMs 高效分离提供有利条件；同时降低渣相的黏度，提高渣相与铁相易分离程度。

表 5-17　报废汽车尾气催化剂主要化学成分分析

成分	SiO_2	Al_2O_3	MgO	ZrO_2	CeO_2	MnO	SO_3	TiO_2	Fe_2O_3	CaO	其他
含量（质量分数）/%	28.82	42.31	10.6	4.93	3.49	1.14	1.21	0.63	1.36	0.68	4.83

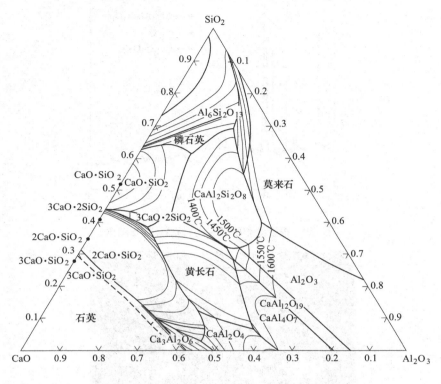

图 5-49　CaO-Al$_2$O$_3$-SiO$_2$三元相图

5.6.2　实验过程

本节研究的报废汽车尾气催化剂由云南某贵金属回收企业提供，采用 ICP-OES 测定废催化剂中 Pt、Pd 和 Rh 含量分别为 287.26g/t、1024.42g/t 和 199.45g/t。图 5-50 为研究中报废汽车尾气催化剂 XRD 图谱，可以看出，原料中主要成分为堇青石、氧化铝和铈锆复合氧化物。其中堇青石衍射峰远高于其他峰，表明报废催化剂载体材料为堇青石，结合汽车尾气催化剂结构，载体涂层为 γ-Al$_2$O$_3$，铈锆复合氧化物用于提高储氧和释放氧的能力，提高催化转换效率。Pt、Pd 和 Rh 由于含量较低（共 1511.13g/t），没有明显特征峰。

破碎后的报废催化剂形态大致可分为三类，如图 5-51 所示。结合表 5-18 对应微区成分分析可知，微区 1 主要为氧化铝涂层与铈锆复合氧化物，微区 2 主要是堇青石载体，上面负载少量的铈锆氧化物，微区 3 和微区 4 主要是堇青石载体，同时在微区 3 和微区 4 能检测到少量 Pt、Pd 和 Rh 元素。

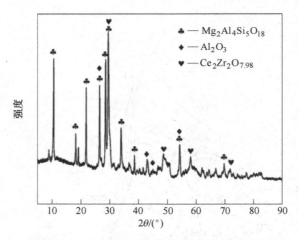

图 5-50 报废汽车尾气催化剂原料 XRD 图谱

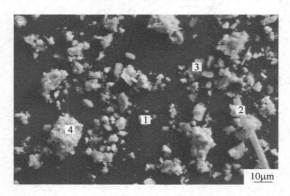

图 5-51 报废汽车尾气催化剂 SEM 图

表 5-18 报废汽车尾气催化剂微区成分分析（质量分数） （%）

微区	O	Al	Si	P	Mn	Fe	Zr	Ce	Ba	Mg
1	22.8	20.7	2.2	3.6	12.2	2.9	18.8	12.4	4.4	—
2	32.6	27.6	23.6	—	—	—	5.5	1.8	—	8.9
3	47.1	26.9	30.8	—	—	1.8	—	—	—	11.3
4	38.2	28.5	18.4	—	—	—	—	1.3	—	13.4

实验过程为：首先将报废汽车尾气催化剂破碎、球磨至 0.3mm 以下，将
1.0kg 破碎后的报废催化剂与熔剂、捕集剂、还原剂均匀混合。其中熔剂由氧化
钙、碳酸钠、硼砂、氟化钙等组成，捕集剂为 Fe 粉，用 C 粉做还原剂防止 Fe 粉
氧化进入渣相中。报废催化剂配好料装入石墨坩埚中，在中频炉中先对坩埚和物
料进行预热 20min，预热电压 300V，电流 50A；然后将电压升高到 600V、电流

90A，盖上耐火砖；直到物料完全熔化后，将电压降低到 500V、电流 75A，保温 10min 后，将熔体倒出。由于密度的差异，铁合金沉降在磨具底部，熔渣浮在铁合金上部，工艺流程如图 5-52 所示。该中频炉熔炼过程温度约 1300~1400℃。

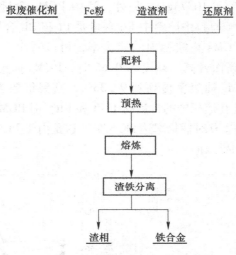

图 5-52　铁捕集 PGMs 工艺流程图

PGMs 捕集率见下式：

$$R = \left(1 - \frac{m_1 \times c_1}{m_0 \times c_0} \right) \times 100\%$$

式中　R——捕集率；

　m_0，c_0——分别为报废汽车尾气催化剂质量（g）和 PGMs 含量（g/t）；

　m_1，c_1——分别为熔炼渣质量（g）与 PGMs 含量（g/t）。

本书中，碱度为（CaO+MgO+Na$_2$O）/（SiO$_2$+Al$_2$O$_3$）质量的比值，PGMs 富集倍数是指铁合金与报废催化剂中 PGMs 质量浓度的比值，PGMs 分配系数是 PGMs 在铁合金与渣相中的质量浓度的比值。

5.6.3　渣型对 PGMs 富集规律的影响

5.6.3.1　碱度对 PGMs 富集规律的影响

根据上述分析，报废汽车尾气催化剂中主要化学成分为堇青石和氧化铝，酸性氧化物含量远高于碱性氧化物。因此，通过加入 CaO、Na$_2$CO$_3$、硼砂、CaF$_2$ 可以调节渣相的碱度和降低其熔点与黏度。

固定硼砂、CaF$_2$、碳粉和还原剂的用量，考察不同含量的 CaO 和 Na$_2$CO$_3$ 对 PGMs 富集规律的影响，熔炼得到铁合金质量分别为 145g、128g、125g、139g 和 139g。图 5-53 分别为渣中 Pt、Pd 和 Rh 含量和 PGMs 捕集率。从图 5-53（a）中可以看出，渣中 PGMs 含量随碱度的升高而降低，PGMs 总含量从碱度 0.65 时的 111.58g/t 降低至 26.34g/t，在碱度 0.8~1.0 之间降低最显著。当碱度为 1.0 时，即 CaO、Na₂O 加入量分别为原料的 45% 和 15% 时，渣相中 Pt、Pd 和 Rh 含量分别为 6.69g/t、8.92g/t 和 10.73g/t。另外，渣中 PGMs 含量为 Pd 含量普遍高于 Pt、Rh 含量，这是由于原料中原料中 Pd 含量是 Pt 和 Rh 含量的 3~4 倍。

图 5-53（b）为 PGMs 在铁相中的捕集率，可以看出，PGMs 的回收率总体趋势为随着碱度的提高而升高。碱度为 0.65 时，PGMs 捕集率为 90.45%，当碱度升高到 1.0 时，PGMs 捕集率提高到 97.33%，富集倍数为 7.07，富集系数达到了 405.54。尽管 Pd 在渣相中的含量高于 Pt 和 Rh，但 PGMs 的捕集率为 Pd>Pt>Rh，其中 Pd 在碱度为 1.0 时捕集率达 98.67%。这是由于 PGMs 在报废汽车尾气催化剂中的相对含量不同导致的。

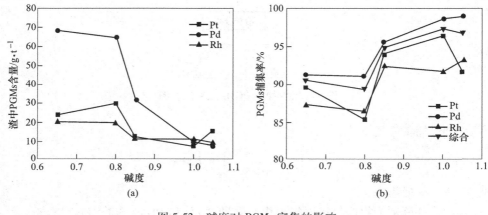

图 5-53　碱度对 PGMs 富集的影响
（a）渣中 PGMs 含量；（b）PGMs 捕集率

碱度的增加有利于降低渣相的黏度，提高渣的流动性，减少渣中铁合金夹杂，从而降低渣中的 PGMs 含量。采用 Factsage 7.0 软件中 Viscosity 模块模拟计算了渣的黏度，计算结果如图 5-54 所示。可以看出，温度对黏度的影响最大，如 $R=0.65$，当温度 1000℃ 时，黏度为 1131.59Pa·s；当温度升高至 1400℃ 时，黏度为 0.23Pa·s。当温度超过 1200℃ 时，黏度低于 5.0Pa·s，继续提高温度，黏度减小趋势变弱。碱度的升高显著降低了渣的黏度，特别是在低温度阶段，如在 1000℃，$R=1.0$ 时黏度降低至 405.34Pa·s；当温度升高至 1400℃ 时，黏度也从碱度为 0.65 时的 0.0935Pa·s 降至 0.16Pa·s。这是因为碱度越高，渣中自由 O^{2-} 数量越多，有利于破坏玻璃网络体，降低渣的黏度。

为了描绘铁捕集体系中渣相的复杂反应过程，采用 Factsage 软件中 Equilib 模块模拟计算，计算原理是 ChemSage 的吉布斯最小自由能算法与函数找到该系

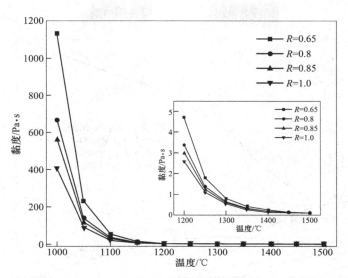

图 5-54 不同碱度对渣相黏度影响

统在总吉布斯自由能全局最小化的情况下不同的相组成及其含量。报废催化剂以 100g 计算，熔剂按同等比例计算，将所有物料换算成对应氧化物输入系统中。为了模拟真实的捕集过程渣相反应，将温度设置为 800~1500℃，步长 50℃，1 个标准大气压。在 Compound species 中选择数据库中理想气体（g）和液体（1），采用 normal 算法计算。

通过 Fastsage 软件中 Equilib 模块的计算，得出不同碱度在不同温度下反应体系物相的变化，其中 $R = 0.65$ 和 $R = 1.0$ 的计算结果如图 5-55 和图 5-56 所示。从图 5-55 可以看出，当 $R = 0.65$ 时，在 800℃下已经有少量液体渣相生成，同时生成了黄长石（$Ca_2Al_3O_7$）、橄榄石（$CaMgSiO_4$）、尖晶石（$MgAlO_2$）和霞石（$NaAlSiO_4$）。渣相组成主要是 Na_2O（2.47g）、SiO_2（3.62g）、CaO（7.45g）、Al_2O_3（6.74g）、B_2O_3（3.46g）、CaF_2（1.91g）和少量的 MgO（0.18g）、ZrO_2（0.02g）、NaF（0.61g）、MgF_2（0.05g）。

随着温度的升高，黄长石、橄榄石和霞石逐渐减少，渣相的质量不断增加，约在 950℃时霞石基本熔融进入渣相中；温度达到 1150℃时，渣相中的橄榄石分解完全，进入渣相中，此时液态渣的质量升高至 90.9g。在该温度区间范围内，尖晶石含量有所增加，橄榄石分解的 MgO 进入渣相后部分合成尖晶石。黄长石在 1200℃完全分解，此时尖晶石含量也开始缓慢降低，直到 1500℃完全消失。结合图 5-54，在 1000~1200℃黏度随温度的升高而陡然下降，是因为固体矿物相（黄长石、尖晶石、橄榄石等）的不断熔融分解进入渣相中。

图 5-56 为碱度是 1.0 时渣相反应过程模拟结果，与图 5-55 类似，在 800℃约

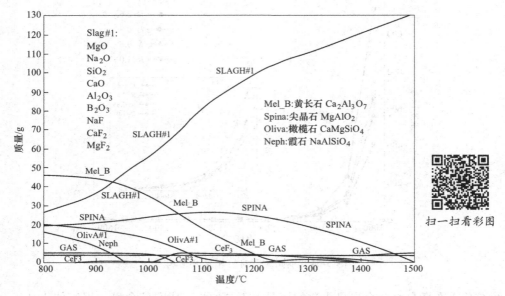

图 5-55 $R=0.65$ 时渣相反应平衡模拟结果

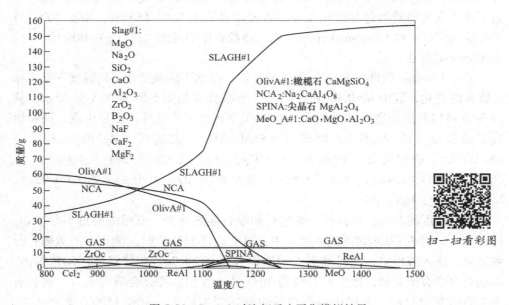

图 5-56 $R=1.0$ 时渣相反应平衡模拟结果

有 35g 液相渣形成, 大部分为橄榄石和 NCA_2($Na_2CaAl_4O_8$) 及少量的 CeF_3 和氧化锆。随着温度的升高, 橄榄石和 NCA_2 缓慢较少, 生成的液相渣逐渐增加; 直至温度升高至 1100℃后，橄榄石与 NCA$_2$ 急剧分解，使渣相中的 Al$_2$O$_3$ 和 MgO 含量增加，同时析出尖晶石。橄榄石消失点约在 1150℃，此后尖晶石不再生成，且随着温度的升高缓慢熔融在渣相中，直至 1250℃，在该温度点 NCA$_2$ 全部分解进入渣中。在 1250℃时渣的黏度下降显著，仅为 1.09Pa·s，随着温度升高黏度降低直至 1400℃黏度为 0.16Pa·s。

渣相在不同温度下成分动态变化的，CaO、Na$_2$O、MgO 和 MgF$_2$ 随熔炼温度的升高而增加，主要是因为高熔点物相的熔解；Al$_2$O$_3$ 的含量随温度的升高先增加，到 1250℃后基本保持恒定。值得注意的是，终渣中的 CaO 含量比加入量略有增加，Al$_2$O$_3$ 和氟化物略有下降。这是因为 CaF$_2$ 与渣相中的 Al$_2$O$_3$ 反应生成 CaO 和 AlF$_3$，反应原理如下：

$$3CaF_2 + Al_2O_3 \Longrightarrow 3CaO + 2AlF_3$$

在实际冶炼过程中，渣中的 CaF$_2$ 还会与石墨黏土坩埚中的 Al$_2$O$_3$ 和 SiO$_2$ 反应，造成坩埚的严重腐蚀。CaF$_2$ 与 SiO$_2$ 的反应原理如下：

$$2CaF_2 + SiO_2 \Longrightarrow 2CaO + SiF_4$$

5.6.3.2　CaF$_2$ 对 PGMs 富集规律的影响

图 5-57 为碱度 1.0、CaO/Na$_2$O = 50∶15 时，CaF$_2$ 对铁捕集 PGMs 富集规律的影响。可以看出，当不添加 CaF$_2$ 时，Pt、Pd 和 Rh 在渣相中总含量为 49.576g/t；而当加入了 5% 的 CaF$_2$ 后，渣相中 PGMs 总含量降低至 26.288g/t，相对含量降低了 38.91%。这是因为 CaF$_2$ 的加入能显著降低渣相黏度，有利于铁合金微粒在捕集过程中沉降，减少渣中 PGMs 的夹杂，提高铁捕集 PGMs 效率。

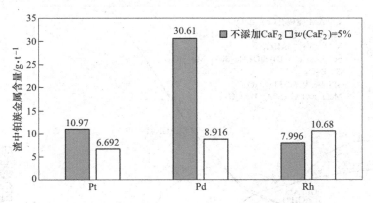

图 5-57　碱度为 1.0 时，CaF$_2$ 对渣中 PGMs 含量的影响

图 5-58 为添加 5% CaF$_2$ 和不添加 CaF$_2$ 时，渣相黏度在 1200~1500℃范围内的变化。当温度低于 1275℃时，CaF$_2$ 对渣相黏度的影响相对较小，如在 1200℃时，二者黏度分别为 4.93Pa·s（不添加 CaF$_2$）和 5.06Pa·s[w(CaF$_2$)=5%]，温度 1275℃时，二者黏度分别为 1.22Pa·s 和 1.29Pa·s。当温度升高到 1300℃

时，添加 5% CaF$_2$ 后渣的黏度降为 0.47Pa·s，不添加 CaF$_2$ 的渣相黏度仅为 0.82Pa·s，二者相对值相差较大。另外，随着温度进一步升高，到 1400℃ 时添加 5% CaF$_2$ 渣的黏度降低到 0.14Pa·s。

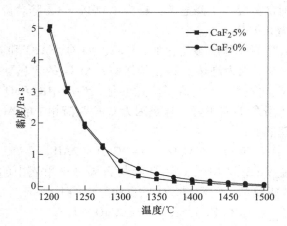

图 5-58 CaF$_2$ 在 1200~1500℃ 范围内对渣相黏度的影响

图 5-59 为不添加 CaF$_2$、碱度为 1.0 时渣相反应随温度的变化。在 900℃ 前，渣系中主要成分为橄榄石、NCA$_2$ 和少量的液相渣；橄榄石含量随温度升高不断减低，在 1150℃ 完全消失。在该过程中，bC$_2$SA 相（主要为硅酸钙）开始形成，并在 1150℃ 达到峰值，bC$_2$SA 相主要包含 Ca$_2$SiO$_4$(94.91%)、Mg$_2$SiO$_4$(4.94%) 和

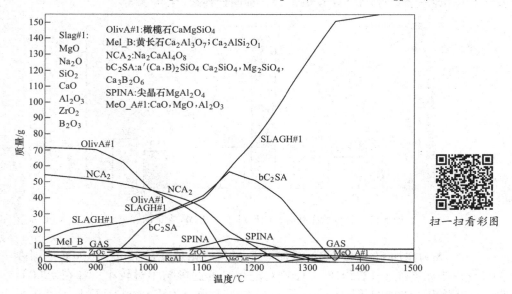

扫一扫看彩图

图 5-59 R=1.0，不添加 CaF$_2$ 时渣相反应平衡模拟结果

$Ca_3B_2O_6$（0.15%）。这时因为橄榄石和 NCA_2 分解产生大量的 CaO、SiO_2、MgO、Na_2O 和 Al_2O_3，进而析出 Ca_2SiO_4、Mg_2SiO_4 和尖晶石。bC_2SA 相含量从 1150℃ 开始下降，并在 1350℃ 消失。与图 5-55 对比，未添加 CaF_2 的液相渣形成温度较高，且在 800℃ 液相渣生成量低于 10%，矿物相占大部分。添加 5% CaF_2 的渣相在 1200℃ 条件下大部分矿物相分解进入渣相中，只剩少量的尖晶石和 NAC_2，但图 5-59 渣相显示该温度下有大量的硅酸钙。当温度高于 1400℃ 后，加入 CaF_2 的渣相中会生成 NaF、MgF_2 等氟化物，有利于改善渣的流动性，从而提高 PGMs 捕集率。

5.6.3.3　CaO/Na_2O 对 PGMs 富集规律的影响

图 5-60 和图 5-61 分别为碱度 0.85 和 1.0，添加 5% CaF_2 时，不同 CaO/Na_2O 对铁捕集 PGMs 富集规律的影响。可以看出，在相同碱度下，提高 Na_2O 的用量渣中 PGMs 含量显著降低。碱度为 0.85，当 CaO/Na_2O 由 45:10 提高到 35:20 时，渣相中 PGMs 含量从 53.23g/t 降低到 15.14g/t；而碱度为 1.0，当 CaO/Na_2O 由 45:15 提高到 40:20 时，渣相中 PGMs 含量从 26.29g/t 降低到 11.65g/t。该结果也证实了碱度能降低渣中 PGMs 夹杂。助熔剂 Na_2O 具有较低的熔点，与硅铝等氧化物形成多元相可以降低渣的熔点，同时 Na_2O 具有破坏熔渣中的硅氧链结构的能力，提高渣的流动性，降低渣的黏度与密度，从而有利于铁合金微粒的沉降和渣相与铁合金相的分离。

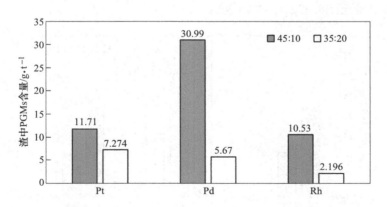

图 5-60　碱度为 0.85、添加 5% CaF_2，CaO/Na_2O 比值对渣中 PGMs 含量影响

然而，由图 5-63（a）可知，在相同碱度下，随着 CaO/Na_2O 比值的降低，即 Na_2O 含量的增加，熔炼渣黏度反而略有升高。这是因为 Ca 原子较大，对 O 原子的束缚能力小于 Na-O 键，能提供更多的自由 O^{2-}，对硅氧四面体的解聚作用大于 Na_2O，在相同添加量情况下，CaO 对黏度的影响大于 Na_2O。另外，由于 Na_2O 密度小，有利于减小熔炼渣的整体密度，铁微粒所受的浮力和黏滞力减小，

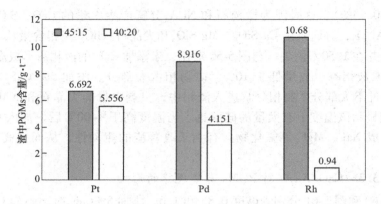

图 5-61 碱度为 1.0、添加 5% CaF_2，CaO/Na_2O 对渣中 PGMs 含量影响

在重力的作用下沉降加速，减少渣中的夹杂量，提高 PGMs 捕集率。该原理将在 5.6.5 节详细阐述。

由于 CaF_2 在铁熔炼捕集 PGMs 过程中会侵蚀坩埚，减少坩埚使用次数，增加生产成本。因此，考察不添加 CaF_2 时，通过调节 CaO/Na_2O 对铁捕集渣相中贵金属含量的影响，图 5-62 是碱度 1.05 时，不同配比的 CaO/Na_2O 渣中 PGMs 含量。渣中 PGMs 含量随 Na_2O 加入量的增加而降低，如当 CaO/Na_2O 为 55：10 时，渣中 Pt、Pd 和 Rh 总含量为 78.16g/t，而 CaO/Na_2O 为 45：20 时，渣中 Pt、Pd 和 Rh 总含量降低至 38.32g/t，降幅达到 50.97%。

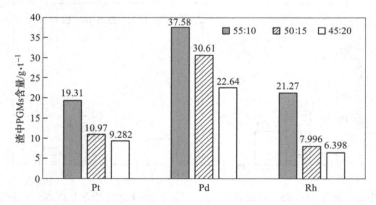

图 5-62 碱度 1.05、不添加 CaF_2，CaO/Na_2O 对渣中 PGMs 含量的影响

黏度计算表明，当 Na_2O 添加量相同时，添加 CaF_2 后的熔渣黏度低于不添加 CaF_2 的黏度。例如，当温度为 1400℃、Na_2O 质量分数为 20% 时，前者的黏度为 0.172Pa·s，后者相同条件下的黏度则为 0.255Pa·s。而由图 5-63（b）可知，不添加 CaF_2 时，熔渣中 Na_2O 相对的增加会使黏度略有升高。如温度为 1400℃、

Na_2O 含量（质量分数）分别为 10% 和 20% 时，其黏度分别为 0.222Pa·s 和 0.255Pa·s。因此，随着 CaO 比例的降低，其对硅氧四面体的解聚效果降低，导致黏度升高；同时熔渣密度随 Na_2O 的升高而降低，且随着 Na_2O 的升高密度因素影响效果强于黏度因素。

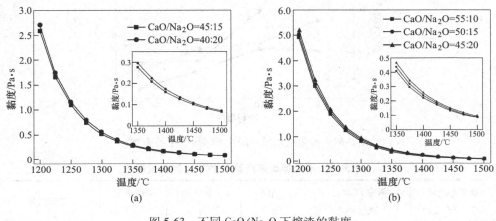

图 5-63　不同 CaO/Na_2O 下熔渣的黏度

（a）添加 5%CaF_2；（b）不添加 CaF_2

5.6.4　捕集剂对 PGMs 富集规律的影响

取 1000g 报废汽车尾气催化剂，考察了捕集剂用量分别为 5%、10%、15% 和 20% 对 PGMs 富集规律的影响，渣中 PGMs 含量如图 5-64 所示。渣相中 PGMs 含量随着捕集剂的增加而减少，Pt、Pd、Rh 含量由添加 5%Fe 粉时的 8.73g/t、19.18g/t 和 5.37g/t 降低到 Fe 粉用量为 20% 时的 3.08g/t、3.85g/t 和 1.12g/t，相对含量降低了 75.81%。捕集剂用量的增加提高了 PGMs 的捕集效果，这是因为在铁捕集过程中，捕集剂铁粉首先熔化，然后将 PGMs 捕集到液态铁相中，最后聚集、沉降，实验渣铁分离。捕集剂的增加提高了与 PGMs 接触的概率，提高了 PGMs 的捕集率。

表 5-19 为不同捕集剂用量情况下 PGMs 捕集结果，当捕集剂用量为报废催化剂质量的 5% 时，PGMs 综合捕集率为 96.90%，铁合金中 PGMs 富集倍数达到 26.19 倍；而当捕集剂用量增加到 20% 时，PGMs 综合捕集率则提高到 99.21%，而富集倍数降低到 5.97 倍；当捕集剂用量为 15% 时，渣中 Pt、Pd 和 Rh 含量分别为 5.556g/t、4.151g/t 和 0.94g/t，捕集率为 98.65%，富集倍数为 7.96 倍。考虑铁合金溶解的物耗、能耗及环境负担，捕集剂 Fe 粉的添加量确定为废汽车尾气催化剂质量的 15%。

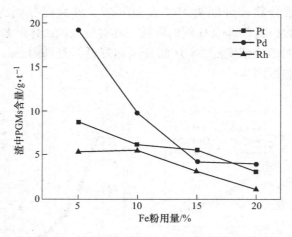

图 5-64 捕集剂用量对渣中 PGMs 含量的影响

表 5-19 不同捕集剂用量时 PGMs 捕集效果

捕集剂质量/g	渣中 PGMs 含量/g·t⁻¹	m（渣）/g	m（铁合金）/g	捕集率/%	富集倍数
50	33.29	1408	37	96.90	26.19
100	21.42	1424	93	97.98	10.53
150	14.5	1414	124	98.65	7.96
200	8.052	1432	166	99.21	5.97

5.6.5 铁捕集 PGMs 机理

图 5-65 为不同 CaO/Na_2O 配比下铁捕集熔炼渣的 XRD 图谱，从图中可知，当 Na_2O 含量（质量分数）低于 20% 时，渣相主要为无定型玻璃态，同时夹杂少量的金属 Fe。当 Na_2O 含量（质量分数）增加到 20% 时，熔炼渣相中析出了大量的霞石（$Na_{1.45}Al_{1.45}Si_{0.55}O_4$），同时金属 Fe 相衍射峰强度变弱。这是因为，随着 Na_2O 含量的增加，熔炼渣黏度略有升高，同时由于 Na_2O 的升高降低了渣相密度，有利于铁微粒的聚合与沉降，降低铁合金在渣相中的含量。

图 5-66 分别为碱度 1.0 时熔炼渣不同放大倍数下 SEM 图，可以看出熔炼渣主要为脆性玻璃态，表 5-20 为熔炼渣不同微区的能谱分析。微区 1、2、4、5 和 6 的主要成分类似，均为 $CaO-Al_2O_3-SiO_2-Na_2O-MgO$ 系玻璃相，其中微区 3 为直径约 20μm 的铁合金球，能谱分析（见图 5-67）显示 Fe 含量（质量分数）为 95.99%，Pt、Pd 和 Rh 含量（质量分数）分别达到了 0.34%、0.53% 和 0.26%，约富集了 7 倍，与渣铁分离得到的铁合金中 PGMs 含量大致相同。

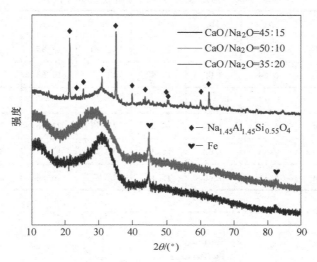

图 5-65 熔炼渣的 X 射线衍射图谱

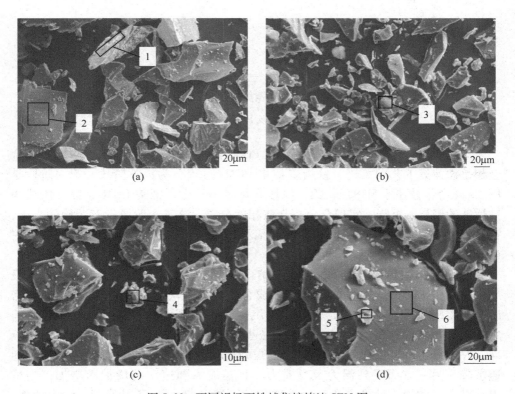

图 5-66 不同视场下铁捕集熔炼渣 SEM 图

表 5-20 熔炼渣区域能谱分析（质量分数）　　　　　　（%）

序号	O	Na	Mg	Al	Si	Ca	Zr	Fe
1	34.34	7.25	4.72	15.54	11.90	23.85	—	2.39
2	28.22	6.84	5.05	17.42	14.07	17.63	4.11	—
3	1.77	0.83	—	—	—	—	—	95.99
4	37.65	6.78	3.90	14.31	11.79	21.16	3.43	—
5	37.0	7.98	4.62	15.32	11.71	17.43	3.26	—
6	34.59	8.15	4.66	15.15	11.77	16.84	2.88	1.27

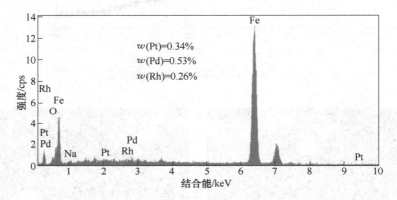

图 5-67　微区 3 能谱及 Pt、Pd 和 Rh 成分分析

渣相中铁微球的大小与数量决定了 PGMs 的捕集率，如何提高铁微球进入合金相是铁捕集工艺的关键。铁熔炼捕集 PGMs 过程分为以下阶段：第一阶段是 PGMs 化合物被还原为单质；第二阶段是熔融的铁微球捕集 PGMs；第三阶段为铁微球的聚集、沉降，实现合金相与渣相的分离。这三个阶段没有明确的界限，在捕集过程中并行存在，其中 PGMs 化合物还原过程较容易实现，下面将重点讨论第二和第三阶段对 PGMs 捕集的影响。

铁熔炼捕集 PGMs 过程中，Fe 粉熔化后由于较大的表面张力形成微球，报废催化剂中 PGMs 与铁微球接触后形成合金，进入液相 Fe 中。由于微球的密度大于熔渣密度，微球开始沉降，在沉降过程中不断与 PGMs 发生接触并捕集，同时与其他铁微球接触，体系为减小势能，铁微球发生融合形成新的铁液珠，并继续沉降，直至坩埚底部。在铁微球沉降过程中，一方面受重力作用加速沉降，另一方面受到浮力及黏滞力，且黏滞力随速度的增加而增加，当重力、黏滞力和浮力达到平衡时，铁球匀速下降。黏滞力可用 Stocks 公式计算，平衡时黏滞力为：

$$F_{\mathrm{v}} = 3\pi\eta d\upsilon$$

式中　η——渣相的黏度；

　　　d——铁微球的直径；

　　　υ——铁微球相对渣相的速度。

铁微球平衡方程如下所示：

$$\frac{\pi\rho_{\mathrm{Fe}}gd^3}{6} = \frac{\pi\rho_{\mathrm{s}}gd^3}{6} + 3\pi\eta d\upsilon$$

式中　ρ_{Fe}——液态铁合金密度；

　　　ρ_{s}——熔渣密度；

　　　g——重力加速度。

通过计算，铁微球最终速度用下式计算：

$$\nu = \frac{(\rho_{\mathrm{Fe}} - \rho_{\mathrm{s}})gd^2}{18\eta}$$

平均沉降时间 t 与速度 ν 的关系为 $t = \dfrac{h}{2\nu}$，h 为铁合金与坩埚底部金属相熔体的高度差。

因此，影响铁微粒沉降的主要因素有铁微球大小、渣相黏度、反应时间、铁合金与渣相的密度差等。由于铁合金中 PGMs 质量仅约占 1%，因此计算过程中用纯铁熔体密度近似为铁合金密度，其中纯铁液的密度与温度关系如下：

$$\rho_{\mathrm{Fe}} = 8.58 - 0.853T \times 10^{-3}(\mathrm{g/cm^3})$$

熔渣的密度主要由组分和温度决定，熔渣的密度可用纯组元摩尔体积来估计。

$$V = \sum X_{\mathrm{i}}V_{\mathrm{i}}$$

$$\rho = \frac{M}{V}$$

式中　V，M——分别为氧化物的摩尔体积和摩尔质量；

　　　X_{i}——各组元的摩尔体积。

大部分氧化物的摩尔体积与温度可根据下式计算：

$$V = V_{1773\mathrm{K}} + V_{1773} \times (T - 1773) \times \frac{0.01}{100}$$

式中　$V_{1773\mathrm{K}}$——温度在 1773K 下的摩尔体积；

　　　T——绝对温度。

表 5-21 总结了文献报道中氧化物的偏摩尔体积。ZrO_2 的偏摩尔体积尚未有文献报道，本书用 298K 下的摩尔体积来近似其在 1773K 温度下的摩尔体积。

表 5-21 不同氧化物偏摩尔体积

氧化物种类	偏摩尔体积/$cm^3 \cdot mol^{-1}$	氧化物种类	偏摩尔体积/$cm^3 \cdot mol^{-1}$
CaO	$20.7[1+1\times10^{-4}(T-1773)]$	FeO	$15.8[1+1\times10^{-4}(T-1773)]$
Al_2O_3	$28.3[1+1\times10^{-4}(T-1773)]$	Na_2O	$33.0[1+1\times10^{-4}(T-1773)]$
TiO_2	$19.65[1+1\times10^{-4}(T-1773)]$	CaF_2	$31.3[1+1\times10^{-4}(T-1773)]$
SiO_2	$27.516[1+1\times10^{-4}(T-1773)]$	B_2O_3	$45.8[1+1\times10^{-4}(T-1773)]$
Ce_2O_3	$44.43[1+0.01079\cdot(T-1273)]$	ZrO_2	$19.65[1+10^{-4}(T-1773)]$
MgO	$16.1[1+1\times10^{-4}(T-1773)]$		

渣相黏度主要由温度与组分决定,可用 Frenkel 方程表示:

$$\eta = 0.1AT\exp\left(\frac{1000B}{T}\right)$$

式中 T——温度, K;

  A, B——与渣相成分有关的常数。

通过计算, 铁微球临界尺寸分别为 $5\sim10\mu m$, 临界尺寸越大, 停留在渣相中的 PGMs 越多, 捕集率越低, 该计算结果与实验结果大致吻合。一般铁合金微球直径略高于计算结果, 可能原因是中频炉在冶炼过程中, 合金熔体的对流导致有少量的合金进入渣相, 在浇铸过程停留在渣中。表明该模型能描述捕集过程铁合金的运动轨迹。

通过 XRF 对铁合金主要成分进行了分析(C 元素不能检测出), 见表 5-22。可以看出, 主要成分为 Fe, 同原料中 P、Ni、Mn、Cr、Si 等杂质元素在捕集过程中部分还原, 进入合金相中。图 5-68 为捕集剂添加量为 5%~20% 时 PGMs 富集物 XRD 图谱, 可以看出, 不同捕集剂配比的富集物特征峰几乎重叠, 且与 Fe (Fe 的 XRD 标准卡片编号: PDF # 06-0696) 标准峰吻合, 表明该富集物主要为 Fe 相, 没有形成 $FeSi_2$、FeSi 等硅铁难溶合金相。这是由于铁捕集比等离子熔炼温度低, Si 还原较难进行, 铁合金中仅约含 0.3%(质量分数)的 Si, 从而避免了硅铁合金相的生成, 为后续 PGMs 与 Fe 分离提供了良好的条件。

表 5-22 铁合金主要成分分析   (%)

成分	Fe	P	Ni	Pd	Mn	Cr	Si	Pt	Rh	Cu	其他
含量 (质量分数)	94.20	1.23	1.41	0.85	0.52	0.38	0.31	0.23	0.18	0.20	0.49

通过将特征峰放大(见图 5-69), 明显看出随着 Fe 粉添加量的升高, 铁合金特征峰逐渐左移, 根据布拉格方程($2d\sin\theta=\lambda$), 入射波长(λ)不变, 衍射角度 θ 偏左, 说明晶面间距 d 增大了, 表明 Fe 中掺入了比 Fe 原子半径大的其他原子, 即 Pd、Pt 和 Rh 进入了 Fe 晶格中。

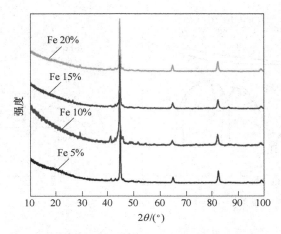

图 5-68　不同含量铁捕集剂得到的铁合金 XRD 图谱

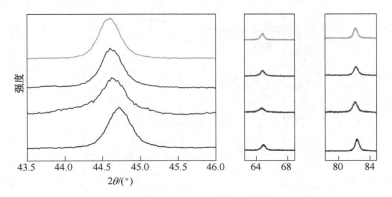

图 5-69　含量的铁合金 XRD 图谱衍射峰局部放大图

　　根据 Pt、Pd 和 Rh 与 Fe 二元合金相图可知（见图 5-70），Pt、Pd 和 Rh 被 Fe 捕集，经沉降、渣相与金属相分离、浇铸，在冷却过程中，PGMs 与 Fe 首先形成 γ 相，随着温度的降低，γ 相转变为 α 相，分别与 Fe 形成 α-Fe（Pt）和 α-Fe（Rh）相和 α-Fe/FePd 二元固溶相，该结果与 XRD 中体心立方结构相吻合。为验证 PGMs 在 Fe 相中的赋存状态，采用透射电镜分别对铁合金进行了高分辨组织观察和 HRTEM 分析。图 5-71 为透射电镜照片和微区成分表，可以看出铁合金由铁基体相和碳化物（$M_{23}C_6$）组成，PGMs 分布在铁基体相上，碳化物中不含 PGMs。图 5-72（a）和（b）说明碳化物在铁基体上有序析出，PGMs 在铁基体内分布较均匀；图 5-72（c）高分辨透射电镜表明没有 PGMs 析出物生成，衍射斑结果也验证了这一结论。综上所述，Pt、Pd 和 Rh 与 Fe 未形成析出物，固溶于 α-Fe 基体内部。

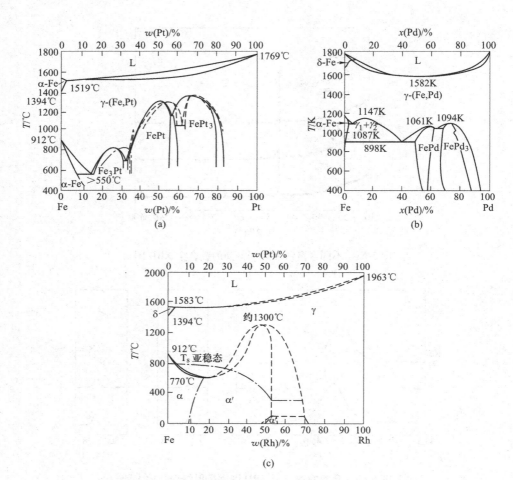

图 5-70　Fe-PGMs 二元合金相图

（a）Fe-Pt；（b）Fe-Pd；（c）Fe-Rh

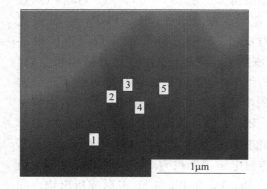

相应微区成分分析(质量分数)

(%)

成分	Fe	C	Pt	Pd	Rh	其他
1	89.68	8.56	0.02	0	0.07	1.67
2	78.35	21.04	0	0	0	0.61
3	88.82	3.49	0.44	0.58	0	6.67
4	91.08	0	0	0.41	0.16	8.35
5	89.52	3.72	0.29	0.42	0.18	5.87

图 5-71　透射电镜照片及相应微区成分

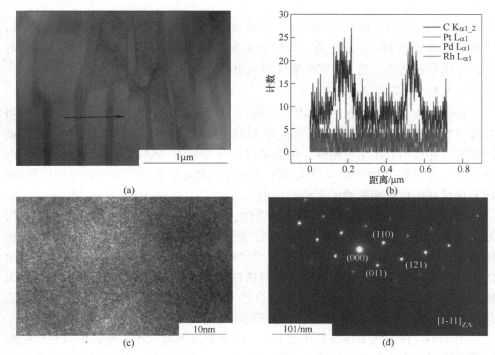

图 5-72　透射电镜结果

（a）STEM 照片；（b）线扫描结果；（c）HRTEM；（d）衍射斑点

扫一扫看彩图

5.7　汽车尾气催化剂中铂钯铑分离技术

5.7.1　铁合金电解技术

电解 Fe-PGMs 合金回收 PGMs 主要利用 Fe 与 PGMs 的电负性相差较大的特点。以 Fe-PGMs 合金为阳极，阳极区可能发生的反应见表 5-23，Pt^{4+}、Pd^{2+}、Rh^{3+} 的标准电位远大于 Fe^{2+} 的标准电位，在电解槽施加适当电压可以保证铁基体被顺利溶解，同时 PGMs 保持单质态。

表 5-23　阳极反应标准电位

电极反应	标准电位	电极反应	标准电位
$Fe^{2+}_{(aq)}+2e^- = Fe_{(s)}$	$E° = -0.440V$	$Pd^{2+}_{(aq)}+2e^- = Pd_{(s)}$	$E° = 0.987V$
$Fe^{3+}_{(aq)}+3e^- = Fe_{(s)}$	$E° = -0.037V$	$Rh^{3+}_{(aq)}+3e^- = Rh_{(s)}$	$E° = 0.799V$
$Fe^{3+}_{(aq)}+e^- = Fe^{2+}_{(aq)}$	$E° = 0.771V$	$PtCl^{2-}_{6\ (aq)}+4e^- = Pt_{(s)}+6Cl^-_{(aq)}$	$E° = 0.730V$
$O_{2(g)}+4e^-+4H^+_{(aq)} = 2H_2O$	$E° = 1.229V$	$PdCl^{2-}_{4\ (aq)}+2e^- = Pd_{(s)}+4Cl^-_{(aq)}$	$E° = 0.591V$
$Pt^{4+}_{(aq)}+4e^- = Pt_{(s)}$	$E° = 1.188V$	$RhCl^{3-}_{6\ (aq)}+3e^- = Rh_{(s)}+6Cl^-_{(aq)}$	$E° = 0.431V$

同时由于 PGMs 阳离子易和 Cl⁻ 形成络合物，从而降低 PGMs 的氧化电位，不利于铁基体和 PGMs 的分离，所以在电解质溶液中不能加入 Cl⁻ 等易与 PGMs 形产生络合的离子，防止 PGMs 氧化进入电解液。

5.7.1.1 实验原料

Fe-PGMs 合金的中的 PGMs 含量（质量分数）大于 1%，其中 Pt 为 1952.52g/t，Pd 为 7380.56g/t，Rh 为 1343.48g/t。由于在捕集过程中加入 C 做还原剂，并使用石墨坩埚熔炼，所以 Fe-PGMs 中含有一定量的 C。电解 Fe-PGMs 合金时，未溶解的 PGMs，部分以阳极泥的形式从阳极脱落，沉积在电解槽底部，部分保留在阳极表面附着的未溶碳层中。

为了提高电解 Fe-PGMs 工艺的经济性，可以用惰性电极为阴极，电沉积铁，制备电解 Fe 粉、Fe 箔等高附加的产品，所以本工艺采用的电解质溶液为硫酸亚铁溶液，为阴极提供 Fe^{2+}。可以加入十二烷基硫酸钠、萘酚等表面活性剂，明胶、动物胶等稳定剂来改善沉积。可以通过调整电流密度、添加剂种类等改变阴极铁的形貌。可以通过加入 Fe^{2+} 的络合剂 EDTA（乙二胺四乙酸）、柠檬酸、氟化钠等促进铁基体的电化学溶解和电沉积的质量。

由于 Fe^{2+} 在空气中易被氧化成 Fe^{3+}，降低阳极的电沉积效率，所以在配制电解质溶液时要用去氧的去离子水，可以通过煮沸或者通氮气的方法去除水中溶解的氧气，并且在电解过程中要隔绝氧气。由于 Fe^{2+} 易水解，所以电解质溶液应为酸性，但 pH 值过低会导致阴极电析氢反应剧烈，影响阴极电流效率和电沉积铁质量。

使用钛片作为阴极，为铁电沉积提供场所。Ti 的耐腐蚀性好，且阴极极化较小，易剥落。在电解前要对阴极进行包边处理。实验方案见表 5-24。

表 5-24 实验方案

试验编号	亚铁离子浓度/mol·L⁻¹	pH 值	温度/℃
1	1.50	3	25
2	1.00	3	25
3	0.50	3	25
4	0.00	3	25
5	2.00	3	80
6	1.50	3	80
7	1.00	3	80
8	0.50	3	80
9	0.00	3	80

5.7.1.2 Fe²⁺浓度对电解影响

分别在25℃和80℃条件下测量不同Fe^{2+}浓度时,铁基合金的阳极极化曲线,测量范围为$-1.0 \sim 3.0V$,扫描速度20mV/s,采样频率1mV。

由图5-73、图5-74可知随着Fe^{2+}浓度的提高,阳极的自腐蚀电位先降低后增加,少量的Fe^{2+}加速了阳极的溶解,但Fe^{2+}的继续增加抑制Fe的自腐蚀反应。同时,随着Fe^{2+}浓度的提高,Fe^{2+}氧化成Fe^{3+}的氧化峰电位降低。

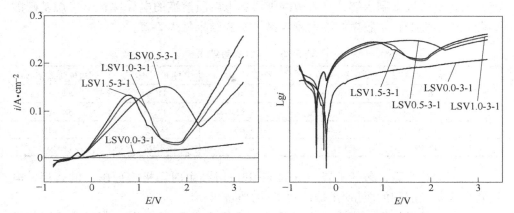

图5-73 25℃,pH=3,不同Fe^{2+}浓度(1.5mol/L、1.0mol/L、0.5mol/L、0.0mol/L)的阳极极化曲线

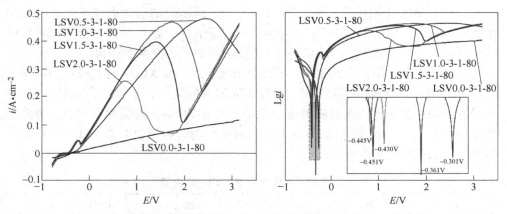

图5-74 80℃,pH=3,不同Fe^{2+}浓度(2.0mol/L、1.5mol/L、1.0mol/L、0.5mol/L、0.0mol/L)的阳极极化曲线

在阳极极化曲线中没有出现析氧反应的反应峰,说明阳极的溶解反应和溶液中Fe^{2+}的氧化反应在阳极区占主导地位。可以观察到,25℃、Fe^{2+}的浓度大于1.0mol/L时和80℃、Fe^{2+}的浓度为2.0mol/L时,析氧反应发生在Fe^{2+}的变价氧

化反应后，极化曲线出现钝化反应峰，阳极在 1.5~2.0V 区间表现钝化行为；若析氧反应发生在 Fe^{2+} 的变价氧化反应前，则不出现钝化。

80℃时，Tafel 曲线在低极化区重合，但反应的峰电流随 Fe^{2+} 的浓度的增大而减小。

实验使用的电解方式为 0.7V 恒压电解，Fe-PGMs 阳极为直径 60mm、厚 15mm 的圆饼，阴极为 50mm×100mm×1mm 的钛片。电解质溶液采用硫酸亚铁溶液，加入硫酸铵抑制水解，加入硫酸钾增加电解质溶液的电导率，十二烷基硫酸钠做表面活性剂，牛胶做溶液的稳定剂，实验结果见表 5-25。

表 5-25 电解实验结果

编号	阳极总失重/g	阳极溶铁/g	阳极积碳/g	阴极沉积/g	阴极电流效率/%
1	16.16	14.00	2.16	11.87	84.78
2	17.32	14.37	2.95	12.69	88.31
3	17.85	14.91	3.00	8.53	57.21
4	18.38	15.44	2.94	3.02	19.56

阳极的总失重，包括阳极溶解的 Fe 和电解结束时阳极表面附着的碳层，电流效率为阴极沉积的质量/阳极溶解 Fe 的质量。

由实验结果可知，当溶液中 Fe^{2+} 的浓度低于 1.0mol/L 时，阴极的电流效率较低，因为阴极区，析氢反应与 Fe 的电沉积反应相互竞争，浓度的升高可以提高 Fe^{2+} 的活度，提高电沉积效率。阳极溶解的质量随着 Fe^{2+} 的浓度的降低而略微上升，结合 80℃下阳极的极化曲线，0.7V 处不同浓度的极化曲线重合，电化学溶解速率相同，但由于随着 Fe^{2+} 的浓度，酸性条件下，阳极的自发析氢溶解反应速率降低，导致阳极溶解的质量随着 Fe^{2+} 的浓度的升高而略微下降。

电解结束后在阳极表面残留一层黑色未溶物层，经 XRD 物相分析为石墨碳。利用 ICP-OES 分别检测了阳极泥、阳极表面附着的碳层、电解质溶液中的 PGMs 含量，结果见表 5-26。电解质溶液中几乎不含有 PGMs，阳极泥中 PGMs 的含量是 Fe-PGMs 合金中的 10 倍，阳极未脱落的碳中约含有质量分数为 1% 的 PGMs，PGMs 总的回收率超过 99%。

表 5-26 电解产物中的 PGMs 含量

PGMs	Fe-PGMs/g·t^{-1}	阳极泥/g·t^{-1}	碳/g·t^{-1}	电解质溶液/mg·L^{-1}
Pt	2277.50	25065.53	1877.42	0.055
Pb	7571.01	82314.43	6300.49	0.106
Rh	1498.50	15282.70	1099.55	0.001

在阴极沉积了致密光洁的还原产物，经 XRD 物相分析为电沉积铁，如图 5-75 所示。

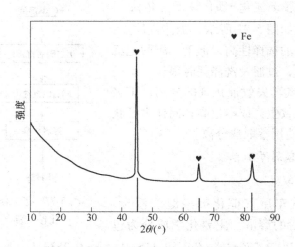

图 5-75　阴极还原产物的 XRD 物相分析

5.7.2　铂钯铑分离技术

不论采用湿法或火法富集贵金属，必须应用分离和精炼方法才能获得高纯度的 PGMs。分离理论基础是基于在氯化物介质中 Pd、Pt、Rh 分别以 $PdCl_4^{2-}$、$PtCl_6^{2-}$、$RhCl_6^{3-}$ 等氯配合物形式存在[69]，而贱金属 Fe、Cu、Ni 等以简单阳离子形式存在。尽管 PGMs 分离精炼报道较多，但对于废汽车尾气催化剂中 Pt、Pd 和 Rh 的分离技术公开较少。本节归纳整理了汽车尾气催化剂中 Pt、Pd 和 Rh 的分离方法，包括传统沉淀法、溶剂萃取法、离子交换法、分子识别法、阳离子交换树脂分离贱金属，详细介绍了各种方法的适用范围，比较了各种方法的优缺点[70,71]。

5.7.2.1　传统沉淀法

A　氯化铵沉淀铂-氨水配合钯法

该工艺流程如图 5-76 所示，工艺优缺点：氯化铵可优先快速分离 Pt，但不适合于含 Pt 较低的汽车失效催化剂的分离，同时氯化铵沉淀会导致后续钯铑分离方法的复杂化，尤其是 Rh 的直收率低，原因是氯化铵沉铂母液用氨水配合钯时 Rh 会生成多种复杂的氨配合物，造成 Rh 的严重分散；为了获得纯 Rh 还必须使用萃取法分离。

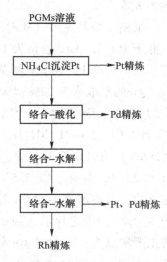

图 5-76　氯化铵沉淀铂氨水配合钯工艺流程

B 丁二酮肟沉淀钯-氯化铵沉淀铂法

该工艺流程如图 5-77 所示，工艺优缺点：丁二酮肟沉淀钯的选择性高，但丁二酮肟钯沉淀体积异常庞大，过滤及洗涤耗时很长，不适合于含 Pd 高的汽车失效催化剂的分离；丁二酮肟价格高，导致生产成本过高；同样为了获得纯 Rh 还必须使用萃取法分离。

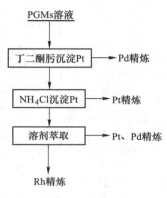

图 5-77 丁二酮肟沉淀钯-氯化铵沉淀铂工艺流程

5.7.2.2 溶剂萃取法

A 亚砜萃取法

料液为废汽车尾气催化剂经湿法浸出、Cu 置换、酸溶后的溶液，主要化学成分为包括 Pd 2.983g/L、Pt 3.276g/L、Cu 12.115g/L、Fe 0.253g/L、Ni 1.498g/L，H^+ 3.2mol/L。采用二烷基亚砜（MSO）萃取钯—N-正丁基异辛酰胺（BiOA）萃取 Pt。该工艺流程存在的缺点为：亚砜 MSO 萃取 Pd 的选择性不高，萃取 Pd 时有约 10% 的 Pt、7% 的 Fe 被共萃，造成 Pt 分散；酰胺 BiOA 萃取 Pt 的选择性亦不佳，萃取 Pt 时有约 17% 的 Fe、约 99% 的 Cu、约 11% 的 Ni 被共萃，不仅影响 Pt 反萃分相的正常进行，而且不利于 Pt 的精炼；萃取 Pd 前需要加碱降低溶液酸度，萃 Pt 时又需要加酸增加溶液酸度，不但流程结构不合理，而且势必会增加生产成本。

采用二烷基亚砜（MSO）共萃取钯铂—P_{204} 萃取贱金属，当溶液中 Pt+Pd 含量低于 10g/L，HCl 含量为 1~3mol/L 时，以 30% MSO-煤油为有机相，经三级逆流萃取，可将 Pt、Pd 全部萃入有机相，萃取率可达 98.08%~99.85%；贱金属 Cu、Fe 的萃取率为 22% 和 98%，用 15% NaCl+3mol/L HCl 洗涤有机相，Cu 洗脱率约 100%、Fe 洗脱率 10%；洗涤后的有机相分别以 0.1mol/L HCl 二级反萃 Pt，2% NH_4Cl + 2mol/L NH_3H_2O 三级反萃 Pd，Pt、Pd 反萃率分别为 97.08% 和 96.66%；当以 0.6mol/L P_{204}—煤油为有机相（皂化率 80%）处理萃 Pt 余液（含 Rh 0.22~0.33g/L、Cu 2.5~3.5g/L、Fe 0.85~1.00g/L）提纯 Rh 时，经四级逆流萃取，可将溶液中的 Cu 除至 0.0008g/L，Fe 除至 0.004g/L 以下，使 Rh 液中的贱金属与 Rh 之比值达到 0.0126~0.0100，Rh 得到有效纯化。该工艺流程存在的主要缺点为：约 15% Rh 分散在贱金属反萃液和再生液中。

B Cyanex921 萃取法

将溶液中 H^+ 调整至 6.0mol/L，先用 7.5mmol/L Cyanex 921-甲苯萃取 5min，有 7%~10% 的 Fe^{3+} 与 Pd^{2+} 共萃取。负载 Pd 有机相用 1:1 的 HCl-$HClO_4$ 混合酸反

萃，然后用水反萃 Fe。萃 Pd^{2+} 后的水相再添加 10mmol/L $SnCl_2$ 后（HCl 浓度仍为 6.0mol/L）用 10mmol/L Cyanex 921 萃取，此时只有 Pt^{4+} 被萃取，Rh^{3+} 不被萃取留在水相。负载 Pt 有机相用 4.0mol/L HNO_3 反萃。含 Rh^{3+} 水相在 HCl 浓度 6.0mol/L、$SnCl_2$ 浓度 250mmol/L 条件下，用 75mmol/L Cyanex 921 萃取 Rh，有机相在 60℃温度下用 4.0mol/L HNO_3 反萃，从反萃液中回收 Rh，工艺流程如图 5-78 所示。

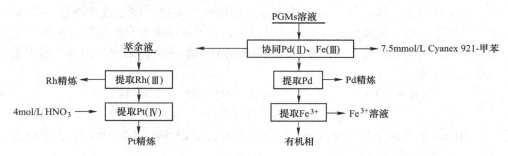

图 5-78 Cyanex 921-甲苯萃取分离 Pt、Pd 和 Rh 工艺流程

该方法适用于从含 Rh、Pt 和 Pd 的混合液中分离，具有简单、快速的特点，回收率均能达到 98%。该方法处理废汽车尾气催化剂浸出液不需要使用多种萃取剂，也不需要进行离子交换，但缺点为：萃取 Pt 时需要加入 $SnCl_2$ 可能引起工艺的复杂化，Pd、Pt 的反萃液均不易与精炼工艺衔接。

C 其他萃取法

Lee 等[72] 研究了采用 0.0054mol/L TBP-煤油萃取 Pd，浸出液成分包括 Pd 0.15g/L、Pt 0.55g/L、Mn 0.50g/L、Ni 1.00g/L、Fe 1.50g/L、Cr 0.10g/L，HCl 浓度为 3.0mol/L，Pd 萃取率为 99.9%，有部分 Pt 被共萃；0.5mol/L 硫脲-0.1mol/L HCl 反萃 Pd 的反萃率为 99.8%；0.011mol/L Aliquat 336 从萃 Pd 余液中萃取 Pt 的萃取率为 99.7%，0.5mol/L 硫脲-0.1mol/L HCl 反萃 Pt 的反萃率为 99.9%。相同的上述浸出液用 0.5%（体积分数）LIX 84I（2-羟基-5-壬基乙酰苯酮肟）-煤油萃取 Pd，0.5mol/L 硫脲-1.0mol/L HCl 可定量反萃；5%（体积分数）Alamine 336（三辛/癸胺混合物）-煤油共萃 Pt、Fe，稀 HCl 洗涤 Fe，0.5mol/L 硫脲-0.1mol/L HCl 可完全反萃 Pt，反萃液中 Pd、Pt 的纯度达到 99.7%。

Alamine 308-煤油对 Pt 的萃取率随着酸浓度的升高而增大，但 HCl 浓度大于 10mol/L 后萃取率降低，0.01mol/L Alamine 308-煤油对 Pt、Rh 萃取率分别为 98% 和 36%，在 1.0mol/L HCl 时 Pt、Rh 分离系数达到最大值 184.7，LiCl 是最佳的盐析剂，硫脲-盐酸混合溶液是最好的反萃剂[73]。上述方法的缺点为所选萃取剂选择性不高，反萃液与精炼工艺难衔接。

5.7.2.3 离子交换法

A 阳离子交换树脂分离贱金属

废汽车尾气催化剂浸出液中含大量贱金属，严重影响 PGMs 的相互分离效率，因此贱金属的分离是 PGMs 分离的关键环节，分离贱金属的方法主要有溶剂萃取法和离子交换法。溶解 PGMs 过程中，废催化剂中的贱金属，如 Fe、Cu、Ni、Co、Pb、As、Sb、Bi 等均被溶解进入溶液中。通过控制溶液酸浓度、Cl^- 浓度、电势等条件，使贱金属以阳离子形态存在，可用阳离子交换树脂分离除去绝大部分贱金属离子，为 PGMs 的分离创造极其有利的条件，阳离子树脂交换吸附贱金属反应为：

$$2(R - SO_3H^+) + Me^{2+} = (R - SO_3)_2Me + 2H^+ Me^{2+} =$$
$$Fe^{2+}、Cu^{2+}、Ni^{2+}、Pb^{2+}、Co^{2+} 等)$$

当阳离子交换树脂交换容量接近饱和时，可用 4%~6% HCl 反洗使树脂再生：

$$(R - SO_3)_2Me + 2H^+ = 2(R - SO_3H^+) + Me^{2+}$$

阳离子交换树脂的母体为苯乙烯、二乙烯苯共聚物（R），其交换容量为 4~5mmol/g 干树脂。

B 螯合树脂分离法

螯合哌啶树脂 R_{410} 其吸附机理是：在氯化物介质中铂族金属通常以氯配阴离子形式存在，通过调节适当 pH 值使树脂上的功能原子与铂族金属离子发生配位反应，形成小分子螯合物的稳定结构。Pt、Pd、Rh 混合液由增压风机送入贮液槽经预热器加热到所需反应温度后进入装有螯合哌啶树脂 R_{410} 的树脂塔，树脂塔内径 80mm，高 800mm[74]。研究表明：螯合哌啶树脂 R_{410} 对 Pt 最佳吸附 pH 值在 2 左右，pH<2 时，吸附率随 pH 值上升而升高；pH>2 后，吸附率随 pH 值增大而减小。螯合哌啶树脂 R_{410} 对 Pd 最佳吸附 pH 值为 4。pH<4 时，吸附率随 pH 值上升而增大；pH>4 时，吸附率随 pH 值上升而下降。pH=4 时，Pd 吸附率可达 97.5%。螯合哌啶树脂 R_{410} 对 Rh 吸附率一直很低，在 pH≥4 后不被吸附，即当 pH≥4 可以实现螯合树脂共吸附 Pt、Pd，Rh 不被吸附。吸附后用稀 $HClO_4$ 同时解吸 Pt 和 Pd，氯化铵沉淀 Pt，四价铂与氯化铵生成氯铂酸铵沉淀，低价 Pd 生成可溶性铵盐，化学反应如下：

$$H_2PtCl_6 + 2NH_4Cl = (NH_4)_2PtCl_6 \downarrow + 2HCl$$
$$Na_2PtCl_6 + 2NH_4Cl = (NH_4)_2PtCl_6 \downarrow + 2NaCl$$

$(NH_4)_2PtCl_6$ 沉淀用 5% HCl 和 15% NH_4Cl 洗涤，煅烧成粗铂。沉淀后液用 Zn 粉置换 Pd，得到粗钯，采用铜置换 Rh。

螯合哌啶树脂 R_{410} 从废催化剂（含 Pt 质量分数为 0.35%）中回收 Pt，含 Pt

废催化剂经 500～600℃ 焙烧，浸出溶解 Pt，含 Pt 0.15g/L，在 1.5mol/L H^+ 下用螯合哌啶树脂 R_{410} 吸附，稀 HCl 洗涤，稀 $HClO_4$ 解析，吸附率为 99.5%，淋洗率为 99.5%，直收率为 96%，Pt、Pd 的穿透容量分别为 90mg/g 和 30mg/g[75]。

大孔多胺类树脂 D_{990} 从铂铼失效催化剂中回收 Pt、Re，吸附容量分别为 102mg/g 和 162mg/g。在低酸度下吸附 Pt、Re，用较高浓度的 HCl 解吸 Re，再用稀 $HClO_4$ 解吸 Pt，Pt、Re 的分离系数为 110。哌啶树脂 P_{950} 可以吸附 Pd，硫脲解吸 Pd。哌啶树脂 P_{951} 可以吸附 Pt，稀 $HClO_4$ 解吸 Pt[70]。

参 考 文 献

[1] 丁云集，张深根. 废催化剂中铂族金属回收现状与研究进展 [J]. 工程科学学报，2020，42（3）：257-269.

[2] Nakajima K，Takeda O，Miki T，et al. Thermodynamic analysis of contamination by alloying elements in aluminum recycling [J]. Environmental Science & Technology，2010，44（14）：5594-5600.

[3] 陈景. 火法冶金中贱金属及锍捕集贵金属原理的讨论 [J]. 中国工程科学，2007，9（5）：11-16.

[4] 王亚军，李晓征. 汽车尾气净化催化剂贵金属回收技术 [J]. 稀有金属，2013，37（6）：1004-1015.

[5] 贺小塘，李勇，吴喜龙，等. 等离子熔炼技术富集铂族金属工艺初探 [J]. 贵金属，2016，37（1）：1-5.

[6] 管有祥，徐光，王应进，等. 用金作保护剂铅试金富集汽车尾气净化催化剂中铂钯铑的研究 [J]. 贵金属，2011，32（2）：67-71.

[7] Dong H，Zhao J，Chen J，et al. Recovery of platinum group metals from spent catalysts：A review [J]. International Journal of Mineral Processing，2015，145：108-113.

[8] Kolliopoulos G，Balomenos E，Giannopoulou I，et al. Behavior of platinum group metals during their pyrometallurgical recovery from spent automotive catalysts [J]. Open Access Library Journal，2014，1（5）：1-9.

[9] Kim B S，Lee J C，Jeong J，et al. A novel process for extracting precious metals from spent mobile phone PCBs and automobile catalysts [J]. Materials Transactions，2013，54（6）：1045-1048.

[10] Benson M，Bennett C R，Patel M K，et al. Collector-metal behaviour in the recovery of platinum-group metals from catalytic converters [J]. Mineral Processing & Extractive Metallurgy，2013，109（1）：6-10.

[11] Benson M，Bennett C R，Harry J E，et al. The recovery mechanism of platinum group metals from catalytic converters in spent automotive exhaust systems [J]. Resources Conservation & Recycling，2000，31（1）：1-7.

[12] 董海刚，赵家春，陈家林，等. 固态还原铁捕集法回收铂族金属二次资源 [J]. 中国有色金属学报，2014，24（10）：2692-2697.

[13] He X T, Wang H, Wu X L, et al. Study on the recovery of rhodium from spent organic rhodium catalysts of acetic acid industry using pyrometallurgical process [J]. Precious Metals, 2012, 33 (a1): 24-27.

[14] 顾华祥, 陆跃华, 贺小塘. 化工废催化剂中钯的回收 [J]. 贵金属, 2016, 37 (s1): 92-93.

[15] Avarmaa K, O'Brien H, Johto H, et al. Equilibrium distribution of precious metals between slag and copper matte at 1250~1350℃ [J]. Journal of Sustainable Metallurgy, 2015, 1 (3): 216-228.

[16] Djordjevic P, Mitevska N, Mihajlovic I, et al. Effect of the slay basicity on the coefficient of distribution between copper matte and the slag for certain metals [J]. Mineral Processing & Extractive Metallurgy Review, 2014, 35 (3): 202-207.

[17] 吴国元, 戴永年. 失效贵金属催化剂中贵金属的富集 [J]. 稀有金属, 2002, 26 (3): 231-234.

[18] Kim C, And S I W, Jeon S H. Recovery of platinum-group metals from recycled automotive catalytic converters by carbochlorination [J]. Industrial & Engineering Chemistry Research, 2000, 39 (5): 1185-1192.

[19] 郑淑君. 废钯催化剂中钯的回收 [J]. 化学推进剂与高分子材料, 2003, 1 (2): 36-38.

[20] Lee J C, Jeong J K, 蔡艳秀. 硫酸溶解法从废石油催化剂中回收铂 [J]. 中国资源综合利用, 2002 (5): 16-19.

[21] Kim M S, Kim E Y, Jeong J K, et al. Recovery of platinum and palladium from the spent petroleum catalysts by substrate dissolution in sulfuric acid [J]. Materials Transactions Jim, 2010, 51 (7): 1927-1933.

[22] 贺小塘. 从石油化工废催化剂中回收铂族金属的研究进展 [J]. 贵金属, 2013 (s1): 35-41.

[23] 赵雨, 王欢, 贺小塘, 等. 硫酸加压溶解法从氧化铝基废催化剂中回收铂 [J]. 贵金属, 2016, 37 (2): 37-40.

[24] Pinheiro A, Lima T D. Recovery of platinum from spent catalysts in a fluoride-containing medium [J]. Hydrometallurgy, 2004, 74 (1): 77-84.

[25] 赵雨, 王欢, 贺小塘, 等. 加压碱溶法从氧化铝基废催化剂中回收钯 [J]. 贵金属, 2016, 37 (3): 37-41.

[26] Antos G J, Aitani A M. Catalytic naphtha reforming, revised and expanded [M]. 2nd Edition. Boca Raton: CRC Press, 2004.

[27] 曲志平, 王光辉, 闫丽. 碱焙烧富集汽车尾气净化催化剂中有价金属的研究 [J]. 中国资源综合利用, 2012, 30 (5): 25-28.

[28] 赵鹏飞. 从失效催化剂中回收贵金属的工艺研究及应用现状 [J]. 贵金属, 2016, 37 (s1): 86-91.

[29] Suoranta T, Zugazua O, Niemelä M, et al. Recovery of palladium, platinum, rhodium and ruthenium from catalyst materials using microwave-assisted leaching and cloud point extraction [J]. Hydrometallurgy, 2015, 154: 56-62.

［30］ Sasaki H，Maeda M. Zn-vapor pretreatment for acid leaching of platinum group metals from au-tomotive catalytic converters ［J］. Hydrometallurgy，2014，147-148（8）：59-67.

［31］ Baghalha M，Gh H K，Mortaheb H R. Kinetics of platinum extraction from spent reforming cat-alysts in aqua-regia solutions ［J］. Hydrometallurgy，2009，95（3）：247-253.

［32］ Hasani M，Khodadadi A，Koleini S M J，et al. Platinum leaching from automotive catalytic converters with aqua regia ［J］. Journal of Physics Conference Series，2017：786.

［33］ Marsden J O，House C I. The chemistry of gold extraction ［M］. Englewood：Society for Min-ing，Metallurgy，and Exploration，2006.

［34］ Shams K，Beiggy M R，Shirazi A G. Platinum recovery from a spent industrial dehydrogenation catalyst using cyanide leaching followed by ion exchange ［J］. Applied Catalysis A：General，2004，258（2）：227-234.

［35］ Kuczynski R J，Atkinson G B，Walters L A. High-temperature cyanide leaching of platinum-group metals from automobile catalysts-process development unit ［J］. U. S. Bureau of Mines，1992：1-11.

［36］ Kuczynski R J，Atkinson G B，Dolinar W J. Recovery of platinum group metals from automobile catalysts-Pilot plant operation ［R］. Minerals，Metals and Materials Society，1995.

［37］ 黄昆，陈景，陈奕然，等. 加压碱浸处理-氰化浸出法回收汽车废催化剂中的贵金属 ［J］. 中国有色金属学报，2006，16（2）：363-369.

［38］ Naghavi Z，Ghoreishi S M，Rahimi A，et al. Kinetic study for platinum extraction from spent catalyst in cyanide solution at high temperatures ［J］. International Journal of Chemical Reactor Engineering，2016，14（1）：143-154.

［39］ Chen J，Huang K. A new technique for extraction of platinum group metals by pressure cyanida-tion ［J］. Hydrometallurgy，2006，82（3）：164-171.

［40］ Shin D，Park J，Jeong J，et al. A biological cyanide production and accumulation system and the recovery of platinum-group metals from spent automotive catalysts by biogenic cyanide ［J］. Hydrometallurgy，2015，158（2）：10-18.

［41］ Atkinson G B，Kuczynski R J，Desmond D P. Cyanide leaching method for recovering platinum group metals from a catalytic converter catalyst ［P］. u. s. Patent：US5160711 ［P］，1992.

［42］ Duclos L，Svecova L，Laforest V，et al. Process development and optimization for platinum re-covery from PEM fuel cell catalyst ［J］. Hydrometallurgy，2016，160：79-89.

［43］ Kizilaslan E，Sesen M K. Towards environmentally safe recovery of platinum from scrap automo-tive catalytic converters ［J］. Turkish Journal of Engineering & Environmental Sciences，2010，33（2）：83-90.

［44］ Barakat M A，Mahmoud M H H，Mahrous Y S. Recovery and separation of palladium from spent catalyst ［J］. Applied Catalysis A：General，2006，301（2）：182-186.

［45］ 李耀威，戚锡堆. 废汽车催化剂中铂族金属的浸出研究 ［J］. 华南师范大学学报（自然科学版），2008（2）：84-87.

［46］ 李骞，胡龙，杨永斌，等. 从失效催化剂中回收钯的试验研究 ［J］. 湿法冶金，2017，36（1）：41-45.

［47］胡定益，余建民，游刚，等. 汽车失效催化剂中铑的浸出动力学研究［J］. 稀有金属，2016，40（2）：143-148.

［48］Kim M，Lee J，Park S，et al. Dissolution behavior of platinum by electro-generated chlorine in hydrochloric acid solution［J］. Journal of Chemical Technology and Biotechnology，2013，88（7）：1212-1219.

［49］Upadhyay A K，Lee J，Kim E，et al. Leaching of platinum group metals（PGMs）from spent automotive catalyst using electro-generated chlorine in HCl solution［J］. Journal of Chemical Technology and Biotechnology，2013，88（11）：1991-1999.

［50］Bezuidenhout G A，Eksteen J J，Akdogan G，et al. Pyrometallurgical upgrading of PGM-rich leach residues from the Western Platinum base metals refinery through roasting［J］. Minerals Engineering，2013，53：228-240.

［51］Chen S，Shen S，Cheng Y，et al. Effect of O_2，H_2 and CO pretreatments on leaching Rh from spent auto-catalysts with acidic sodium chlorate solution［J］. Hydrometallurgy，2014，144：69-76.

［52］Nogueira C A，Paiva A P，Oliveira P C，et al. Oxidative leaching process with cupric ion in hydrochloric acid media for recovery of Pd and Rh from spent catalytic converters［J］. Journal of Hazardous Materials，2014，278：82-90.

［53］Nogueira C A，Paiva A P，Costa M C，et al. Leaching efficiency and kinetics of the recovery of palladium and rhodium from a spent auto-catalyst in $HCl/CuCl_2$ media［J］. Environmental Technology，2020，41（18）：2293-2304.

［54］吴晓峰，汪云华，童伟锋. 湿-火联合法从汽车尾气失效催化剂中提取铂族金属新工艺研究［J］. 贵金属，2010，31（4）：24-28.

［55］李权，余建民，沙娇，等. "双湿法"从汽车失效催化剂中回收铂族金属及有价金属［J］. 贵金属，2015，36（3）：1-9.

［56］王欢，邰盛彪，贺小塘，等. 双氧水行业含钯废催化剂回收工艺的研究［J］. 贵金属，2013（s1）：4-7.

［57］Faisal M，Atsuta Y，Daimon H，et al. Recovery of precious metals from spent automobile catalytic converters using supercritical carbon dioxide［J］. Asia-Pacific Journal of Chemical Engineering，2008，3（4）：364-367.

［58］Iwao S，El-Fatah S A，Furukawa K，et al. Recovery of palladium from spent catalyst with supercritical CO_2 and chelating agent［J］. The Journal of Supercritical Fluids，2007，42（2）：200-204.

［59］Wang J，Wai C. Dissolution of precious metals in supercritical carbon dioxide［J］. Industrial & Engineering Chemistry Research，2005，44（4）：922-926.

［60］Collard S，Gidner A，Harrison B，et al. Precious metal recovery from organics-precious metal compositions with supercritical water reactant［P］. U. S. Patent：7 122 167，2006.

［61］Jafarifar D，Daryanavard M R，Sheibani S. Ultra fast microwave-assisted leaching for recovery of platinum from spent catalyst［J］. Hydrometallurgy，2005，78（3）：166-171

［62］姚现召，张泽彪，彭金辉，等. 玻纤工业废耐火砖中铂铑金属微波碱熔活化-水溶酸浸

富集工艺 [J]. 过程工程学报, 2011, 11 (4): 579-584.

[63] Suoranta T, Zugazua O, Niemelä M, et al. Recovery of palladium, platinum, rhodium and ruthenium from catalyst materials using microwave-assisted leaching and cloud point extraction [J]. Hydrometallurgy, 2015, 154: 56-62.

[64] Niemelä M, Pitkäaho S, Ojala S, et al. Microwave-assisted aqua regia digestion for determining platinum, palladium, rhodium and lead in catalyst materials [J]. Microchemical Journal, 2012, 101: 75-79.

[65] 潘剑明, 刘秋香, 马银标, 等. 高效环保型废钯炭催化剂的回收技术研究 [J]. 科技通报, 2014 (9): 208-211.

[66] 张世金. 化工医药行业废钯炭催化剂回收钯的一种湿法生产工艺及污染防治技术分析 [J]. 生物化工, 2016, 2 (1): 43-45.

[67] 杜继山. 铝碎法回收铑均相催化剂废液中的铑 [J]. 中国化工贸易, 2017, 9 (18): 130.

[68] 姜东, 廖秋玲, 龚卫星. 含铑有机废液回收制备三氯化铑 [J]. 中国资源综合利用, 2010, 28 (11): 18-20.

[69] 金创石, 张廷安, 牟望重. 液氯化法浸金过程热力学 [J]. 稀有金属, 2012, 36 (1): 129-134.

[70] 余建民, 毕向光, 李权. 汽车失效催化剂之铂族金属分离方法 [J]. 稀有金属, 2013, 37 (3): 485-493.

[71] 杨敬军. 汽车失效催化剂中铂族金属分离方法研究 [J]. 甘肃科技, 2018, 34 (8): 21-22.

[72] Lee J Y, Raju B, Kumar B N, et al. Solvent extraction separation and recovery of palladium and platinum from chloride leach liquors of spent automobile catalyst [J]. Separation and Purification Technology, 2010, 73 (2): 213-218.

[73] Reddy B R, Raju B, Lee J Y, et al. Process for the separation and recovery of palladium and platinum from spent automobile catalyst leach liquor using LIX 84I and Alamine 336 [J]. Journal of Hazardous Materials, 2010, 180 (1-3): 253-258.

[74] 李岩松, 王大维. 螯合哌啶树脂 R_{410} 分离铂、钯与铑的工艺研究 [J]. 有色矿冶, 2012, 28 (5): 30-31, 29.

[75] 张方宇, 王海翔, 姜东, 李耀星, 郑远东. 从废重整催化剂中回收铂、铼、铝等金属的方法 [P]. 中国专利: 00136509, 2000-12-29.

6 其他二次资源

上述章节中主要介绍了阳极泥、电子废弃物、废催化剂等主要贵金属二次资源的再生利用技术，对于高品位金属废料（如首饰）、低品位废液、废渣等的研究较少，本章主要介绍上述贵金属二次资源的回收利用。

6.1 废旧首饰回收黄金

首饰市场经常回收已经磨损甚至损坏的首饰，一般这些首饰的贵金属含量不能确定，如果直接加以利用，可能会生产出贵金属含量不能确定的劣质珠宝。从技术与经济的角度出发，生产商更趋向于把这些材料回收精炼，提高废旧首饰珠宝的回收价值。废旧首饰在提纯精炼之前需要进行预处理，除去有害、脆化的杂质，从而降低生产成本并且最大限度地回收贵金属。黄金是最重要、最广泛的贵金属首饰，对于废旧黄金首饰提炼的工艺主要有灰吹法、米勒氯化法、沃霍尔威尔电解法、气泡法、王水法等工艺。

6.1.1 灰吹法

灰吹法是将预处理后的含 Au 首饰加入 Pb 中加热至 $1000 \sim 1100\,^{\circ}\mathrm{C}$，将 Au 溶解在 Pb 中，最后经灰吹将包括 Pb 在内的所有贱金属氧化形成氧化铅残渣，得到 Au-Ag 金属锭。此时 Au-Ag 金属锭还可能含有一些 PGMs。如果需要纯 Au，则需要进一步精炼步骤来分离出 Au。该方法会排放大量有毒的氧化铅烟雾，环境污染严重，一般不建议使用，除非安装烟雾消除系统，如气体洗涤器等。

6.1.2 米勒氯化法

米勒氯化法是一种火法氯化工艺，也是最古老、应用最广泛的大规模精炼 Au 的工艺之一。首先将 Cl_2 鼓泡通过熔融的 Au，将贱金属和 Ag 作为氯化物除去，氯化物挥发或在熔体表面上形成熔渣。当 $AuCl_3$ 的紫色烟雾开始形成时，Au 含量达到 $99.6\% \sim 99.7\%$ 的纯度，达到反应终点。通过该方法获得的 Au 纯度为 99.5%，Ag 为主要杂质。该工艺过程所需时间少，广泛应用于矿山金矿的精炼。

米勒氯化法对于操作技能要求高，并且使用 Cl_2 可能会对人身健康和安全有相当大的危害，需要昂贵烟气处理设施，适用于大规模生产。

6.1.3 沃霍尔威尔电解法

沃霍尔威尔电解法是一种古老而成熟的工艺，广泛应用于大型黄金精炼厂，通常与米勒工艺结合使用。该方法是在盐酸电解液中通电溶解黄金阳极，随后在阴极沉积纯度为 99.99% Au，而 Ag 和 PGMs 脱落形成阳极泥，阳极泥进一步分离提取贵金属，贱金属电解进入溶液。

该方法要求阳极黄金纯度一般大于 98.5%，Ag 含量偏高会导致 AgCl 沉淀堆积在阳极表面上，阻碍 Au 的溶解，阳极材料通常是来自米勒工艺生成的 Au。沃霍尔威尔电解法因耗时长、电极和电解质中的含 Au 量而受到限制。

6.1.4 气泡法

气泡法是沃霍尔威尔电解法的变体，更适合珠宝商进行小规模精炼。在电解池中，阴极容纳在多孔陶瓷罐中，该多孔陶瓷罐用作半透膜，防止溶解在阳极侧壁电解质中的 Au 穿过阴极并沉积在阴极上。因此，Au 和其他可溶性金属氯化物积聚，而不溶性的 AgCl 和 PGMs 的氯化物沉积到电池底部。

电池周期性的被耗尽和过滤，而电解质中的 Au 通过选择性还原剂沉淀析出。这样，溶解的 PGMs 与 Au 分离，将 Au 的纯度提高到 99.99%。与沃霍尔威尔电解法不同的是，在外加交流电的情况下，气泡池可以处理含 Ag 质量分数为 10%~20% 的阳极，不过可能需要定期从阳极表面刮除 AgCl 杂质。

6.1.5 王水法

王水法是珠宝商和精炼厂在中小型规模上最常使用的方法，可生产纯度高达 99.99% 的 Au。王水法是基于王水的强氧化性将 Au 溶解形成可溶性 $[AuCl_4]^-$，而 AgCl 以沉淀形式过滤掉，然后用还原剂将 Au 选择性地从溶液中沉淀出来，过滤、洗涤、干燥，将所得 Au 粉熔化铸锭。

为增加贵金属表面积，提高溶解活性，在实际生产中往往将废旧首饰粒化，并使用一系列添加剂强化浸出，目的是仅使用少量过量的酸而且不残留任何未溶解的 Au，缓慢加热促进溶解。该过程生成大量氮氧化物，因此必须对烟气进行安全处置，避免环境污染。得到的黄绿色溶液经过滤去除不溶性 AgCl 和其他非金属的研磨剂和夹杂物，溶液中的 Au 可以使用还原剂（如硫酸亚铁、亚硫酸氢钠和二氧化硫气体、肼、甲醛、草酸、氢醌等）选择性沉淀，有些还原剂在会产生有害气体，如 $FeSO_4$ 会生产 SO_2。

6.1.6　火法冶金

火法冶炼氧化工艺的原理是选择性氧化贱金属杂质，在熔剂覆盖下使空气或氧气鼓泡熔化，先除去除 Cu 以外的所有贱金属，然后再去除 Cu。生成的氧化物和非金属夹杂物漂浮到黄金熔体表面并与熔剂造渣。

Gibbon[1] 使用苏打灰熔剂熔化废料，过滤掉炉渣，然后向熔体中加入新配制的熔剂，并通过耐火管鼓入空气。在该过程中，Zn、Sn、Pb 和 Cd 等杂质被氧化快速去除并富集在炉渣中。在吹送过程中会放出大量 ZnO 烟气，需要洗涤气体并收集。再一次将炉渣除去，加入熔剂，并重复该过程，约 1h 后反应基本完成，最后将 Au-Ag-Cu 合金倒入铁模具中铸造。坩埚材料的选择和熔剂配方对工艺效率和经济效益有很大影响。该方法关键是贱金属与熔剂的造渣，形成低熔点的渣相。渣中 Cu 含量能表明炉渣的氧化状态，可以根据炉渣中 Cu 含量来计算 Au、Ag 和炉渣中其他贱金属的含量。

6.2　废感光材料中提取 Ag

感光材料指的是照相行业中的胶片、胶卷和相纸等材料。近年来，用于生产感光材料的 Ag 不断剧增，随着 Ag 的大量消耗及原矿资源的枯竭，原生 Ag 成本不断升高，从废感光材料中绿色提取 Ag，减少对环境的污染具有显著的经济、社会和环境效益。废感光材料可分为固体和液体两大类。固体废感光材料主要有废胶片、废相纸等，液体废感光材料主要指废定影液、显影液等。

6.2.1　固体废感光材料回收 Ag

固体感光材料主要指感光胶片，感光胶片种类繁多，包括电影黑白胶片、彩色胶片、照相用黑白底片、彩色底片、彩色反转片、航空照相胶片、复制片和 X 射线胶片。一般感光胶片主要由片基和卤化银构成，片基是用三醋酸纤维或硝基纤维素制成的透明胶片，Ag 的卤化物和明胶混合后涂在片基上，不同种类的胶片含 Ag 量不同。

废胶片根据来源可以分为两大类。一类来源于医院的废 X 光片，电影制片厂、电影发行公司报废的影片及照相底片等。这类废胶片中的 Ag 经曝光、显影、定影之后绝大部分进入了定影液中。另一类来源于感光胶片厂生产中产生的废胶片。这类废胶片中的 Ag 都存在于胶片上，含 Ag 量（质量分数）约 0.9% ~ 1.8%。废固体感光材料回收 Ag 的方法主要有焚烧法、洗脱法和溶解法，常用方法见表 6-1。

表 6-1 废胶片回收 Ag 的方法

方法		使用的药剂	操作温度/℃	回收或者提纯的方法
A-化学	1	NaCN+H_2O_2	室温	电解
	2	Ce(SO_4)$_2$	未公布	电解
	3	NaClO	室温	电解
	4	$FeCl_3$	35~40	电解
	5	HNO_3	室温	电解（在氰化物存在下）
	6	RCONH$_2$+HNO_3	60~100	冶炼
	7	HNO_3（15%~20%）	90~95	冶炼
	8	NaOH+强搅拌	60~95	未公布
	9	KOH（饱和）+KCl	80	未公布
	10	$H_2C_2O_4$（1%）	97	冶炼
	11	NaOH（乙醇溶液）	沸腾溶液	冶炼
	12	NaOH 或 KOH +二萘基甲烷磺酸钠（5g/L）	70~80	冶炼
	13	热水	未公布	电解
B-微生物学	1	假单胞菌 B132	45	冶炼
	2	土霉素链霉菌	15~70	冶炼
	3	明胶分解微生物	40，50~60，85	冶炼

6.2.1.1 焚烧法

焚烧法是利用胶片聚酯片基及相纸的可燃性，将片基和相纸装入焚烧炉中焚烧，然后从焚烧灰中回收 Ag。为减小卤化银在高温下形成气体逸出，一般在低温缺氧的条件下进行。低温缺氧燃烧产生的 CO 等有毒气体通过二次燃烧转变为无害气体，或作为燃料储存。虽然焚烧法具有处理量大、成本低和操作简单等优点，但该方法烧掉了高价的片基、且造成 Ag 在烟尘中的损失。由于感光材料及焚烧条件的不同，炉灰中的含 Ag 量差别很大，Ag 回收率比较低。

为了减少 Ag 在烟尘中的损失和降低环境影响，开发出不同类型的焚烧炉。柯达公司开发的大型焚化炉由两个燃烧室组成，并配有冷却和收尘系统，该焚烧炉是将胶片和相纸在第一燃烧室中鼓入限量的空气缓慢燃烧，在第二燃烧室中提供过量的空气使可燃气体完全燃烧，温度可达 750℃，经喷水雾降温至 316℃，然后由静电除尘器回收烟气中的 Ag。产出的灰分（焚化胶片的灰分含 Ag 质量分数为 46%~52%，相纸灰分含 Ag 质量分数为 0.6%~0.7%）和烟尘采用电弧炉熔炼，或用稀硝酸溶解，加盐酸沉淀 Ag，粗银加入碳酸钠熔炼，或经稀硝酸溶解后送电解提 Ag。

6.2.1.2　碱溶液洗脱法

用1%碱溶液作洗脱液，在60~70℃下放入废片，经搅拌感光层剥落，取出片基。洗脱液经澄清过滤，从沉淀物回收Ag。这种洗脱液中含有大量明胶胶体，卤化银难以沉淀，过滤也很难，得到的沉淀物也难以熔炼处理。

用加热的乙二醇碱溶液与废感光胶片反应，可使底涂层、感光涂层从PET片基上脱落，然后采用过滤、离心分离等操作，使PET与涂料分离，回收洁净的PET。林振权[2]将9072g直径约6.3mm的废感光胶片碎片放置在接触反应器内，并加入含1% NaOH的乙二醇水溶液，缓缓搅拌，在150℃下反应16min后涂料层从PET片基上完全脱落。将上述混合物转移至过滤器内过滤，涂料-乙二醇从过滤器流出，而PET碎片留在粗过滤器内。将PET碎片转移至漂洗器内进行漂洗，得到洁净的PET。涂料-乙二醇溶液用离心机分离，得到澄清液和涂料泥浆。澄清液转移至漂洗器，用于漂洗PET碎片，然后循环至接触反应器再用，涂料泥浆经高温焙烧处理回收Ag。

Nak等[3]将剪成小片的废胶片放入80mL的1.0~1.5mol/L NaOH溶液的烧杯中，在70~80℃的水浴中搅拌直到Ag和明胶完全剥离，然后将所得的溶液在90~95℃的水浴中剧烈搅拌，直到观察到粗颗粒的Ag，将所得沉淀物洗净干燥，Ag的纯度可达99.24%。

6.2.1.3　微生物法

微生物法主要是利用蛋白酶、淀粉酶、脂肪酶等微生物破坏废胶片感光层或乳剂的主要成分，生成可溶性的肽或氨基酸从基片上脱落，并使卤化银沉淀析出，由于乳剂中的Ag粒度极小，需要加入凝聚剂加速Ag沉淀析出。蛋白酶在45℃作用一段时间，废片基上的感光层就剥落下来，片基取出经洗涤后回收利用。洗脱液经调节pH值沉降得到含Ag富集物，用硫代硫酸钠溶液提取获得金属Ag。由于浸出液呈泥浆状，液固分离较困难。因此，在过滤前将泥浆加热使之凝聚沉降后用离心过滤机过滤，最后电解滤液提取Ag。总体而言，该方法Ag回收率约85%，工艺流程复杂、成本高、环境污染较为严重。

Cavello等[4]利用角化细胞的丝氨酸蛋白酶分解废胶片的明胶层，在pH=9.0条件下，酶的水解速率随着酶浓度的增加或者温度的增加而增加，优化的反应条件为在pH=9.0，酶浓度为6.9U/mL，温度60℃，在6min内明胶层完全水解。研究还发现，加入甘油和丙二醇可以提高酶的稳定性，并且加入甘油时明胶水解酶可重复使用。

6.2.1.4　溶解法

溶解法是利用溶剂将胶片上卤化银溶解到溶液中，再从溶液中回收Ag，一般用硫代硫酸钠作溶剂。但是由于废胶片上的明胶在溶解Ag的过程中部分溶解，导致溶液黏度增加。如果溶液反复处理胶片，溶液中胶质含量会不断增加，固液分离困难，降低Ag的回收率。

郭菊花等[5]利用硝酸将 Ag 从胶片片基上浸出，然后用 NaCl 沉淀回收 Ag。优化工艺参数为 8% HNO_3，液固比 10:1，酸浸温度为 70℃，反应时间 10min，NaCl 与 Ag 质量比为 0.54，Ag 回收率在 99% 以上。

陈志敏等[6]用 65% HNO_3 和 30% H_2O_2 按 1:1 的体积比混合组成 HNO_3-H_2O_2 溶解 Ag，结果表明当硝酸浓度 7mol/L、反应温度 60℃时，溶解速度较佳。该方法不产生 NO、NO_2 等有毒气体，对环境较友好。

溶解废胶片时主要化学反应为：

$$3Ag + 4HNO_3 == 3AgNO_3 + NO\uparrow + 2H_2O$$

$$NO + H_2O_2 == NO_2\uparrow + H_2O$$

$$3NO_2 + H_2O == 2HNO_3 + NO\uparrow$$

总反应方程式为：

$$2Ag + 2HNO_3 + H_2O_2 == 2AgNO_3 + 2H_2O$$

采用三聚巯基三嗪（TMT）沉淀回收废胶片溶液中的 Ag。Ersin 等[7]研究发现，Ag 的回收率主要受 TMT 的浓度和 pH 值影响，而温度（20~60℃）的影响不大。反应机理如下：

$$3Ag^+ + (C_3N_3S_3)^{3-} + nH_2O == Ag_3C_3N_3S_3 \cdot nH_2O_{(s)} \quad (pH > 12.5)$$

$$2Ag^+ + (HC_3N_3S_3)^{2-} + nH_2O == Ag_2HC_3N_3S_3 \cdot nH_2O_{(s)} \quad (pH = 8 \sim 10)$$

$$Ag^+ + (H_2C_3N_3S_3)^- + nH_2O == AgH_2C_3N_3S_3 \cdot nH_2O_{(s)} \quad (pH = 5 \sim 8)$$

由此可知碱性条件更有利于 Ag 的沉淀，同样的 1mol TMT 在 pH>12.5 时可以沉淀 3mol Ag，在 pH=8~10 时可以沉淀 2mol Ag，在 pH=5~8 时只沉淀 1mol Ag。

在采用 H_2O_2 溶液沉淀回收 Ag 的过程中，Ag 主要以 AgS 形式的细晶粒析出。Bas 等[8]研究指出，Ag 的沉淀是一个快速反应的过程，由于伴随的硫代硫酸盐的氧化，反应产生大量的热量，具有高放热性。因此，反应过程中需要控制温度，pH 值（4.2~7.0）的增加及乙二醇（0.5~10.0mL）的添加都有利于提高 Ag 的回收率。反应原理如下：

$$2Ag(S_2O_3)_2^{3-} + H_2O_2 + 2H^+ == 2Ag\downarrow + 2S_4O_6^{2-} + 2H_2O$$

$$[\Delta G_{293K} = -402.8kJ/mol(-96.2kcal/mol)]$$

$$6Ag(S_2O_3)_2^{3-} + 13H_2O_2 + 6H^+ == 3Ag_2S\downarrow + 5S_4O_6^{2-} + SO_4^{2-} + 16H_2O + 6O_2$$

$$[\Delta G_{293K} = -2063.3kJ/mol(-492.8kcal/mol)]$$

$$4Ag(S_2O_3)_2^{3-} + 4H_2O_2 + 4H^+ == 2Ag_2S\downarrow + S_4O_6^{2-} + 3SO_4^{2-} + 7S\downarrow + 6H_2O + 4O_2$$

$$[\Delta G_{293K} = -202.6kJ/mol(-48.4kcal/mol)]$$

$$6S_2O_3^{2-} + 6H_2O_2 == S^{2-} + 2S_4O_6^{2-} + 3SO_4^{2-} + 6H_2O$$

$$[\Delta G_{293K} = -1737.5kJ/mol(-415.0kcal/mol)]$$

$$2Ag(S_2O_3)_2^{3-} + S^{2-} == Ag_2S\downarrow + 4S_2O_3^{2-}$$

$$[\Delta G_{293K} = -183.4kJ/mol(-43.8kcal/mol)]$$

6.2.2　液体废感光材料回收 Ag

2019 年，我国约有 10% 的 Ag 用于感光材料领域，感光材料经过曝光、显影、定影之后，彩色相片的影像由染料组成，而 Ag 会全部溶解在废定影液里，黑白相片中有 80% 的 Ag 进入废定影液里。因此，液体废感光材料的回收具有较大的经济效益。另外，由于废显影液、定影液含有 Ag、硼砂、酚化合物、苯化合物等多种有害成分，直接排放将造成环境污染。如何从废显影液，定影液中提取 Ag 成为人们研究的重点。在废定影液中，Ag 主要以硫代硫酸银络合物 $[Ag(S_2O_3)_2]^{3-}$ 的形式存在，质量浓度为 2~9g/L，pH 值在 4~10 之间。目前，废定影液回收 Ag 的方法主要有金属置换法、电解法、化学沉降法、有机物还原法等。

6.2.2.1　金属置换法

金属置换法的主要机理是利用比 Ag 活泼的金属将定影液中的 Ag 置换出来，常用 Fe 置换 Ag，该反应在置换器中进行。其主要反应机理如下：

$$Fe + 2Ag(S_2O_3)_2^{3-} == Fe^{2+} + 4S_2O_3^{2-} + 2Ag$$

缪爱园等[9]采用 Fe 置换回收 Ag，通过实验确定的最佳工业参数为 pH = 5.5、温度 40℃、搅拌速度 1440r/min、搅拌 30min，Ag 置换率达 95% 以上。提 Ag 后的废液加入 H_2O_2，并补充硫代硫酸钠和亚硫酸钠，再生回用。王为振等[10]利用 Fe 粉还原法处理含 Au 滤液，从中回收 Au、Ag 等，并探究了 Fe 粉置换条件对回收效果的影响，结果表明在 Fe 粉添加量 $5kg/m^3$、反应温度 40℃、反应时间 30min 的条件下回收效果最佳，置换率可达 98%。

6.2.2.2　电解银回收法

该方法的原理是将直流电加在一对电极上，溶液中的 Ag^+ 被吸引至阴极发生还原反应，在阴极形成纯度为 95%~99% 的 Ag。阴极（不锈钢）反应为 Fe^{3+} 还原为 Fe^{2+}，硫代硫酸银变为金属 Ag，重亚硫酸盐变为连多硫酸盐，硫代硫酸盐变为 AgS。阳极（碳）反应为亚硫酸盐氧化为连二硫酸盐和其他成分，Fe^{2+} 氧化为 Fe^{3+}，亚硫酸盐变为硫酸盐。电解设备电极分为旋转阴极、固定阴极、替换电极 3 种类型，其中旋转阴极效果较好，处理后废液中 Ag 质量浓度能降到 50mg/L。影响电解反应的主要因素有溶液的组成、pH 值、电解时间、电流密度、搅拌强度等。该方法的优点是 Ag 以金属形态被回收，没有其他杂质生成，但是设备价格高、维护和操作复杂，废液中残余 Ag 的质量浓度高于金属置换法，而且硫化会生成 H_2S 气体。目前，澳大利亚和南美洲一些国家使用该方法，电解液经处理后直接排入下水道。

米永红等[11]采用新型电解槽回收废定影液中的 Ag，电解槽的电极由圆心向外以辐射状排列，同性电极与异性电极相间排列。该方法回收率超过 99.6%，每千克 Ag 平均单位能耗 0.70kW·h，极大降低了废定影液提取 Ag 的成本和能耗。

6.2.2.3 化学沉降法

化学沉降法是指利用金属盐溶液作为沉淀剂，使 Ag^+ 以沉淀的形式析出，一般可用硫化钠或硼氢化钠溶液处理废定影液，由硫化钠反应可得到 Ag_2S，由硼氢化钠则得到 Ag。前者又可以分为 Ag_2S 湿法和 $AgCl$ 湿法，Ag_2S 湿法是指在废定影液中加进硫化钠饱和溶液，废液中的 Ag^+ 变成黑色的硫化银粉末，沉淀下来形成 Ag 富集物。Ag 富集物经加热、硝酸溶解后得到 $AgNO_3$ 结晶，最后在电解池中还原为单质 Ag。其主要机理为：

$$2[Ag(S_2O_3)_2]^{3-} + S^{2-} \Longrightarrow Ag_2S\downarrow + 4S_2O_3^{2-}$$

$$Ag_2S + 2H^+ \Longrightarrow 2Ag^+ + H_2S\uparrow$$

该方法还原提取的 Ag 的效率可达 95% 以上，但是产生的沉淀物需要再经过纯化才可获得纯 Ag，过程比较烦琐，而且添加的化学药剂价格昂贵，经济效益比较低。而且这种方法可能会产生 H_2S、SO_2 等有毒气体，危害人体健康和污染环境，限制了产业化应用。

6.2.2.4 有机物还原法

有机物还原法主要是通过有机溶液（如还原糖溶液）还原废定影液中的 Ag。岑贵俐等[12] 提出了用抗坏血酸作还原剂将氯化银还原为 Ag 的办法。该方法首先用氨水溶解氯化银，克服了氯化银湿法还原中先还原出来的 Ag 覆盖未还原的氯化银，影响 Ag 的纯度及反应的速度的缺点。同时在银氨络离子被还原为 Ag 的同时又释放氨分子，可以进一步溶解 $AgCl$，减少氨水用量，解决了溶解 $AgCl$ 需要用大量氨水的问题。实验较佳工艺参数为 $pH>9$，氨浓度约 $1.0mol/L$。

$$[Ag(S_2O_3)_2]^{3-} + I^- \Longrightarrow AgI\downarrow + 2S_2O_3^{2-}$$

分离出的 AgI 在碱性条件下以葡萄糖还原成单质 Ag。

$$2AgI + C_6H_{12}O_6 + 3NaOH \Longrightarrow 2Ag + 2NaI + C_6H_{11}O_7Na + 2H_2O$$

魏剑英等[13] 研究了用碘化钾沉淀 Ag，葡萄糖还原回收 Ag 的方法。碘化钾在酸性条件下沉淀 Ag，葡萄糖在碱性条件下还原碘化银。该工艺 Ag 的回收率大 94%，Ag 粉纯度高于 99.5%，KI 可重复利用、回收成本低。

总体来说，使用有机物还原废液中的 Ag，不会使 C、Si、Fe、Cu、Bi、Sb 等杂质混入 Ag 粉中，回收得到的 Ag 纯度较高，而且过程操作及后续处理比较简单。

6.3 废液提取贵金属

贵金属在应用广泛，在生产和使用过程中往往会产生大量废液。一般来讲，稀贵金属废液主要来源于有色金属冶炼过程中的设备冷却水、炉渣粒化用水与清洁水、烟气净化用水、湿法冶金过程中非正常操作所排放的废水、电镀过程形成的废液等。此类废水腐蚀性大，成分复杂，大多数含 Au、Ag、Pt 等。从废水中回收贵金属，不仅防止废液污染环境，还具有一定的经济价值。废液中稀贵金属的回收方法主要有沉淀法、置换法、吸附法、溶剂萃取法、电解法、离子交换法等。可根据废液中元素的含量及废水量，选择采用合理的处理方式。

6.3.1　沉淀法

沉淀法主要是指利用沉淀剂使废液中的贵金属以沉淀的方式富集，然后经过过滤、洗涤干燥得到富集物，最后进行高温煅烧得到纯净的贵金属。一般来说，质量分数大于 1% 的贵金属废料都可以采用沉淀法。该方法的回收流程如图 6-1 所示。

Umeda 等[14]针对沉淀法处理后含微量贵重金属，且含有大量铵离子的强酸性废水的处理，通过使用传统的湿法冶金工艺中和和还原回收含大量铵根离子（NH_4^+）的废水中的贵金属和其他有价值的金属。废水经调节 pH = 6 中和处理后，Fe、Pb、Bi、Sn、Cr、Al、In 等元素实现完全回收，Cu 的回收率达96%。但是，Au、Pt、Ag、Pd、Ni、Zn

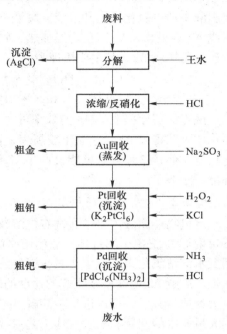

图 6-1　沉淀法回收 Au-Pt-Pd 工艺流程图

的回收率在 30% 以下，其中 Pt 最低，为 14.7%。中和后，过滤所得的滤液经脱氨和还原处理，还原的 pH 值控制在 7.5。回收残留在溶液中的 Au、Ag、Pd，Pt 的回收率为 78.3%，约有 50% 的 Zn 留在溶液中。

6.3.2　置换法

置换法通常是将活性高的金属作为还原剂，使废液中的贵金属还原沉积。由于 Zn 和 Fe 的价格相对较便宜，故常为还原剂。

采用 Fe 粉置换后的废液中 Cu 含量较高，对后续废水处理造成很大影响，且含有较高的 Au、Ag、Pt、Pd 等贵金属，对资源造成很大的浪费。侯绍彬等[15]提出了 Fe 粉置换与 $FeSO_4$ 联合置换工艺处理废液。$FeSO_4$ 的加入，不仅将 Au 还原，且与废液中微量的 Ag、Pt、Pd 及大量的 Cu 发生反应，产生单质沉淀。改造后的工艺溶液中各元素的含量大幅降低，其中 Au 回收率达到 99.98% 以上，Cu^{2+} 和 Pb^{2+} 的含量也明显降低。

6.3.3　吸附法

活性炭吸附法是指利用活性炭的固体表面对贵金属的吸附作用，以达到回收贵金属的目的。吴向阳等[16]利用活性炭的良好吸附特性回收选矿废水中的 Au、Ag 等有价金属。选用活性炭粒度 $2360 \sim 1000\mu m$（8～16 目）、水分不大于 10%、比表面积 $1050 \sim 1200 m^2/g$，pH 值 9～11，水流速 120mL/s，选矿废水 Au 0.3mg/L、Cu 295mg/L，吸附处理后出水口未检测出 Au，Cu 含量仅为 10mg/L。

柿子单宁（PT）是一种价廉而丰富的天然生物质产品，由多个相邻酚羟基的柿子提取物制成，已被用作选择性结合和回收各种金属离子的有效的吸附剂[17]。氧化石墨烯（GO）是一种高度氧化的石墨烯形式，由于其边缘和表面含有许多含氧官能团，包括羧基、羟基和环氧基团，所以是改性各种物质的基本材料[18]。Wang 等[19]采用柿子单宁与氧化石墨烯共同制备了一种新型的生物吸附剂（PT-GO），用于 Au^{3+}、Pd^{2+} 和 Ag^+ 离子的吸附。Au^{3+}、Pd^{2+} 和 Ag^+ 的最大吸附量分别为 1325.09mg/g、797.66mg/g 和 421.01mg/g。

Jalilian 等[20]合成了一种新型的纳米复合材料，作为 Ag^+、Au^{3+}、Pd^{2+} 和 Pt^{2+} 的纳米吸附剂。纳米复合材料片两面上含氮和含硫官能团的存在促进了贵金属离子与吸附剂表面之间的强复合物的形成，可用于检测 $0.1 \sim 1.0\mu g/L$ 的贵金属。Ag^+、Au^{3+}、Pd^{2+} 和 Pt^{2+} 的最大吸附容量分别为 49mg/g、50mg/g、45mg/g 和 50mg/g。

生物吸附法是回收贵金属离子的低成本的环保方法。有多种生物材料包括藻类、真菌、细菌放线菌、酵母等以及一些生物聚合物和生物废料可以与贵金属结合，回收贵金属离子。但是，实际的应用还不多。其中一个原因是废水中贵金属含量很低，并且含有强酸和高浓度的贱金属，如 Fe 和 Cu。Ju 等[21]提出了用单细胞红藻（Galdieria sulphuraria）通过生物吸附选择性吸附低浓度的 Au 和 Pd，并且从细胞中回收了高纯度的 Au^{3+} 和 Pd^{2+}。单细胞红藻可以从王水基金属废水中选择性回收 90% 以上的 Au 和 Pd。然后将金属从细胞中洗脱到含有 2.8% 铵的铵盐溶液。整个过程操作简单，时间短，在从工业废水中回收低浓度的贵金属方面具有很好的应用前景。

6.3.4　溶剂萃取法

溶剂萃取技术是从电镀废水中选择性去除和回收有价金属（Cu、Zn、Ni、Cr 和 Fe）的较为合适的工艺。相比于其他技术，溶剂萃取技术处理能力大，废水中的金属可以选择性地作为金属盐通过结晶或电解回收。Kul 等[22]利用几种萃取剂，如 DEHPA、TBP、LIX 984N-C、Cyanex 272 和 Aliquat 336 从电镀废水中分离和回收有价金属。结果表明，Zn、Cu、Fe、Ni 和 Cr 的最佳提取平衡 pH 值分别为 1.45、1.20、1.00、5.25 和 6.00；萃取剂分别为 10% Aliquat 336、5% LIX

984N-C、10% DEHPA、15% LIX 984N-C 和 10% Cyanex 272；萃取效率分别为 99.6%、100%、100%、99.9%和 100%。

液膜是阻隔在两个可互溶但组成不同的液相之间的膜，一个液相中的待分离组分通过液膜的渗透作用传递到另一个液相中，从而实现分离的目的，可分为乳液膜与支撑液膜。

乳液膜（ELMs）技术是回收微量贵金属（如 Au、Ag 和 Pd）的一种有效方法。ELMs 结合了萃取和回收过程，不需要胶结或化学沉淀过程的作为后续处理[17]，该工艺常被用来从电镀废水中回收 Pd。Noah 等[23]开发了一种以次膦酸基为载体的新型液膜制剂，采用 ELMs 从电镀废水中选择性提取 Pd。优化的提取和回收工艺条件为：0.2mol/L Cyanex 302 为载体，1.0mol/L 硫脲和 1.0mol/L H_2SO_4 作为反萃取剂，萃取时间 5min，处理比 1:3，体系 pH = 3。在上述条件下，Pd 的提取率和回收率分别为 97%和 40%。

支撑液膜（SLM）是通过将疏水性微孔高分子聚合物支撑体浸在溶解有机载体的膜液中，在表面张力作用下膜液充满支撑体微孔而形成支撑液膜；以其为料液相与反萃相提供分隔界面，料液相中的溶质离子在 SLM 的一侧表面被膜液中的有机萃取剂（载体）萃取，以络合物的形式在支撑体微孔内扩散传递至 SLM 另一侧表面，再被反萃而实现分离。有机相载体的存在使 SLM 过程实质为一种选择性促进传递过程，其高选择性可承担微孔有机高分子固态膜所不能胜任的分离要求。该方法突破了传统溶剂萃取的化学平衡，在料液与反萃剂间溶质分子的活度差驱动下强化了传质，因而具有传质推动力大、试剂消耗量少、溶质可逆浓度梯度传递的优势。但是 SLM 主要缺点是由于有机萃取液浸入相邻水相而使其寿命相对较短，导致样品稳定性有限[24]。

聚合物包含膜（PIM）能较好地克服 SLM 的缺点。Nasser 等[25]首次用 PIM 从水溶液中去除和回收氰化银配合物。PIM 以 Aliquat 336 作为载体，三醋酸纤维素（CTA）作为基础聚合物，和二（2-乙基己基）癸二酸酯（BEHS）作为增塑剂。研究发现，膜组成影响 $Ag(CN)_2^-$ 的运输；当使用 HCO_3^- 作为剥离剂时，可实现最佳的氰化银去除效果。

6.3.5　电解法

电解法一般用于镀银废液，以废液为电解质，通直流电后插入正、负电极，废液中带正电的 Ag^+ 会立即聚集在负极上。电解法最大的优点就是不需要添加化学试剂，同时由于 Ag 电极电位较高（0.80V），电解过程中其他金属离子不易析出，从而回收得到高纯度的 Ag。但操作过程中，直流电流不易控制，电流过大时会产生硫化银沉淀阻止 Ag 的正常溶解；电流过小则效率较低。该方法在 Ag^+ 浓度较低条件下无法进行[26]。

6.3.6 离子交换法

离子交换法是通过离子交换剂，使废液中的离子与交换剂上负载的离子进行交换，从而实现废液中金属的分离。离子交换剂包括阴离子交换树脂、阳离子交换树脂、螯合树脂及离子交换纤维等。离子交换法一般用于处理毒性较强的废水。例如，在氰化物镀金废水中，Au 以 $Au(CN)_2^-$ 络合阴离子形式存在，可采用阴离子交换树脂进行处理。工作原理如下：

$$RCl + KAu(CN)_2 \rightleftharpoons RAu(CN)_2 + KCl$$

由于 $Au(CN)_2^-$ 络合阴离子的交换势较高，可采用丙酮-盐酸水溶液再生可以获得比较好的效果。洗脱过程中 $Au(CN)_2^-$ 络合阴离子被 HCl 破坏，变成 AuCl 和 HCN，HCN 被丙酮破坏。AuCl 不溶于水而溶于丙酮，因此可被丙酮从树脂上洗脱下来。洗脱液经水浴加热、简单蒸馏回收丙酮后，AuCl 即沉淀析出，再烘干并在 500℃ 下灼烧 2~3h，即可转化为单质 Au。为提高回收黄金的纯度，可用浓 HNO_3 对黄金进行煮沸提纯。

与上述方法相比，离子交换法可以回收废液中比较微量的稀贵金属，而且操作简便，交换速度快，不会引起二次污染。但是由于树脂的价格昂贵，再生使用的药剂量大，处理废水的成本比较高，使其在推广中受到一定限制。目前尚处于实验阶段，并未进行工业化利用。而且处理的废水中化合物种类多，从而污染和氧化树脂，降低其交换能力，针对不同性质的废水还需要选择不同的交换树脂，普遍使用性比较差[27]。

6.3.7 氧化还原法

氧化还原法是指利用还原剂将废液中的贵金属离子置换出来。常见的还原剂有铁屑、铜屑、硼氢化钠、硫酸亚铁、锌粉等。由于铁屑、铜屑主要来自冶金加工产生的废料，数量巨大且来源广泛，利用它们可以还原活性较弱的 Au、Ag 等，具有以废治废的意义，适用性广。同样，过氧化氢也经常用于废液中提取贵金属。如在无氰镀金废液中，Au 是以亚硫酸金络合阴离子形式存在。过氧化氢将 Au 还原，同时将亚硫酸根氧化为硫酸根离子，其反应原理如下：

$$Na_2Au(SO_3)_2 + H_2O_2 \rightleftharpoons Au + Na_2SO_4 + H_2SO_4$$

过氧化氢的用量是根据废液的含 Au 量来确定的。用量比为 $Au : H_2O_2 = 1 : (0.2~0.5)$，加热煮沸 10~15min，使过氧化氢反应完全。将生成的 Au 用去离子水洗涤干净，然后进行提纯处理。近年来，光催化氧化还原法逐渐发展起来，并用来处理各种有机废液和重金属废液，但在成分复杂的贵金属废液处理方面还不太成熟。

总体而言，氧化还原法作为废液治理的预处理步骤，在贵金属废液中提取稀贵金属方面有一定优势，虽然这种技术发展不是很完善，但由于其反应条件温和、操作条件容易控制、氧化能力强、无二次污染，已经用于废液中贵金属的回收。

6.4 废耐火材料提取贵金属

玻纤工业生产过程中使用的漏板、坩埚、池窑鼓泡器等材料均需使用 Pt 和 Rh。漏板在长期高温作业的条件下，由于脱落、渗漏等原因，总会有少量 Pt、Rh 等贵金属沉积在漏板周围的耐火浇注料上。Al_2O_3、SiO_2、CaO 等耐火材料和无机黏结剂按比例混匀后浇注在漏板周围，经烘烤后黏合为整体成玻纤耐火砖。据统计，每年用于制造漏板材料的 PGMs 为 25~30t。在玻纤生产过程中，铂铑合金经高温氧化挥发进入周围的耐火砖或废玻璃渣中，其在耐火材料中含量为 0.2~2.0kg/t，远高于铂铑精矿的品位，是重要的 PGMs 二次资源[28]。因此，耐火材料的回收再利用具有显著的经济和环境效益。目前，从耐火材料中回收贵金属主要有碱熔法、酸溶法及选冶联合法。

6.4.1 碱熔法

由于废耐火砖和玻璃碴中的主要成分是 SiO_2 和 Al_2O_3，熔剂可选用 NaOH、Na_2CO_3，或者二者混合。加碱性试剂可以使 SiO_2 和 Al_2O_3 转化为可溶性钠盐，而铂铑合金则不参与反应。碱熔产物经过酸浸后，使铂铑金属得到分离，废液无害排放。其工艺流程如图 6-2 所示[29]。

尽管 NaOH 的碱熔效果比 Na_2CO_3 好，但 NaOH 价格较高，导致处理成本提高。废耐火砖材料传热性差，导致炉窑热效率低，烧结不均匀。同时，酸浸时焙烧产物中硅铝酸盐会与盐酸反应产生胶体，导致固液分离困难。针对上述问题，姚现召等[30]提出了玻纤工业废耐火砖中铂铑金属微波碱熔活化-水溶酸浸富集工艺。该工艺采用微波辐射加热的技术，使每个原子和分子都成为加热源，从而实现碱熔过程加热均匀。在碱熔产物酸浸富集之前，先进行水溶除盐，减缓硅铝酸盐胶体的生成速率，提高分离效率。

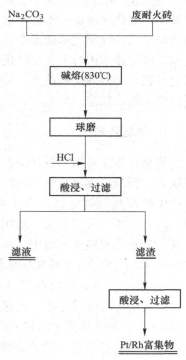

图 6-2 碱熔法富集 Pt 与 Rh 的
工艺流程

对比微波碱熔活化-水溶酸浸富集工艺与传统的碱熔工艺，采用微波辐射加热方式，反应温度降低，反应时间缩短。采用酸浸工艺时有少量 Pt 分散在水溶液中，需要还原沉淀回收。较佳的工艺参数为：辐照温度 800℃，保温时间30min，NaOH 与废料质量比为 1.4∶1，酸浸富集盐酸浓度 3.0mol/L，浸出时间5min，酸料比 15mL/g。该工艺铂铑回收率为 98.30% 和 99.99%，富集约 33 倍。然而，由于微波处理量小，限制了该方法在工业上的应用。

6.4.2　王水溶解法

毕鹏飞等[31]采用王水溶解从废耐火材料中提取铂铑。铂铑的回收率达 90%以上，获得的海绵铂和铑粉的纯度均大于 99.95%，工艺流程如图 6-3 所示。

首先，用王水溶解铂铑合金，铂铑与硝酸反应生成硝基化合物，为不影响后续铂铑的分离和提纯，加盐酸使硝基化合物转化为可溶性的氯络合物。根据贱金属以阳离子形态存在、铂铑以氯络阴离子形态存在的特点，采用强酸性阳离子交换树脂选择性去除贱金属。贱金属去除程度关键取决于溶液 pH值，pH 值过低时贱金属离子可能形成络阴离子，过高则使铂铑转化成阳离子。因此，pH值应控制在 1.5~2.0。

然后，利用磷酸三丁酯（TBP）在盐酸介质中对 Pt 和 Rh 萃取能力的差异分离铂铑。当萃取时间为 5min，盐酸溶度在 3 ~5mol/L 时效果较好。萃取分离后，用 NH₄Cl沉淀、灼烧可得到海绵铂。同时，在一定的pH 值条件下用 HCOOH 还原回收得到铑黑，一定温度下经高纯氢气还原即得铑粉。

上述提纯工艺流程简单、操作简便、成本较低且分离效果好，贵金属的回收率高，适于推广。

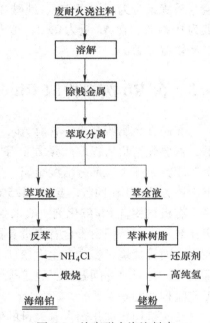

图 6-3　从废耐火浇注料中回收提纯铂铑

6.4.3　选冶联合法

玻纤浇注料经破碎、磨矿至一定粒度后，采用重选得到铂铑精矿和尾渣。选矿尾渣采用添加氧化铅、纯碱、硼砂和玻璃粉、还原剂焦炭粉进行铅捕集熔炼，经吹炼后得到铂铑富集物。铂铑富集物与重选精矿一起进行精炼，经提纯得到合格的铂铑混合粉。

　　由于铂铑漏板、玻纤浇注料及重选介质水的密度分别为20.5g/cm³、4.0g/cm³、1.0g/cm³。重选法比较容易分选矿物，经重选分离得到的低品位尾矿采用铅捕集法富集铂铑，熔渣体系选择 $Na_2O-Al_2O_3-SiO_2$ 体系。熔炼富集得到的铅扣经吹炼可得含量（质量分数）为30%~50%的铂铑合金。铂铑富集物与重选所得品位为60%~80%的铂铑精矿经精炼后可得铂铑金属粉末，整个工艺流程 Pt 和 Rh 回收率分别大于99%和98.5%。

　　杨德香[32]将拆除下来的转炉炉砖采用人工分选出长期浸没于高温贵金属熔体的部分。分选出的废砖进行破碎-细磨-研磨-浮选的流程处理后得到浮选精矿。将铅阳极泥、浮选精矿搭配后配入适量的碳酸钠、还原煤、Fe 粉、石粉后投入炉内，然后放入刚玉坩埚中，在马弗炉中加热至1100℃进行熔炼，产出贵铅和稀渣。最优组合为还原煤3%、纯碱20%、Fe 粉1%、石灰1%，渣中含 Ag 质量分数为0.11%、含 Au 量为2g/t，烟尘含 Ag 质量分数为0.21%、含 Au 量为1g/t，经济效益显著。

6.5　含 Rh 废料提取 Rh

　　非磁性金属废料主要含有 Au、Ag、Pt、Rh 等贵金属，但是贵金属的含量较低，需要先富集后提取。张方宇等[33]首先采用硫酸与硝酸的混合液处理非磁性金属废料，除去大部分活泼金属，然后浸出渣用王水溶解、过滤，不溶渣氯化浸出，该方法 Rh 粉回收率超过91.5%。

　　有机均相含 Rh 催化剂一般采用800℃以上的高温焚烧除去有机物，将 Rh 富集在灰分中。然而由于含有大量有机物，焚烧过程中极容易产生爆燃现象，危险性高，而且焚烧过程会产生大量烟尘，导致 Rh 的流失，且形成大量二噁英等剧毒物质。针对上述问题，王建忠等[34]提出了焚烧含铑有机废料的低温灰化处理，工艺流程如图6-4所示。

　　废有机均相催化剂含有大量的低沸点溶剂，通过减压蒸馏回收溶剂，可以减少溶剂的蒸馏时间和物料体积，降低焚烧的危害。蒸馏温度控制以50~100℃递增，减压蒸馏后产物呈凝胶状。

　　若蒸馏渣直接高温焚烧，会导致物料飞溅、浓烟刺鼻，Rh 回收率低。为解决该问题，加入 NaOH 降解残留的有机物。研究发现，减压蒸馏尾渣与 NaOH 质量比为10∶1时，Rh 回收率较高。将反应温度缓慢升至150~200℃，在200℃保温2h，确保脂类有机物皂化反应完全。然后将温度升至500℃焚烧，温度过高或者过低都不利于 Rh 的回收。焚烧后的物料水洗除掉物料中的碱和盐，然后在600℃下焚烧脱炭，完成物料的灰化。

　　灰化后的物料含铁含量较高，经稀盐酸酸洗过滤后，得到滤渣和滤液，滤液

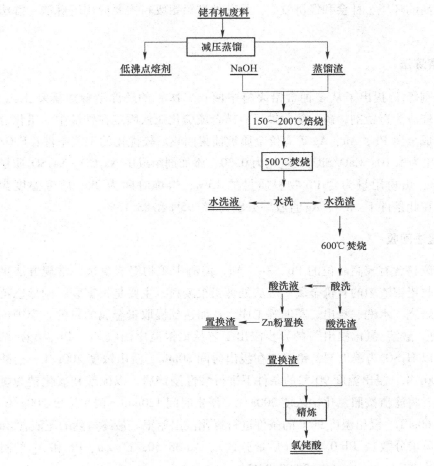

图 6-4 有机含 Rh 废料低温灰化处理工艺

加锌丝置换，得到置换渣。置换渣与酸洗滤渣合并电解精炼氯铑酸，Rh 回收率达到 99%以上。

6.6 铅银废料中提取 Ag

铅银废料是指在湿法提锌的过程中热酸浸出工艺产生的浸出渣。我国 Zn 产量多年位居世界第一位，2020 年 Zn 产量超过 642.5 万吨，每年将产生大量的铅银废料[35]。据统计，每生产 1 万吨电锌将产出铅银废料 3000t。铅银废料长期堆放，不仅造成资源浪费，且废料中的 Pb、Ag、Zn、Cu 等重金属离子还会渗入土壤和地下水中，从而造成环境污染甚至危害人体健康。因此，铅银废料的综合利用具有较高的环境、社会和经济效益。目前处理铅银废料主要应用熔炼法、湿法回收等。

6.6.1   熔炼法

叶龙刚等[36]提出了从多种含铅废料中回收二次铅的还原造锍熔炼新工艺，以黄铁矿烧渣为造锍剂，硫与氧化铁反应结合成硫化亚铁固定在铁锍中，铅化合物被还原成金属 Pb，Au、Ag 等有价金属被捕集回收。较优化的工艺条件：FeO/SiO_2质量比为 1.10、CaO/SiO_2质量比为 0.30、添加剂组成中 Na_2CO_3/Na_2SO_4质量比为 7：3、焦粉用量为含 Pb 物料质量的 15%、熔炼时间为 2h、熔炼温度为1200℃。在此条件下，Pb、Ag 直收率分别为 85.95%和 83.15%。

6.6.2   湿法回收

铅银废料含有较高品位的 Pb、Zn、Ag，但渣中矿物组成复杂，常规方法难以有效回收铅银渣中的有价金属。湿法处理铅银废料，主要是根据废料的形态特点，经过焙烧、水洗、浸出、萃取等工序，从而达到提取贵金属的目的。李国栋等[37]采用"酸溶-氯化浸出"的异步浸出工艺从铅银渣中回收 Zn、Pb、Ag，结果表明：以 H_2SO_4 为浸出剂，铅银渣在浸出时间 80min、浸出浓度 200g/L、初酸浓度为 200g/L、浸出温度 90 ℃的条件下进行酸性浸锌后，以硫酸和氯化钠为氯化浸出剂，将滤渣按照氯化钠浓度 300g/L、浸出时间 120min、浸出浓度 200g/L、初酸浓度 60g/L、浸出温度 90℃的条件进行氯化浸出铅银。最终得到的尾渣含 Zn0.21%（质量分数）、Pb 0.46%（质量分数）、Ag 38.50g/L，Zn、Pb 和 Ag 的浸出率分别为 92.15%、94.88%和 93.24%。

6.7   贵金属熔渣中提取贵金属

贵金属熔渣是火法熔炼后得到的冶炼渣，贵金属含量较低，因此必须对其进行富集。目前，富集熔渣中贵金属的方法主要有选矿法和熔炼法。

6.7.1   选矿法

曲胜利等[38]提出了用选矿的方法富集铅阳极泥熔炼渣中的贵金属，对比了浮选和重选的富集效果。研究发现，对于铅阳极泥熔炼渣，主要成分为 Sb、Au和 Ag，浮选的关键在于能否有效将 Sb 与贵金属 Au 和 Ag 分离。浮选试验采用正浮选，分别以黄药和黑药作为捕收剂，松醇油作为起泡剂，采用一次粗选、一次扫选流程。实验结果表明，用黄药和黑药浮选，Au、Ag、Sb 的捕集率的增减是同步的，无法有效分离贵金属和 Sb。因此，浮选法不适合用于铅阳极泥熔炼渣贵金属的富集。重选法是采用球磨矿浆进行贵金属富集。实验发现，球磨矿浆粒径 74μm 以下质量分数为 80.12% 时，如果将精矿与中矿混合，Au 回收率为86.12%，Ag 回收率为 72.42%，而 Sb 回收率仅为 3.65%，能有效分离 Sb 与贵金属，且精矿量产率仅 4.52%，干燥后直接投入分银炉。

6.7.2 熔炼法

熔炼法是将渣相中 SiO_2、Al_2O_3 等通过熔炼造渣对贵金属进行再分配，实现贵金属的富集。付国民[39]提出了"熔渣酸碱性浸出-浸渣再熔炼"工艺回收Au 和 Ag。研究表明，采用碱性浸出时，浸出率低，效果不好。酸性浸出的最佳工艺为先用稀硫酸预浸再进行部分氧化氯化浸出。预浸时，先用稀硫酸浸除大部分 Zn 及部分 Cu，浸出液中的 Cu、Zn，先用铁屑置换回收 Cu，氧化除 Fe后，再用碳酸钠沉淀回收 Zn。以 NaCl、$KClO_3$、HCl 为浸出剂，在 90~95℃ 氧化氯化浸出时，$KClO_3$ 的用量不能过大，不然会增加 Au、Ag 的浸出。浸出液冷却后过滤得浸渣和滤液。滤液在加热的条件下先用铅板置换 Au、Ag，再用Na_2CO_3 沉淀 Cu、Pb，沉淀用稀硫酸处理分离 Cu、Pb，沉淀后滤液返回去浸出。

酸浸渣含有较高的 Pb，可以用来捕集 Au、Ag，由于部分氧化氯化浸渣含金属杂质低，可以造碱性渣以获得流动性好、密度低的渣，使渣中贵金属含量降到最低。熔炼所得贵金属富集物进行电解分离即可得贵金属 Au 和Ag。整个工艺流程为：球磨-稀硫酸预浸-部分氧化氯化浸出-浸渣再熔炼-电解分离 Au、Ag。

邓孟俐[40]提出了富氧侧吹氧化熔炼处置熔渣，Pb、Sn 进入合金相，形成35%Pb、30%Sn 的铅锡合金，Au、Ag 等贵金属进入铅锡合金中富集并沉降在炉缸底层，含 Pb 等金属较高的渣在炉缸熔体上层。高铅渣流入还原炉还原，铅锡合金由炉端的虹吸口排出。富氧侧吹还原熔炼时，高铅渣与鼓入的富氧空气还原熔炼。Pb、Sn、Ag 分别以 75%、65%、94% 进入铅锡合金中富集，In、Zn 等其他金属大部分留在高锌渣中。生成的铅锡合金和炉渣沉淀分离，渣排出进入烟化炉烟化回收残余的有价金属，铅锡合金由炉端的虹吸口排出。用富氧侧吹熔炼技术回收铅锡多金属物料，Ag 回收率达到 94%。

6.8 硝酸氧化炉灰提取 Pt

硝酸生产工业中一般使用铂铑二元、铂钯铑三元合金网作为催化剂。催化网在使用过程中会逐渐剥落、沉积在氧化炉内壁及酸泥中。据估计，我国硝酸工业 PGMs 的年需求量超过 10t，每年可从硝酸生产装置中的氨氧化炉灰、酸泥等回收 PGMs 1~2t。

6.8.1 干法回收

硝酸氧化炉灰中除了含有铂铑钯等贵金属外，还含有大量的 Fe、Si、Ni、Cu、K、Na、Ca、Mg 等杂质元素。铂铑钯回收方法一般可分为火法和湿法。火法则是通过铁捕集回收 PGMs。

陶再仁[41]提出了一种"铁捕集-酸浸铁-湿法提纯"工艺。炉灰中本身就含有 Fe 和造渣元素（Si、Ca、Al、Mg 等）。因此，直接进行还原熔炼使 Fe 形成熔体，捕集 Pt、Pd、Rh 与渣相分离。还原所得的铁基贵金属合金采用酸浸法溶解贱金属，所得酸浸渣即为贵金属富集物。贵金属富集物采用王水溶解、离子交换、水合肼还原即可得铂钯铑混合物，获得的铂钯铑产物纯度大于 99.94%，可用作氨氧化催化网的原料。

6.8.2 湿法回收

从炉灰中回收 Pt、Pd 的湿法工艺流程如图 6-5 所示，包括焚烧、酸洗、溶解、分离、提纯、焙烧等工序。

炉灰焚烧主要是为了去除烟尘和有机物，焚烧温度约 500~600℃，反应 3h 以上，焚烧后的产物进行酸洗溶解炉灰中的 Fe、Si、Ni 等贱金属杂质，得到的不溶物即为贵金属富集物。

贵金属富集物采用王水溶解、赶硝。为提高贵金属富集物的纯度，可以用 Zn 粉置换王水溶解液，进一步分离杂质元素，然后将得到的置换渣重新用王水溶解、赶硝[42]。

Pt、Pd 的分离：先采用氯化铵沉淀法将 Pt 分离出来，然后滤液采用二氯二氨络亚钯法精制 Pd。为了得到更高纯度的 Pd，一般采用二氯二氨络亚钯反复沉淀

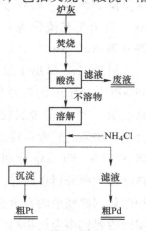

图 6-5 从炉灰中回收 Pt、Pd 工艺流程图

精制。分离后的 Pt 在 850℃高温下灼烧 3h，即可得到海绵 Pt。而还原后的 Pd 粉只需在 110℃的烘箱中烘 12h 就可以制得纯 Pd[43]。该工艺 Pt、Pd 的回收率分别可达 99.0%和 98.0%以上，纯度均大于 99.9%。

朱文革[44]提出了从炉灰及酸泥中回收 Pt、Pd、Rh 的工艺。该工艺与传统湿法工艺类似，除了回收 Pt、Pd 外，还可以回收 Rh。由于 Rh 难溶于硝酸，因此在用王水溶解贵金属富集物时形成含 Rh 滤渣。从含 Rh 滤渣回收 Rh 的工艺如图 6-6 所示。

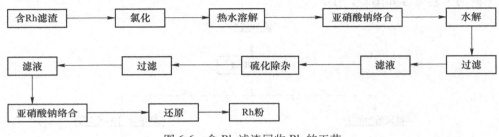

图 6-6 含 Rh 滤渣回收 Rh 的工艺

首先将 Rh 渣用马弗炉烘干、研磨、与氯化钠混合装入石英舟内。用管式炉加热至 600~700℃，通入 Cl$_2$进行氯化，得到氯铑酸钠固体。将氯铑酸钠用热水溶解。冷却过滤得到滤渣反复次氯化，直到检测不出 Rh 为止。

滤液在 pH 值为 1.0~1.5 的条件下，加入亚硝酸钠络合。调节 pH 值为 8~9，煮沸，过滤溶液中的金属杂质。冷却后过滤得络合渣，用盐酸溶解，进行二次络合。合并络合液，室温下加入浓度为 3%硫化钠溶液。将溶液过滤进一步除去铑溶液中的杂质。滤液在室温下加入 NH$_4$Cl，过滤得到六亚硝基络铑酸钠铵白色沉淀。用 10%的 NH$_4$Cl 溶液清洗所得沉淀，然后用水合肼还原和氢气还原即可得到纯净的 Rh 粉，纯度可达 99.95%。

6.9 镀 Au 废料中提取 Au

6.9.1 电解法

针对电子元器件生产过程中针、带、片状混合镀 Au 废料，楚广等[45]提出了用电解法从废镀 Au 件中选择性回收黄金，且基体金属的形状和重量不变，可以重新利用。采用一种络合剂 L 和一种还原剂 R 作电解液，钛板作阴极，镀 Au 废料作阳极进行电解退 Au。通过电解，镀层上的 Au 被阳极氧化呈 Au(Ⅰ)，Au(Ⅰ)随即和吸附于 Au 表面的络合剂 L 形成络阳离子 AuLn$^+$进入溶液，进入溶液的

Au(Ⅰ)被溶液中的还原剂 R 还原为 Au，沉入槽底，将含 Au 沉淀经分离提纯就可以得到 Au。电解过程主要反应如下：

$$阳极 \quad Au - e = Au^+$$

$$阴极 \quad 2H_2O + 2e = 2OH^- + H_2$$

$$水溶液 \quad Au^+ + nL = AuLn^+$$

$$AuLn^+ + R + 2OH^- = Au + [R]O + H_2O + nL$$

　　电解条件为电流密度 $2A/dm^2$，槽电压 4.1V，电解时间为 15~20h。电解法退镀的工艺流程如图 6-7 所示。

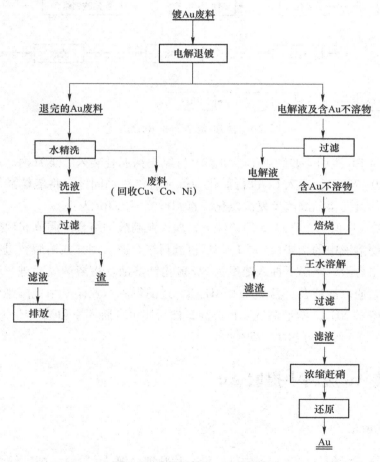

图 6-7　电解退镀 Au 工艺流程

　　在电解过程中，时刻观察黄金是否退镀干净，如没有则继续电解。当槽底的黑色沉淀物较多时，应及时取出电解液过滤，将滤饼烘干焙烧后，送 Au 提取，滤液经补加试剂后返回电解工序。赶硝在溶液加热煮沸的条件下进行，先使水分挥发，待溶液浓度增大、沸点增高时，继续加热溶液至 110℃，此时部分硝酸开始分解，挥发。赶硝中还要缓慢加入浓盐酸，以促使硝酸分解成 NO、NO_2 与溶液分离，直到没有棕红色氮氧化物溢出时才能结束。

还原时应适当加热溶液，有利于产出大颗粒黄色海绵金。判断反应终点的方法是用滴管移出少量的经还原后的上清液，滴落在比色皿内，再向其中加入极少许白色 $SnCl_2$ 颗粒。有 Au 时，由于生成胶体细粒 Au 悬浮在溶液中，溶液变成紫红色，还原未到终点，应继续进行还原作业，直至溶液加入极少许白色 $SnCl_2$ 颗粒不变色为止。还原所得 Au 粉用盐酸煮洗，然后，用去离子水洗至无氯离子，再用硝酸煮洗及用去离子水洗至中性，烘干后即得纯度大于 99.9% 黄色 Au 粉。

Moriwaki 等[46]提出了用磷脂稳定的纳米颗粒从废物中提取 Au 的简单方法，如图 6-8 所示。该方法通过在含有磷脂（1，2-二油酰-sn-甘油-3-磷酸胆碱，DOPC）的缓冲溶液中的含 Au 废弃物形成的一对电极上施加交流电压 5s。从废物中提取黄金，而不使用昂贵的设备或有毒的试剂。最后，获得由 DOPC 稳定的金纳米颗粒，提取的金纳米粒子可以作为催化剂或生物医学材料。

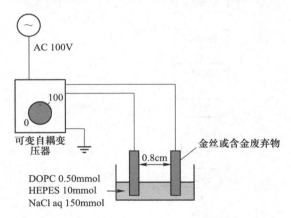

图 6-8　电解回收 Au 装置示意图

6.9.2　湿法工艺

薛光等[47]采用湿法工艺从含 Au 废料中提取 Au，工艺流程如图 6-9 所示。该方法是将含 Au 废料经硫酸预处理，除去杂质，然后将含 Au 渣采用混合熔金试剂进行浸 Au，制得的含 Au 贵液以混合还原剂进行还原；经二次提纯，得到的金锭纯度达 99.9%，回收率在 99.5% 以上。

Yang 等[48]提出了一种使用 N-溴代琥珀酰亚胺（NBS）和吡啶（Py）组合的新型低毒性提取 Au 的方法。该方法从金矿石和电子废物中提取单质 Au，在室温和几乎中性的 pH 值下能实现 90% 高收率和选择性将其转化为 Au^{3+}。NBS/ Py 的最小剂量低至 10mm，对哺乳动物细胞和动物及水生生物毒性低。

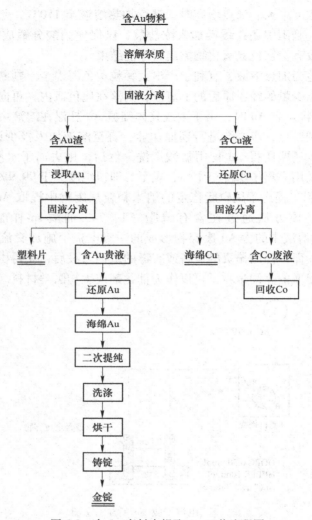

图 6-9　含 Au 废料中提取 Au 工艺流程图

参 考 文 献

[1] Gibbon A. Cost-effective pyrometallurgical routes for recycling of jewellery scrap [J]. Gold Technology, 1996 (20): 35.

[2] 林振权. 从废感光材料回收 PET [J]. 感光材料, 1992 (4): 35-36.

[3] Nak N, Glu I, Toscali D, et al. A novel silver recovery method from waste photographic films with NaOH stripping [J]. Turkish Journal of Chemistry, 2003, 27 (1): 127-133.

[4] Cavello I A, Hours R A, Cavalitto S F. Enzymatic hydrolysis of gelatin layers of X-Ray films and release of silver particles using keratinolytic serine proteases from Purpureocillium lilacinum LPS #

876 [J]. Journal of Microbiology & Biotechnology, 2013, 23 (8): 1133.

[5] 郭菊花, 邵晓梅. 从废胶片中回收银的技术方法 [J]. 资源再生, 2014 (7): 60-63.

[6] 陈志敏, 张翠红, 李江, 等. 印刷厂废胶片上银的回收 [J]. 黄金, 2011, 32 (12): 61-63.

[7] Ersin Y Y, Haci D, Ridvan Y. Recovery of silver from X-Ray film processing effluents using trimercapto-s-triazine (TMT) [J]. Separation Science & Technology, 2011, 46 (14): 2231-2238.

[8] Bas A D, Yazici E Y, Deveci H. Recovery of silver from X-ray film processing effluents by hydrogen peroxide treatment [J]. Hydrometallurgy, 2012, 121-124 (3): 22-27.

[9] 缪爱园, 李志健, 彭涛, 等. 置换法从废定影液中回收银的研究 [J]. 黄金, 2011, 32 (2): 60-62.

[10] 王为振, 王云, 常耀超, 等. 铁粉还原法从含金滤液中回收金银铜 [J]. 有色金属 (冶炼部分), 2016 (11): 43-44, 56.

[11] 米永红, 慎义勇, 周钦灵. 利用新型电解槽回收废定影液中的银 [J]. 工业安全与环保, 2005, 31 (9): 34-35.

[12] 岑贵俐, 李萍. 废定影液回收银的一种新方法 [J]. 西南民族大学学报 (自然科学版), 2000 (2): 172-176.

[13] 魏剑英, 韩周祥, 张应军. 漂定液废水中银的快速回收方法研究 [J]. 化学工程师, 2005, 19 (12): 55-57.

[14] Umeda H, Sasaki A, Takahashi K, et al. Recovery and concentration of precious metals from strong acidic wastewater [J]. Materials Transactions, 2011, 52 (7): 1462-1470.

[15] 侯绍彬, 王兴, 崔家友, 等. 含金银废水处理技术研究及应用实践 [J]. 贵金属, 2014, 35 (1): 12-14.

[16] 吴向阳, 于振福, 韩路波, 等. 活性炭吸附选矿废水中金等有价金属 [J]. 黄金科学技术, 2013, 21 (2): 51-54.

[17] Zhou Z, Huang Y, Liang J, et al. Extraction, purification and anti-radiation activity of persimmon tannin from Diospyros kaki L. f. [J]. Journal of Environmental Radioactivity, 2016, 162-163: 182-188.

[18] Yu L, Wu X, Liu Q, et al. Removal of phenols from aqueous solutions by graphene oxide nanosheet suspensions [J]. Journal of Nanoscience & Nanotechnology, 2016, 16 (12): 12426-12432.

[19] Wang Z, Li X, Liang H, et al. Equilibrium, kinetics and mechanism of Au^{3+}, Pd^{2+} and Ag^+ ions adsorption from aqueous solutions by graphene oxide functionalized persimmon tannin [J]. Materials Science & Engineering C, 2017, 79: 227-236.

[20] Jalilian N, Ebrahimzadeh H, Asgharinezhad A A, et al. Extraction and determination of trace amounts of gold (Ⅲ), palladium (Ⅱ), platinum (Ⅱ) and silver (Ⅰ) with the aid of a magnetic nanosorbent made from Fe_3O_4-decorated and silica-coated graphene oxide modified with a polypyrrole-polythiophene copolymer [J]. Microchimica Acta, 2017, 184 (7): 2191-2200.

[21] Ju X, Igarashi K, Miyashita S, et al. Effective and selective recovery of gold and palladium ions from metal wastewater using a sulfothermophilic red alga, Galdieria sulphuraria [J].

Bioresource Technology, 2016, 211: 759-764.

[22] Kul M, Oskay K O. Separation and recovery of valuable metals from real mix electroplating wastewater by solvent extraction [J]. Hydrometallurgy, 2015, 155: 153-160.

[23] Noah N F M, Othman N, Jusoh N. Highly selective transport of palladium from electroplating wastewater using emulsion liquid membrane process [J]. Journal of the Taiwan Institute of Chemical Engineers, 2016, 64: 134-141.

[24] Yildiz Y, Manzak A, Aydin B, et al. Preparation and application of polymer inclusion membranes (PIMs) including Alamine 336 for the extraction of metals from an aqueous solution [J]. Materiali in Tehnologije, 2014, 48 (5): 791-796.

[25] Nasser I I, Amor F I E H, Donato L, et al. Removal and recovery of [formula omitted] from synthetic electroplating baths by polymer inclusion membrane containing Aliquat 336 as a carrier [J]. Chemical Engineering Journal, 2016, 295: 207-217.

[26] 姬利红, 衡振平, 谢锋, 等. 新型高效环保高电流密度银电解精炼设备 [J]. 中国有色冶金, 2020, 49 (6): 46-48.

[27] 吴露. 稀贵金属生产废水有价金属吸附回收工艺研究 [D]. 武汉: 武汉工程大学, 2009.

[28] 贺小塘, 郭俊梅, 王欢, 等. 中国的铂族金属二次资源及其回收产业化实践 [J]. 贵金属, 2013 (2): 82-89.

[29] 王永录, 刘正华. 金、银及铂族金属再生回收 [M]. 长沙: 中南大学出版社, 2005.

[30] 姚现召, 张泽彪, 彭金辉, 等. 玻纤工业废耐火砖中铂铑金属微波碱熔活化-水溶酸浸富集工艺 [J]. 过程工程学报, 2011, 11 (4): 579-584.

[31] 毕鹏飞, 王松泰, 谈定生, 等. 从玻璃纤维池窑废耐火浇注料中回收提取铂和铑 [J]. 上海有色金属, 2011, 32 (1): 4-6.

[32] 杨德香. 转炉废砖中回收贵金属的工艺研究 [J]. 世界有色金属, 2019 (5): 189-190.

[33] 张方宇, 程华, 王健. 从非磁性金属废料中回收贵金属 [J]. 稀有金属, 1990 (6): 469-470.

[34] 王建忠, 相亚波, 赵栋云, 等. 有机铑凝胶废料的低温灰化处理技术 [J]. 中国资源综合利用, 2017, 35 (2): 30-32.

[35] 路殿坤, 金哲男, 谢峰, 等. 铁矾渣还原焙烧制备磁铁矿的研究 [J]. 铜业工程, 2013 (1): 6-11.

[36] 叶龙刚, 林文荣, 陈永明, 等. 含铅废渣料还原造硫熔炼回收铅和银工艺 [J]. 北京科技大学学报, 2016, 38 (10): 1404-1409.

[37] 李国栋, 林海, 董颖博, 等. 湿法冶金法从铅银渣中异步回收锌、铅银的试验研究 [J]. 稀有金属, 2017, 41 (10): 1143-1150.

[38] 曲胜利, 崔其磊, 常蕴辉, 等. 铅阳极泥熔炼渣的处理工艺研究 [J]. 有色金属 (选矿部分), 2017 (1): 40-42.

[39] 付国民. 从贵金属熔炼渣中回收金银及有价金属的试验 [J]. 黄金, 1993 (11): 43-46.

[40] 邓孟俐. 富氧侧吹熔炼技术冶炼稀贵金属渣料的工艺设计 [J]. 有色金属 (冶炼部分), 2013 (11): 36-38.

[41] 陶再仁. 从硝酸氧化炉灰中回收贵金属工艺的研究 [J]. 山西化工, 1984 (2): 3-7.

［42］赵飞，吴喜龙，高芳，等．从炉灰、酸泥中回收并提取高纯铂、钯的工艺实验［J］．贵金属，2009，30（4）：44-47.

［43］刘胜营．从炉灰中回收和提纯 Pt、Pd［J］．贵金属，2004，25（2）：39-40.

［44］朱文革．从合成硝酸氧化炉灰及酸泥中回收铂钯铑工艺研究［J］．中国资源综合利用，2016，34（7）：22-24.

［45］楚广，杨天足，江名喜．从镀金废料中回收黄金的扩大试验研究［J］．贵金属，2005，26（4）：6-8.

［46］Hiroshi Moriwaki, Kotaro Yamada, Hisanao Usami. Electrochemical extraction of gold from wastes as nanoparticles stabilized by phospholipids［J］. Waste Management, 2017, 60: 591-595.

［47］薛光，鞠军，杨春东．从含金电子元件废料中提取金的试验研究［J］．黄金，2010，31（12）：52-53.

［48］Yang P, Yue C, Sun H, et al. Environmentally benign, rapid and selective extraction of gold from ores and waste electronic materials［J］. Angewandte Chemie, 2017, 56（32）：9331-9335.

7 贵金属的分离与精炼

从各种含贵金属的二次资源中回收的产物往往是包含两种甚至多种贵金属的混合物，尽管经过初步提纯可以获得单一贵金属，但纯度通常达不到现代工业的要求，因而需要进一步精炼获得高纯贵金属。贵金属的精炼包括分离与提纯两个过程。

7.1 金银分离

金银精炼前往往需要先转入水溶液，以水合氯化物或氯配合物存在，根据 Au、Ag 水合物化学特性选择性还原或萃取，达到分离的目的[1]。

7.1.1 还原法

由于成本较低、浸出液受污染小、作业环境好、母液可循环使用，亚硫酸钠分银—甲醛还原法在工业上应用广泛[2]。分银在亚硫酸钠溶液中进行，控制实验条件，使物料中的 $AgCl$ 与 SO_3^{2-} 配合形成可溶性 $Ag(SO_3)_2^{3-}$ 进入分银液；分银液用甲醛还原，得到粗银粉；还原后液通入 SO_2 中和再生，然后循环使用进行第 2 次分银。在中性溶液中，亚硫酸钠浸取 $AgCl$ 的反应式为：

$$AgCl + 2Na_2SO_3 =\!=\!= Na_3Ag(SO_3)_2 + NaCl$$

在氯离子存在的条件下，pH 值越大，越有利于 SO_3^{2-} 与 Ag^- 的配合。在 pH>9 时，亚硫酸钠基本以亚硫酸根的形式存在，此时 pH 值对 $AgCl$ 的浸出效果影响较小；亚硫酸钠浓度增大，溶液中形成的 $Ag(SO_3)_2^{3-}$ 和 $Ag(SO_3)_3^{5-}$ 配合离子就越多，$AgCl$ 的溶解度也随之提高。

用于氯金酸溶液中 Au 的还原剂很多，有硫酸亚铁、水合肼、亚硫酸钠、草酸等[3]。用 $FeSO_4$ 还原 Au 反应原理如下：

$$3FeSO_4 + HAuCl_4 =\!=\!= HCl + FeCl_3 + Fe_2(SO_4)_3 + Au\downarrow$$

$FeSO_4$ 的还原能力较小，除贵金属外，其他金属很难被还原。即使处理含贱金属很多的原料，其还原产出的 Au 纯度也可达 98% 以上。但此方法作用缓慢，终点不易判断。

用水合肼还原 Au 有如下反应：

$$3N_2H_4 \cdot H_2O + 4HAuCl_4 =\!=\!= 3N_2\uparrow + 16HCl + 3H_2O + 4Au\downarrow$$

水合肼是一种很强的还原剂，能将许多金属盐还原成金属，致使 Au 的纯度达不到要求。而且该试剂易燃、剧毒，受热后发生剧烈的氧化还原反应易发生爆炸。用水合肼进行还原操作时终点也不易判断。

用 Na_2SO_3 还原 Au 反应的最终结果：

$$3Na_2SO_3 + 2HAuCl_4 + 3H_2O = 2Au\downarrow + 2HCl + 6NaCl + 3H_2SO_4$$

Na_2SO_3 与酸作用容易产生 SO_2 气体，所以用 Na_2SO_3 还原的实质是用 SO_2 将氯金酸配离子还原产出单质 Au。为防止还原产物重溶，还原前要赶尽溶液中游离 HNO_3 和 NO_3^-。

用草酸还原 Au 有如下反应：

$$3H_2C_2O_4 + 2HAuCl_4 = 8HCl + 6CO_2\uparrow + 2Au\downarrow$$

草酸作为还原剂用于金氯酸溶液的还原选择性好，草酸是具有还原性的弱有机酸，它很容易将 Au 还原，却并不与其他金属离子反应。还原后得到的海绵金纯度可达 99.99% 以上。1kg 草酸约可还原 2kg 黄金，成本低，环境影响度低。

7.1.2 萃取法

萃取法主要是利用有机萃取剂从废液中提取金银。黄宗耀[4]研究了从阳极泥中氯化萃取金，其工艺流程如图 7-1 所示。

在银阳极泥中，Au、Ag 等金属以金属单体的形态存在，采用水氯化法浸出 Au，即将 Au、Pt、Pd 氧化成易溶于水的金属氯络合物，同时使 Ag 形成 AgCl 沉淀，使得 Au、Ag 得以初步分离。Au 的萃取剂种类繁多，具有工业应用价值的萃取剂主要有二丁基卡必醇（DBC）、甲基异丁基酮（MIBK）、二仲辛基乙酰胺（N_{503}）、仲辛醇、磷酸三丁酯（TBP）、二异辛基硫醚（S_{219}）、石油亚砜（PSO）等。其中，二异辛基硫醚（S_{219}）的性能为优。

二异辛基硫醚（S_{219}）与 $AuCl_4^-$ 发生萃取反应时，萃取平衡反应方程式为：

$$R_2S + AuCl_4^- = AuCl_3 \cdot R_2S + Cl^-$$

溶液中的 Pd 也按同样的反应被萃入有机相。载 Au 的二异辛基硫醚有机相用 Na_2SO_3 的碱性溶液作反萃剂，在室温条件下，就可以将有机相中的 Au 还原并以 Au(I) 亚硫酸根络合阴离子的形态，完全转入水相，其反萃反应方程式为：

$$AuCl_3 \cdot R_2S + 2SO_3^{2-} + 2OH^- = AuSO_3^- + SO_4^{2-} + 3Cl^- + H_2O + R_2S$$

由于 $AuSO_3^-$ 络合阴离子只能稳定存在于碱性介质中，在中性或酸性介质中，则发生自身氧化还原反应。据此，将含 Au 反萃液用盐酸酸化，使反萃液从 Na_2SO_3 体系转变为 SO_3^{2-} 体系，即可将 $AuSO_3^-$ 络合阴离子中的 Au 从 Na_2SO_3 体系中还原析出，其还原反应方程式为：

$$2AuSO_3^- = 2Au\downarrow + SO_4^{2-} + SO_2\uparrow$$

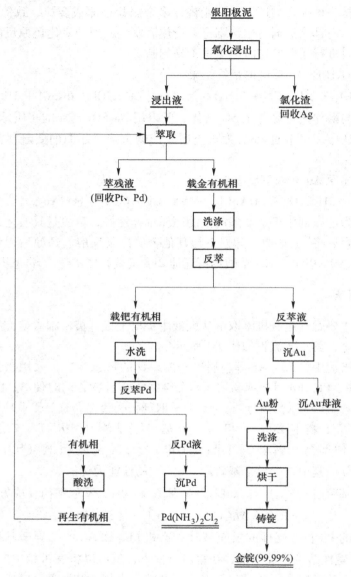

图 7-1 银电解阳极泥氯化萃取 Au 工艺流程图

7.2 铂族金属相互分离

PGMs 有相似的化学特性使其相互分离十分困难，通常利用 PGMs 不同的氧化态和反应动力学进行 PGMs 之间的相互分离，常用方法主要有分子识别技术、离子交换和溶剂萃取分离。

7.2.1 分子识别技术

分子识别技术（Molecular Recognition Technology，MRT）是美国 IBC 高技术公司和 Brigham Young 大学共同发明的。它的发展已经历了 30 多年，涉及许多科学家的工作，分为平面型冠醚的合成、三维冠醚分子的合成和将各种取代基联结到已开发出的各种冠醚分子上 3 个阶段，这 3 项发明于 1987 年获得了诺贝尔化学奖。在研究了这些新化合物的物理性质、热力学性质，测定了环状配体与许多金属离子配合物相互作用常数后，认识到其可用于选择性回收有价金属，因为这些分子能够选择性键合一个或一组金属。例如能够合成一个对 Au 具有强亲和力而对常见贱金属无亲和力的分子，同时树脂对该金属的亲和力可以控制，以便树脂上的负载金属能用配合剂溶液如氨水、硫脲、氯化物、溴化物等淋洗回收。

将所希望的环状配体结合到载体上去所遵循的原则如下[5]：

（1）设计配体分子使配体亲和力（如电荷吸引力）、配位几何关系（如配位化学作用）、主-客体大小适合（如最佳空间作用或最小的立体障碍），使配体能够选择性地与一个或一组客体分子成键（如选择性地识别某一个或一组金属配合物）；

（2）分子识别配体与固体材料结合后仍保持未键合时配体的性质（如选择性和成键性），即保持原分子识别能力不变；

（3）键合作用大小适中，负载金属能被适宜的洗脱剂淋洗下来；

（4）分子识别配体在使用过程中损失小，才具有商业应用价值。

对于不同的金属配合物离子选择不同的配体键合到载体表面上去，制备了一系列 Superlig™ 材料，其结构如图 7-2 所示。

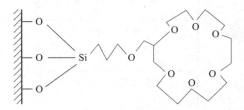

图 7-2　Superlig™ 材料结构

在 Superlig™ 系列材料中 Superlig™ 1 能从含大量贱金属（Fe、Cu、Ni、Zn、Cd、Hg、Cr、Mo、W、Pb、Sn、Sb 等）、碱金属、碱土金属、贵金属盐酸溶液中优先选择性识别提取微量贵金属。例如，保持溶液中 $c(Cl^-) \geqslant 4mol/L$，Rh 以 $RhCl_6^{3-}$ 形式存在，用 Superlig™ 1 从溶液中选择性识别 $RhCl_6^{3-}$（不能识别其他状态的配合物），用 0.1～1.0mol/L 醋酸洗涤贱金属杂质，用 0.1mol/L HCl 与 1.0mol/L 硫脲或 6～12mol/L HCl 洗涤 Pd、Pt，最后用乙二胺洗脱 Rh，可直接得到高纯度的 Rh。

Superlig™分离系统具有生产率高、适应性及选择性强、负载容量大、成本低等优点,目前已分别在欧洲、北美、日本等国家和地区应用于实际生产。该材料不能应用于对载体有破坏作用的介质,例如,强氧化剂 Cl_2、Br_2,pH 值大于 11 的碱液,浓 F^- 尤其是 HF 等。

自从 1989 年在美国 Arizon 召开的贵金属回收与精炼会议和 1990 年在美国 California 召开的第 14 届贵金属年会上 Craig Wright 博士和 Ronald L. Bruening 博士先后公开发表了有关利用分子识别技术分离精炼贵金属的论文以来,有关 MRT 分离纯化贵金属的新工艺引起了人们的普遍关注,经过 30 多年来的开发研究,该技术已趋成熟,大量的 MRT 商业应用系统正在全球运行,其应用和装置正在持续扩大。

分子识别材料是由特别设计的有机配体键合在硅胶、聚合物等固体载体上,是一种特殊的分子识别树脂。针对不同的目标 PGMs 络阴离子,选用键合不同的有机配体的分子识别材料。已成功应用于 PGMs 分离提纯中的不同分子识别材料见表 7-1。

表 7-1 应用于铂族金属分离提纯的分子识别材料

材料	目标离子	吸附条件	解吸液
SuperLig 2	$PdCl_4^{2-}$	无 Au(Ⅲ) 盐酸浓度为 1~6mol/L 电位 690~710 mV	(1)1mol/L 氨水; (2)1mol/L 氯化铵; (3)1mol/L 亚硫酸铵
SuperLig 95	$PtCl_6^{2-}$	$c[Fe(Ⅲ)]>c(PtCl_6^{2-})$ 无 Au(Ⅲ)、Se、Pd(Ⅱ)	硫脲
SuperLig 133	$PtCl_6^{2-}$	$c[Fe(Ⅲ)]<c(PtCl_6^{2-})$ 盐酸浓度为 6mol/L	水
SuperLig 190	$RhCl_5^{2-}$ $RhCl_6^{2-}$	盐酸浓度为 6mol/L	(1)5mol/L 氯化钠; (2)5mol/L 氯化钾
SuperLig 187	$RuCl_6^{3-}$ $RuCl_5(H_2O)_2^{2-}$	盐酸浓度为 6mol/L 电位 300~400mV	5mol/L 氯化铵
SuperLig 182	$IrCl_6^{2-}$		热 $H_2O+H_2O_2$

分子识别技术类似于离子交换,是一种液-固萃取技术。大致工艺为:将分子识别材料填入分离柱-多级串联吸附-洗涤-解吸-再生循环使用。解吸液中 PGMs 纯度接近或达到 99.95%,可以根据需求直接生产化合物,也可以采用传统的化学法生产 PGMs 粉末。

7.2.2　离子交换法

离子交换树脂是带有官能活性基团、具有网状结构、不溶于水的一类高分子化合物，对一些金属离子及金属配合离子具有选择性吸附的能力[6]。利用离子交换树脂的这一特殊化学性能可将其用于湿法冶金中的富集和分离提纯过程。按交换树脂的活性官能团可分为阳离子交换树脂和阴离子交换树脂。

PGMs 湿法冶金的浸出过程主要是以氯化浸出为主，在浸出液中会有大量的 Cl^- 存在。在 Cl^- 存在的环境中，PGMs 离子很容易与 Cl^- 形成阴离子配合物，其反应方程式为：

$$R^{n+} + mCl^- \Longrightarrow [RCl_m]^{(m-n)-}$$

式中，R^{n+} 表示 PGMs 离子。

贱金属在氯离子存在的溶液中仍以水合阳离子形式存在。利用 PGMs 和贱金属化学性质差异，用阳离子交换树脂吸附溶液中的贱金属阳离子，而 PGMs 的配合阴离子仍然留在溶液中，实现 PGMs 与贱金属分离。

在含氯离子溶液中，某些特殊的阴离子交换树脂可以从低浓度的 PGMs 溶液中吸附 PGMs。吸附饱和的树脂经解吸后 PGMs 浓度大幅度提高，高浓度的 PGMs 料液可送去精炼提纯得到 PGMs 产品。

利用阴离子交换树脂对不同 PGMs 氯配物吸附能力的差异，专门对某种 PGMs 进行选择性吸附，实现 PGMs 之间的互相分离。一些特殊性能的阴离子交换树脂甚至对特定的 PGMs 的阴离子配合物有很高的选择性吸附能力，让 PGMs 的提纯分离更加快捷、高效。

7.2.3　萃取法

金川集团贵金属冶炼厂研究了从蒸残渣中提纯贵金属的技术[7]，确定了蒸残渣氯化焙烧-盐酸浸出-有机溶剂萃取分离金铂钯工艺路线，工艺流程如图 7-3 所示。

萃取过程中主要反应如下：

$$H^+ + 3DBC + H_2O + AuCl_4^- \Longrightarrow H^+ \cdot 3DBC \cdot H_2O \cdots AuCl_4^-$$

$$HAuCl_4 + 2DBC \Longrightarrow 2DBC \cdot HAuCl_4$$

$$[PdCl_4^{2-}] + 2R_2S \Longrightarrow [PdCl_2 \cdot 2R_2S] + 2Cl^-$$

$$R_3N + HCl \Longrightarrow [R_3NH] + Cl^-$$

$$2R_3NHCl + PtCl_6^{2-} \Longrightarrow (R_3NH)_2PtCl_6 + 2Cl^-$$

由萃取各阶段数据计算，Au、Pd 和 Pt 萃取效率分别为 99.83%、99.92% 和 99.42%；萃 Pt 过程中反萃、再生、平衡阶段有大量絮状物生成，从而影响萃取过程的分相，但提高相比后絮状物减少，分相迅速；由于萃 Pt 阶段产生絮状物，絮状物会夹带部分有机相进入水相中，造成有机相损失。

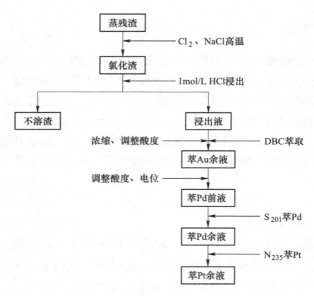

图 7-3　实验工艺流程图

曲志平等[8]采用溶剂萃取法分离和初步提纯焙烧富集后的富集渣中 Pt、Pd、Rh，工艺流程如图 7-4 所示。

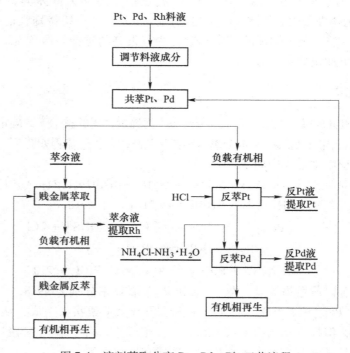

图 7-4　溶剂萃取分离 Pt、Pd、Rh 工艺流程

　　焙烧富集后的富集渣经氧化酸浸造液后，通过置换或还原得到 Pt、Pd、Rh 混合富集渣。混合富集渣二次造液后得到贵金属混合液，采用溶剂萃取法将 Pt、Pd、Rh 分离成纯度较高、单一成分的溶液，然后进行各自的提纯。

　　Pt、Pd 的萃取剂用 30% MSO-煤油，反 Pt 用 0.1mol/L HCl 溶液，反 Pt 后的有机相用 2% NH_4Cl-2mol/L $NH_3 \cdot H_2O$ 溶液反萃 Pd，相比 1∶1，混相时间 1~2min，静止后分出反 Pd 液（H-1-1）和有机相（D-1-1）送样。有机相第二次反 Pd，反 Pd 液（H-1-2）和有机相（D-1-2）送样。最后有机相用 3mol/L HCl 再生。Rh 在共萃 Pt、Pd 过程中不被萃取，留在的萃余液中，采用 P_{204} 萃取除去料液中的贱金属，然后水解沉 Rh，化学提纯。

　　我国金川有色金属公司也已采用萃取工艺流程进行贵金属生产，基本工艺为：合金氯气或加压浸出-氧化蒸馏、吸收液回收 Os、Ru-浸出液 DBC 萃 Au-S_{201} 萃 Pd-S_{235} 萃 Pt-S_{204} 萃除贱金属-TBPO 萃取分离 Rh、Ir。图 7-5 为金川贵金属全萃取分离原则工艺流程图。溶液萃取工艺还存在以下不足：

　　（1）Pd 的萃取动力学速度慢，接触时间长，过程不连续；

　　（2）各金属萃取工序之间需调整料液组成以适应萃取体系的要求；

　　（3）对不同金属使用不同萃取剂（选择性萃取），因而萃取剂种类较多；

　　（4）流程需要的步骤较多。

　　铂族金属的分离提纯技术经历化学法、离子交换法、溶剂萃取法和分子识别技术等阶段，每种技术都有其优缺点，只采用一种技术无法应对复杂的物料，需要根据物料的成分和特点，选择适当的工艺，采用不同的技术分离、回收铂族金属，使生产周期更短、成本更低、回收率更高。

7.3　Au、Ag 精炼

7.3.1　Au 的精炼

7.3.1.1　化学精炼

　　化学精炼工艺的实质在于采用溶解试剂将固态金转化成溶于溶液的络合离子状态，然后用还原剂再选择性将 Au 沉淀成固体，实现与杂质分离，从而达到 Au 精炼目的。化学精炼是黄金提纯的主要工艺，具有精炼周期短、对原料适应性强、批量灵活等优点，弊端主要在于工序较多，投资较大，需加强环保治理[9]。

　　从溶有 Au 的溶液中把 Au 还原出来常用的药剂有 $FeSO_4$、Na_2SO_3、H_2SO_3、$NaNO_2$、$H_2C_2O_4$、H_2O_2 等。若要想获得高纯度的 Au 就必须选用选择性好的还原剂[10]，该工艺流程适用于解吸电解金泥、锌粉置换金泥等，工艺流程如图 7-6 所示。

　　硝酸除杂：利用金泥中的 Cu、Fe、Zn 等贱金属及 Ag 可以和硝酸反应，生成可熔性盐，而 Au 不溶于硝酸，从而将杂质和金分离。

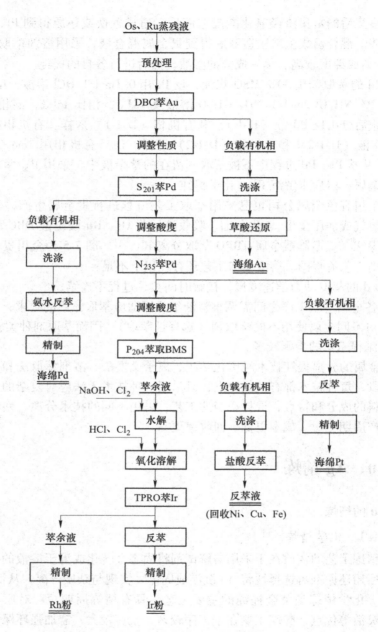

图 7-5 金川贵金属全萃取分离原则工艺流程图

氯化浸 Au：利用 Au 和氯化溶剂的反应，将 Au 由单质固体状态转化成溶于水的络合离子状态，从而与上步硝酸除杂过程中没有完全分离的少量杂质彻底分离。

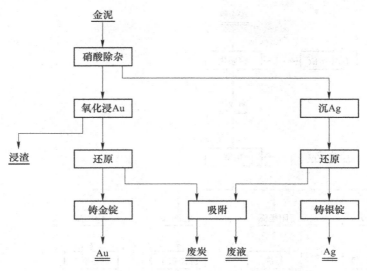

图 7-6 黄金精炼提纯工艺流程

还原：利用还原剂对 Au 的选择性还原特性，使金络合物由离子状态被还原成单质，与浸出溶液中的杂质分开。

$$AuCl_4^- + [还原剂] \longrightarrow Au + [氯盐]$$

7.3.1.2 电解精炼

电解精炼工艺具有悠久的历史，具有生产指标稳定、作业环境较好、工程投资较小等优点。其不足主要在于生产周期长，对原料适应性差等。

传统黄金电解精炼一般要求粗金原料 Au 的含量（质量分数）达到 90% 以上。以粗金为阳极，以纯金片作阴极，以氯金酸水溶液及游离盐酸作电解液。由于 Au/Au^{3+} 电极电位高于 Ag、Cu、Pb、Fe、Sb、Bi 等杂质元素，电解时 Au^{3+} 优先于其他杂质元素放电，在阴极上析出金属 Au。通过适当控制电解阴极电位，可保证阴极上只有金属 Au 析出，而使其他活泼杂质仍留在电解液中，以达到纯化 Au 的目的。黄金电解精炼工艺流程如图 7-7 所示[11]。

传统黄金冶炼工艺配电解液工序采用电解法，阳极为粗金板，阴极为石墨片。采用阳离子半透膜或素烧坩埚隔离出一个阴极区，初始电解液为盐酸，最终形成高浓度氯金酸溶液，用于黄金电解精炼。该方法的主要缺点是造液周期较长，隔膜或素烧坩埚需要周期性更换，使用过的隔膜或素烧坩埚中的 Au 回收困难，回收过程不可避免地要造成 Au 的损失。

7.3.1.3 溶剂萃取精炼

溶剂萃取 Au 精炼的原理：原料氯化溶解，浸金氯化物溶液中 AuCl$_4^-$ 被萃取剂，如酮、醇、磷酸三丁酯和胺从含 Au 溶液中萃取，从而与其他杂质分离[12]。

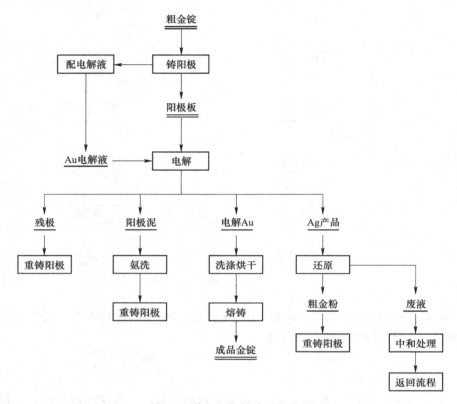

图 7-7 黄金电解精炼工艺流程

溶剂萃取的实质是将 Au 从氯化溶液中单纯萃取分离出来，经溶剂洗涤、酸化还原沉淀 Au。其原则工艺流程如图 7-8 所示。

在 Au 溶剂萃取精炼过程中，主要的控制参数有料液的浓度、相比、还原终点颜色。

7.3.1.4 氯化精炼

氯化精炼是在黄金熔融状态下通氯气，使其他金属杂质及 Ag 生成氯化物浮在熔融黄金表面被除去。由于氯与各种金属作用的化学亲合力不同，它可以选择性地把杂质金属氯化除去。金属的氯化顺序由生成氯化物的反应自由焓的大小判断[13]。

由于 AuCl₃ 的熔点、沸点都比较低，而且 Au 不易氯化，在反应过程中只要控制好氯气量及时间，很容易防止 AuCl₃ 的生成。虽然 Ag 易氯化，但 AgCl 的沸点高，只要控制好温度不让它气化而留于渣中，即可在下一工序中回收。其他金属易于氯化，生成的氯化物不仅熔点低，沸点也低，在控制温度的情况下均可氯化挥发除去。

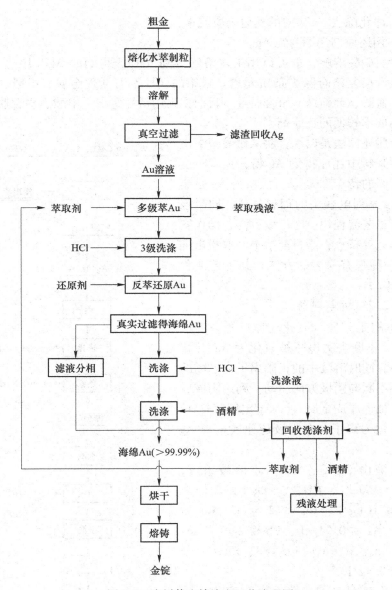

图 7-8 溶剂萃取精炼金工艺流程图

7.3.2 Ag 的精炼

7.3.2.1 化学精炼

Au 的化学精炼方法目前有很多，一般主要采用以下步骤：

（1）酸溶 Ag 为可溶性的盐，一般为硝酸银；

（2）沉淀为 AgCl；

（3）净化除去 AgCl 中的其他杂质元素；

（4）用还原剂还原为纯 Ag。

一般用硝酸溶解，也可以用王水溶解得到 AgCl，得到的 AgCl 用热水洗涤，也可用氨水反复络合除去杂质元素。采用的还原剂有活性金属、甲醛、亚硫酸钠、抗坏血酸、葡萄糖、水合肼等，目前多采用活性金属、甲酸、水合肼等选择性较强而成本较低的还原剂[14]。

水合肼还原法是以水合肼从硝酸银溶液或氯化银浆料中还原得到 Ag 粉，具有粒度细、纯度高的特点[15]。该方法所得 Ag 是制造各种 Ag 系列电触头的理想材料，同时该法还具有工艺流程短、生产效率高、操作容易、成本低等特点，是目前冶金制取粉末纯 Ag 粉的一种很有前途的方法，其工艺流程如图 7-9 所示。

7.3.2.2 电解精炼

Ag 电解工艺属于氧化还原反应。阳极的金属 Ag 不断失去电子被氧化为 Ag^+ 转移到溶液中，同时溶液中的正阳离子在电场的推动下，不断向阴极方向运动，到达阴极后得到电子被还原成金属 Ag。Ag 电解就是 Ag 从阳极转化为离子，在阴极还原成金属 Ag 的全过程。

电解液由 $AgNO_3$、HNO_3 水溶液组成，含 Ag $80 \sim 150g/L$，硝酸 $2 \sim 8g/L$，其他杂质：Bi $\leqslant 0.6g/L$、Cu $\leqslant 2.5g/L$、Cd $\leqslant 0.03g/L$、As $\leqslant 0.03g/L$、Pb $\leqslant 2g/L$；Fe、Sb、Zn、Sn、Ni、Au、Pt、Pd、Rh、Ir 分别不大于 $0.3g/L$[16]。

企业电解精炼 Ag 的主要工序有：熔铸—电解—洗涤—烘干—熔铸—铸锭，电解精炼 Ag 的工艺流程如图 7-10 所示，主要分为装槽前的准备、Ag 电解的正常维护和电 Ag 的取出[17]。

装槽前的准备：使用 99% 的粗银通过晶闸管中频电源控制地炉熔铸制为特殊形状的 15kg 银阳极板，然后利用台式多

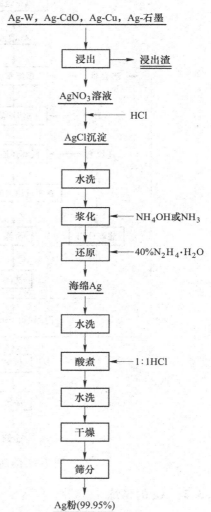

图 7-9 水合肼还原法制取纯
Ag 粉工艺流程

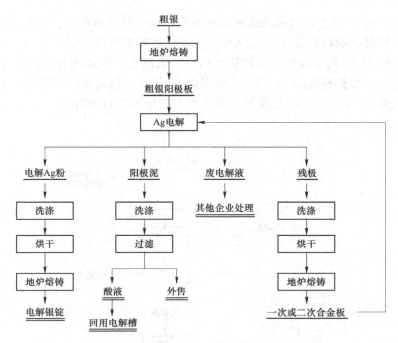

图 7-10 Ag 电解精炼系统生产工艺流程图

用钻床打孔银阳极板，阳极入槽前打平，并去掉飞边毛刺，套上涤纶布袋，挂在阳极导电棒上。阴极用钛片，用过的阴极板入槽前刮掉表面 Ag 粉。用含 Ag 90g/L 和硝酸 8g/L 的硝酸银溶液作为电解液，注入（ϕ 0.7m×1.0m）高位槽。在电解槽（4m³×2）中分别装入银阳极和钛阴极，注入电解液，检查极板与挂钩、挂钩与导电棒、导电棒与导电板之间的接触是否良好，电路连接检查无误后通电进行电解。

Ag 电解的正常维护：保持电解液缓缓循环流动，使槽内电解液成分均匀，温度稳定；定期开动搅拌装置，防止阴极析出的枝状银结晶因过长而使阴阳极短路；保持导电棒与阳极挂钩及导电板之间的接触良好，维持槽电压在 2V 左右。

电 Ag 的取出：电 Ag 析出一定数量后，取出阴极，刮掉表面 Ag 粉。采用带式运输机将 Ag 粉运出槽外。电 Ag 用温水洗涤，烘干后，送去熔化铸锭（15kg 1 号 Ag）。阳极溶解至残缺不堪后，取出更换新板，阳极袋中积聚的阳极泥，定期取出，精心收集，洗涤、干燥后再做处理。

7.3.2.3 溶剂萃取法

在 Ag 的溶剂萃取法精炼中，根据软硬酸碱理论的概念进行分类，Ag 被列为软酸的行列，因此路易斯软碱就很容易与 Ag 形成配合物，从而达到 Ag 的高度选择与分离。由于 Ag 在金属中被归为软酸类，在路易斯碱中所含的配位原子电负性顺序为：Ag 更易于被含硫或含氮试剂萃取，而含氧试剂次之。根据 Ag 易与大环类有机物螯合的特点及其亲硫性质，在溶剂萃取中常常会选用含 N、O、P、S 的有机物作为 Ag 的萃取剂，将其从水相中萃取出来，再选用合适的反萃剂将其反萃，还原而得到精炼的 Ag。早在 20 世纪 80 年代，我国某厂采用含硫萃取剂二异辛基硫酸萃 Ag 用于小规模生产，其生产工艺如图 7-11 所示[18]。

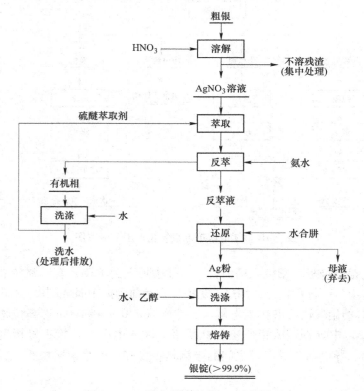

图 7-11　二异辛基硫醚萃 Ag 工艺流程

　　水相中萃取 Ag 的萃取剂，其中杯芳烃、酮类及其衍生物，以及含有不同原子数的含硫类噻唑、烷烃及其衍生物等都已有大量的研究，除此之外，磷酸类、酯类等化合物对水溶液中的 Ag 也有一定的萃取能力。

7.4　铂族金属精炼

7.4.1　Ru 精炼

　　Ru 的精炼过程分为钌盐的精制和高纯 Ru 的制取两个步骤。Ru 的精炼多以 Ru 溶液为原料，精炼过程分为 Ru 溶液提纯（钌盐精制）和金属 Ru 的制取两个步骤。钌盐酸溶液精炼的主要任务是除去性质相似的 Os。最有效的分离 Os、Ru 的技术是氧化蒸馏-碱液吸收和盐酸吸收。

韩守礼等[19]提出了一种由 Ru 废料制备试剂级三氯化钌或靶材用 Ru 粉的工艺，回收率分别为 95%、94%。工艺流程如图 7-12 所示。

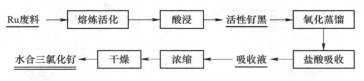

图 7-12　用 Ru 废料生产试剂级三氯化钌的工艺流程图

Ru 的熔点为 2427℃，高温熔炼过程中，部分 Ru 会生成挥发性的氧化物而损失，熔炼温度越高，挥发损失越严重。在熔炼过程中配入适量的添加剂，同时严格控制"活化"温度，既可保证"活化"效果，又可尽量把挥发损失降到最低。"活化"得到的合金用盐酸溶解，大部分贱金属杂质溶于盐酸，而 Ru 不溶，达到 Ru 与贱金属分离的目的，得到活性极高的钌黑。通过 20 多次的熔炼活化钌黑的蒸馏率可以达到 98%。

在强氧化气氛下，Ru 容易生成 RuO_4 气体，氧化蒸馏是分离提纯 Ru 的重要手段。蒸馏吸收液经过浓缩结晶、干燥后直接生产试剂级水合 $RuCl_3$。采用此工艺生产了 500kg 的水合 $RuCl_3$ 产品，Ru 的平均回收率为 95%。钌靶材专用 Ru 粉只需要将蒸馏得到的吸收液另作处理，就可以得到合格的钌靶材专用 Ru 粉，如图 7-13 所示。

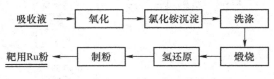

图 7-13　靶用 Ru 粉生产工艺流程图

首先，加入氧化剂调整溶液的氧化还原电位，使 Ru(Ⅲ)转变为 Ru(Ⅳ)，再加入氯化铵沉 Ru，从而实现 Ru 与杂质的分离，进一步提高 Ru 的纯度。同时，控制溶液中 Ru 的质量浓度为 30~60g/L、酸度为 1~6mol 盐酸、温度为 50~90℃、氯化铵加入量为理论量的 1.2~1.5 倍，使 Ru 的沉淀率达到 99.8%。

由于 $(NH_4)_2RuCl_6$ 的溶解度很大，可用酒精溶液洗涤滤饼中夹带的杂质及盐酸，Ru 基本不溶。$(NH_4)_2RuCl_6$ 经过煅烧、氢还原可得到 Ru 粉，Ru 的回收率可达 94%。

随着科学技术的发展，对 Ru 的盐酸溶液的纯度要求越来越高，例如用于溅射靶材的高纯 Ru 粉，要求高纯 Ru 的纯度至少 99.995%以上。章德玉等[20]提出了钌盐提纯和高纯 Ru 粉制取的新工艺，工艺流程如图 7-14 所示。

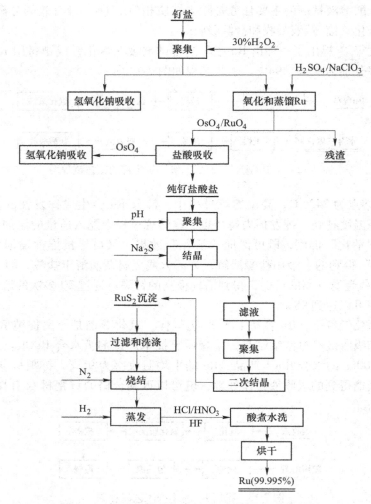

图 7-14　钌盐的提纯和高纯 Ru 粉制取工艺流程图

该工艺采用多段氧化-真空蒸馏方法从一次钌盐酸吸收液中回收 Ru，一段氧化加入 H_2O_2 选择性氧化-真空蒸馏分离 Os，使钌盐酸溶液中的 Os 被选择氧化而以 OsO_4 气体单独蒸馏出来并被 NaOH 溶液吸收，而未氧化的 Ru 则留在蒸馏余液中；之后在分离 Os 后的一次钌盐酸蒸馏余液中，二段氧化加入 H_2SO_4+$NaClO_3$ 进行氧化-真空蒸馏分离 Ru 和残留的 Os。氧化蒸馏出的 RuO_4 经 HCl 吸收并还原得到精制的二次钌盐酸溶液，进一步经硫化钠结晶沉淀提纯制得高纯硫化钌盐。所得精制硫化钌沉淀物在氢气氛围下煅烧还原制得高纯海绵 Ru，海绵 Ru 经王水与氢氟酸混合酸煮洗后水洗，在氢气氛围下干燥后制得的 Ru 粉经辉光放电质谱法（GDMS）分析，纯度达到 99.995% 以上，可直接用于溅射靶材。

7.4.2 Rh 精炼

7.4.2.1 亚硝酸钠配合法

$NaNO_2$ 配合法是将预处理过主要为氯铑酸溶液的 Rh 催化剂，通过 $NaNO_2$ 配合除去 Rh 中贱金属杂质。

$$2[RhCl_6]^{3-} + 18NO_2^- + 6H^+ === 2[Rh(NO_2)_6]^{3-} + 12Cl^- +$$
$$3NO\uparrow + 3NO_2\uparrow + 3H_2O$$

操作中用于配合的料液的 Rh 浓度应控制在 50g/L 左右，常压控制温度在 80~90℃，pH = 1.0~1.5，搅拌下加入固体 $NaNO_2$，氯铑酸离子可很快转化为可溶性亚硝基铑离子，之后用 Na_2CO_3：$NaOH = 3:1$ 的溶液调整 pH 值，煮沸 30~60min，使贱金属转化为氢氧化物沉淀，从而达到与 Rh 分离的目的。

7.4.2.2 氨化法

氨化法是将氯铑酸溶液中加入过量的氨水，发生如下反应：

$$(NH_4)_3RhCl_6 + 5NH_3 \cdot H_2O === [Rh(NH_3)_5Cl]Cl_2\downarrow + 3NH_4Cl + 5H_2O$$

生成的 $[Rh(NH_3)_5Cl]$ Cl_2 沉淀过滤后，用 NaCl 溶液洗涤，溶于 NaOH 溶液中，用盐酸酸化并用硝酸处理，使 Rh 转变成 $[Rh(NH_3)_5Cl](NO_3)_2$ 的溶液，将此溶液浓缩赶硝转变成铑氯配合物后，煅烧后用稀王水蒸煮溶去一些可溶性杂质，然后氢气还原得到高纯度 Rh。此溶液浓缩赶硝转变成铑氯配合物后，煅烧后用稀王水蒸煮溶去一些可溶性杂质，然后 H_2 还原得到高纯度 Rh。

7.4.2.3 萃取法

萃取工艺具有反应过程快、分离效果好、回收率高等优点。主要以水溶性配位体，如 TPP 的一硫化产物、二硫化产物、水溶性高聚物等，或者用醛或醛的三聚物，使铑催化剂萃取到水相中，再用有机溶剂从水相中反萃取出活性铑催化剂。马亮帮等[21]研究了在加入 $SnCl_2$ 作为活化剂后 TOPO-乙酸乙酯体系萃取 Rh 的能力，常温下取有机相（含 TOPO 的乙酸乙酯）在 60mL 分液漏斗中，再加入预定酸度的待萃料液，相比 O/A = 1:1，振荡 5min，澄清时间不少于 1min，一级萃取率可达 98% 以上，而且分相速度快。

7.4.2.4 电解法

Rh 的电解工艺属于氧化还原反应。阴极的 Rh^{3+} 得到电子被还原为金属 Rh，同时还有氢离子被还原为氢原子，结合生成 H_2 逸出。阳极 Cl^- 被氧化，最后生成 Cl_2 逸出。电极反应为：

阴极：
$$Rh^{3+} + 3e^- === Rh$$
$$2H^+ + 2e^- === H_2$$

阳极：
$$2Cl^- - 2e^- === Cl_2$$

7.4.2.5　氢气还原法

为了得到高纯度 Rh 粉，可将铑黑装入石英舟移入管式炉中，连接好进出气管，通入 N_2 赶尽空气后接通 H_2，加热至 700℃ 恒温 2h，冷却至 400~500℃，再换为 N_2 通入，直至降至 100℃ 以下，停止通入气体。冷却至室温后取出，用 50% 的盐酸煮洗，去离子水洗至中性，真空烘干，可制的高纯度 Rh 粉。

7.4.3　Pd 精炼

7.4.3.1　煅烧与氢还原法

首先，采用王水造液法，Pd 在王水中溶解，其反应式为：

$$4HNO_3 + 18HCl + 3Pd = 3H_2PdCl_6 + 8H_2O + 4NO\uparrow$$

生成的 H_2PdCl_6 在煮沸时，将自行转化为 H_2PdCl_4，形成稳定的低价亚钯氯络离子。将溶液中的硝酸根或游离硝酸赶去，赶硝作业结束后溶液加水稀释，继续加热煮沸，以赶去溶液中的游离盐酸[22]。

向 Pd 溶液中加入浓氨水，控制 pH 值至 8~9。这时，料液中多数杂质金属离子生成相应的氢氧化物或碱式盐沉淀，并进入土红色络合渣，溶液中 H_2PdCl_4 在氨水作用下发生如下反应：

$$2H_2PdCl_4 + 4NH_4OH = Pd(NH_3)_4 \cdot PdCl_4\downarrow + 4HCl + 4H_2O$$

继续加入氨水，保持 pH 值在 8~9，在加热温度达 80℃ 时，肉红色 $Pd(NH_3)_4 \cdot PdCl_4$ 沉淀消失，并按以下反应生成浅色二氯四氨络亚钯溶液：

$$Pd(NH_3)_4 \cdot PdCl_4 + 4NH_4OH = 2Pd(NH_3)_4Cl_2 + 4H_2O$$

溶液控制含 Pd 80g/L，常温下缓缓加入 6mol/L 盐酸，调整 pH = 1.0~1.5，这时二氯四氨络亚钯按以下反应式生成黄色沉淀：

$$Pd(NH_3)_4Cl_2 + 2HCl = Pd(NH_3)_2Cl\downarrow + 2NH_4Cl$$

将黄色沉淀用酸化水洗涤，烘干后在 600℃ 高温下，在马弗炉中煅烧，生成黑色 PdO。

$$3Pd(NH_3)_2Cl_2 = 3Pd + 2HCl + 4NH_4Cl + N_2\uparrow$$
$$2Pd + O_2 = 2PdO$$

取出 PdO 用热水洗涤去除氯离子，然后在 500℃ 用 H_2 还原，最终得到海绵 Pd。

7.4.3.2　氯化铵与二氯二氨络亚钯联合法

在酸性环境、弱氧化气氛条件下，加入氯化铵，将氯亚钯酸铵转变为氯钯酸铵沉淀。而氯钯酸铵在水煮条件下溶解，通过反复溶解、沉淀精炼[23]。其反应原理为：

$$PdCl_6^{2-} + 2NH_4Cl = (NH_4)_2PdCl_6\downarrow + 2Cl^-$$
$$(NH_4)_2PdCl_6 + H_2O = (NH_4)_2PdCl_4 + HCl + HClO$$

用氨水溶解氯钯酸铵，再用浓盐酸进行酸化，反复4~5次，得到纯净的二氯二氨络亚钯，然后用水合肼还原将其还原海绵Pd。其反应原理为：

$$(NH_4)_2PdCl_4 + 4NH_3 \cdot H_2O \Longrightarrow Pd(NH_3)_4Cl_2 + 4H_2O + 2NH_4Cl$$

$$Pd(NH_3)_4Cl_2 + 2HCl \Longrightarrow Pd(NH_3)_2Cl_2 \downarrow + 2NH_4Cl$$

$$2Pd(NH_3)_2Cl_2 + N_2H_4 \cdot H_2O \Longrightarrow 2Pd \downarrow + 4NH_4Cl + H_2O + N_2 \uparrow$$

7.4.4　Os 精炼

在蒸馏 Ru 的同时，Os 氧化成 OsO_4 同 Ru 一起挥发出来，与其他 PGMs 及贱金属分离。通过蒸馏时减压，收集于加有少量酒精的氢氧化钠溶液中，而生成稳定的锇酸钠。将锇酸钠溶液加热，并加入硫化钠，使生成硫化锇与其他金属硫化物，再用盐酸酸化至微酸性或中性；用热水反复漂洗5~6次后，加丙酮漂洗，水浴干燥。将干燥粗硫化锇，高温通氢还原。还原后的粗锇粉，装入石英舟，移置石英管中，高温通氧燃烧，使 Os 成四氧化锇挥发与其他杂质分离。

挥发出来的 OsO_4 用 SO_2 饱和的 1:1 盐酸溶液吸收，使生成氯锇酸。将氯锇酸加热浓缩去除大量盐酸及水分。浓缩后的氯锇酸溶液，在不断搅拌下，加入过饱和的氯化铵溶液，使生成氯锇酸铵结晶，水浴干燥。将干燥的氯锇酸铵装入石英舟，移置石英管中，低温通氮气分解，高温通氢气还原，再在氮气流中冷却，成纯 Os 粉[24]。

7.4.5　Pt 精炼

7.4.5.1　水合肼还原精炼法

首先利用水合肼的还原性将难溶于水的氯铂(Ⅳ)酸铵还原成易溶于水的氯亚铂(Ⅱ)酸铵，再利用氯气的强氧化性质将氯亚铂(Ⅱ)酸铵氧化成氯铂(Ⅳ)酸铵而沉淀下来。通过氧化还原法有效地实现了 Pt(Ⅱ) 与 Pt(Ⅳ) 相互转变，在该过程中实现分离与提纯，工艺流程如图 7-15 所示[25]。

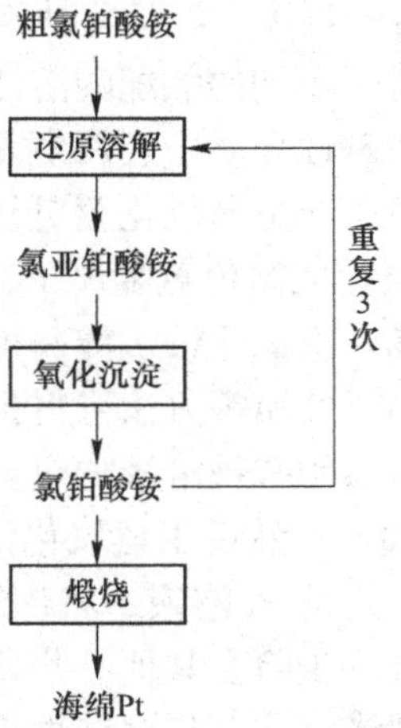

水合肼将氯铂(Ⅳ)酸铵还原为氯亚铂(Ⅱ)酸铵的反应方程式如下：

$$2NH_2NH_2 + (NH_4)_2PtCl_6 \Longrightarrow$$

$(NH_4)_2PtCl_4 + 2N_2 \uparrow + 3H_2 \uparrow + 2HCl$

氯气将氯亚铂(Ⅱ)酸铵氧化为氯铂(Ⅳ)酸铵的反应方程式如下：

$$(NH_4)_2PtCl_4 + Cl_2 \Longrightarrow (NH_4)_2PtCl_6 \downarrow$$

由于水合肼属于有机还原剂，在反应过程中不会带入新的金属杂质，对 Pt

图 7-15　Pt 精炼新工艺流程图

产品质量具有良好的保障；同时还原反应过程放出氮气及氢气，不会对周边环境产生污染，氧化过程使用氯气，也不存在尾气污染难以治理的问题。

7.4.5.2 氯化铵反复沉淀法

氯化铵反复沉淀法是传统的经典方法，可将 Pt 提纯至 99.95% 以上，而且技术条件易控制，产品质量稳定。

首先用 HCl/Cl_2 体系对 Pt 的富集物进行溶解。此法也称水溶液氯化法，它主要是通入 Cl_2 作为氧化剂，提高溶液的氧化电位使贵金属溶解。氯化过程中 Pt 发生氯化溶解：

$$Pt + 2HCl + 2Cl_2 === H_2PtCl_6$$

将载体溶解后的 Pt 富集物放入 5L 玻璃反应釜中，用 6mol/L 盐酸，固液比 1:5 配料，升温至 95℃ 通氯气溶解，反应时间 4h，Pt 富集物基本全部溶解，Pt 溶解率为 99.9%[25]。

将粗氯铂酸铵加王水溶解后，再加浓盐酸进行赶硝后用 1% 的稀盐酸煮沸溶解，冷却过滤。过滤出的 Pt 溶液煮沸后加氯化铵，Pt 以氯铂酸铵的形式沉淀下来，反复进行 4~5 次，最后得到纯净的氯铂酸铵，进行煅烧得到海绵 Pt[26]。其反应原理为：

$$H_2PtCl_6 + 2NH_4Cl === (NH_4)_2PtCl_6 \downarrow + 2HCl$$
$$3(NH_4)_2PtCl_6 === 3Pt + 16HCl + 2NH_4Cl + 2N_2 \uparrow$$

7.4.5.3 氧化水解法

对于粗铂的氯配酸溶液，可以使用氧化水解法精炼 Pt。氧化水解法的原理主要是在碱性介质中利用氧化剂（如溴酸钠、氯气、氧气）使粗铂中的 Rh、Ir 及其他贵、贱金属氧化至更易水解的高价状态，从而生成稳定的氢氧化物沉淀，而 Pt 被氧化成高价氯配离子，不发生水解。此种方法能将 90%~99% 的粗铂经一次水解和一次氯化铵沉淀而得到 99.90%~99.99% 的 Pt，若多次水解或结合载体水解，离子交换等方法可得到 99.9999% Pt[27]。

将氯铂酸钠溶液加热至 60~80℃，加入 $FeCl_3$ 作为载体（约 1000g Pt 可加 2~3g $FeCl_3$），然后用氢氧化钠溶液水解，使 pH 值维持在 7~8，几分钟后迅速冷却过滤得到纯 Pt 溶液，将该纯溶液用盐酸调 pH 值在 2.0~2.5，进行阳离子树脂交换，进一步除去其他一些贱金属杂质，再用高纯的氯化铵沉淀 Pt，然后用氯化铵溶液洗涤沉淀，将沉淀烘干、煅烧再水洗脱 Na，得到高纯 Pt。

7.4.5.4 电解法

电解法是将需要精炼的粗铂作为阳极，以纯 Pt 作为阴极，以碱金属氯化物作为电解质，在电解质中加入 K_2PtCl_6，在 500℃ 进行电解，一般纯度 95% 的粗铂阳极在电解后阴极铂的纯度可以达到 99.9%。但值得注意的是，由于电解法过程复杂，操作麻烦，不能大规模生产，因而它在工业上并没有得到应用。

7.4.6 Ir 精炼

通常 Ir 粉的生产都是通过加入氧化剂使溶液中的 Ir 保持四价态，再用氯化铵沉淀 Ir 得到铵盐，经煅烧氢还原得到 Ir 粉末，工艺流程如图 7-16 所示[28]。理论上，Ir(Ⅲ) 很容易氧化生成 Ir(Ⅳ)，但实际生产中，Ir(Ⅲ) 转变成 Ir(Ⅳ) 不是很完全。Ir 精炼中，约有 1%~3% 的 Ir 残留在沉铱母液中，造成 Ir 的损失。如果铱溶液中的杂质含量已经达到国家标准 GB/T 1422—2004 中 SM-Ir 99.95 的要求，采用直接煅烧 H_2IrCl_6 和 H_3IrCl_6 的方法生产 Ir 粉，就可以避免从沉铱母液中回收 Ir 的难题。

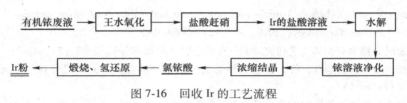

图 7-16 回收 Ir 的工艺流程

溶液浓缩结晶得到的 H_2IrCl_6 和 H_3IrCl_6 晶体，干燥后用马弗炉煅烧得到 Ir 粉。在煅烧过程中，Ir 接触到空气，部分被氧化，Ir 粉中含氧量 3%~5%。高温下通氢还原，Ir 直收率 93.06%，煅烧得到的 Ir 粉颗粒较粗，呈银灰色，金属光泽好。

参 考 文 献

[1] 王永录. 贵金属研究所冶金研究五十年 [J]. 贵金属，2012，33 (3)：48-64.

[2] 余建民，毕向光，李权. 亚硫酸钠在稀贵金属冶金中的应用 [J]. 黄金，2014，25 (1)：48-51.

[3] 李承元，覃文明. 西藏尼玛砂金矿中金和银的提纯与精炼 [J]. 黄金地质，2003，9 (2)：64-67.

[4] 黄宗耀. 从银电解阳极泥中氯化萃取金的工艺研究 [J]. 云南冶金，2014，43 (4)：32-38.

[5] 贺小塘，韩守礼，吴喜龙，等. 分子识别技术在铂族金属分离提纯中的应用 [J]. 贵金属，2010，31 (1)：53-56.

[6] 谭明亮，王欢，贺小塘，等. 离子交换技术在铂族金属富集、分离提纯中的应用 [J]. 贵金属，2013 (s1)：30-34.

[7] 马玉天，陈大林，郭晓辉，等. 从低品位金铂钯物料中提取贵金属新工艺研究 [J]. 黄金科学技术，2014 (5)：100-104.

[8] 曲志平，邓秋凤. 低品位铂钯铑物料中贵金属的提取分离研究 [J]. 中国资源综合利用，2013 (9)：9-12.

[9] 董德喜. 黄金精炼工艺特点分析及选择 [J]. 黄金，2004，25 (9)：38-40.

[10] 余裕珊，余荣炳，等. 湿法黄金精炼提纯工艺试验研究 [J]. 有色金属科学与工程，

2000, 14 (4)：25-26.

[11] 温建波, 隆岗, 陈敏. 黄金高效精炼电解新工艺的研究与应用 [J]. 现代矿业, 2016 (8)：94-96.

[12] 刘勇, 阳振球, 杨天足. 金电解与溶剂萃取精炼工艺比较分析 [J]. 黄金, 2007, 28 (6)：42-45.

[13] 王俊, 赵治文. 火法氯化替代硝酸分银精炼金泥 [J]. 中国矿山工程, 2000, 29 (2)：31-32.

[14] 李伟, 秦庆伟. 化学精炼提 Ag 在大冶有色公司的实践 [J]. 矿产保护与利用, 2008 (3)：33-35.

[15] Sannohe K, Ma T L, Hayase S Z. Synthesis of monodispersed silver particles: Synthetic techniques of control shapes, particle size distribution and lightness of silver particles [J]. Advanced Powder Technology, 2019, 30 (12)：3088-3098.

[16] 浦忠民. 银电解精炼工艺研究 [J]. 有色金属 (冶炼部分), 2005 (5)：41-42.

[17] 万斯, 陈伟, 黄顺红, 等. 银电解精炼的清洁生产的实践 [J]. 湖南有色金属, 2013, 29 (1)：61-65.

[18] 杨春花. 新型银萃取剂的合成及萃取银性能和机理的研究 [D]. 昆明：云南大学, 2015.

[19] 韩守礼, 贺小塘, 吴喜龙, 等. 用钌废料制备三氯化钌及靶材用钌粉的工艺 [J]. 贵金属, 2011, 32 (1)：68-71.

[20] 章德玉, 唐晓亮. 钌盐提纯和高纯钌粉制取的理论与实验研究 [J]. 稀有金属, 2016, 40 (8)：796-805.

[21] 马亮帮, 范必威, 宁丽荣, 等. TOPO 活化-溶剂萃取技术分离铑的研究 [J]. 稀有金属, 2006, 30 (3)：358-362.

[22] 简华强, 骆冠瑜. 粗钯的精炼提纯 [J]. 广州化工, 2001, 29 (3)：32-33.

[23] 王兴, 崔家友, 张善辉, 等. 从铂钯精矿中提取金、铂、钯工艺研究 [J]. 中国资源综合利用, 2015 (7)：20-23.

[24] 张明静. 笔尖生产残屑中铂族金属钌、锇、铱的分离和提纯 [J]. 中国制笔, 1999 (2)：33-39.

[25] 王兴, 崔家友, 张善辉, 等. 从铂钯精矿中提取金、铂、钯工艺研究 [J]. 中国资源综合利用, 2015 (7)：20-23.

[26] 赵雨, 王欢, 贺小塘, 等. 硫酸加压溶解法从氧化铝基废催化剂中回收铂 [J]. 贵金属, 2016, 37 (2)：37-40.

[27] 王永录 刘正华. 金银及铂族金属再生回收 [M]. 长沙：中南大学出版社, 2007.

[28] 贺小塘, 刘伟平, 吴喜龙, 等. 从有机废液中回收铱的工艺 [J]. 贵金属, 2010, 31 (2)：6-9.